Mechanische Hafenausrüstungen
insbesondere für den Umschlag

Von

Dipl.-Ing. Oskar Wundram

Oberbaurat a. D.
VDI, VDE, HTG., Hamburg

Mit 153 Textabbildungen

Berlin
Verlag von Julius Springer
1939

ISBN-13: 978-3-642-98131-9   e-ISBN-13: 978-3-642-98942-1
DOI: 10.1007/978-3-642-98942-1

Vorwort.

Über mechanische Hafenausrüstungen sind verstreut im Schrifttum manche Aufsätze und Angaben zu finden, teils in Werken und Zeitschriften, die sich allgemein mit Hafenbau und -betrieb befassen, teils in solchen, die etwa Kranbau, Brückenbau, Fördertechnik, Schiffbau oder ähnliches als einen Sonderzweig des technischen Wissens behandeln. Ein zusammenfassender Überblick über alles das, was ein zeitgemäßer Hafen an mechanischer Ausrüstung verlangt, fehlte bisher, weil man das Maschinenwesen im Hafen nur als Mittel zum Zweck für seinen Bau und Betrieb ansah. Das ist zweifellos richtig. Mit der zunehmenden Maschinisierung ist aber der Begriff der Hafenmechanik immer fester umrandet und selbständiger geworden, ihre Beherrschung setzte immer mehr Sonderkenntnisse voraus, so daß heute fast jeder Hafen für die Betreuung dieses Gebietes oder seiner Teile Fachleute in verantwortlicher Stellung benötigt. Die Übersicht über das Gebiet war für sie um so unergiebiger, als das bisher Gebrachte nicht nur mit Zeitaufwand aus seiner Verstreuung zusammen zu suchen war, sondern auch deswegen, weil die mechanischen Ausrüstungen durchweg nur von der baulich-konstruktiven Seite behandelt wurden, was dem Betriebsmann nicht das gab, was er suchte. Um ihm einen Überblick über die bestehenden Arten von Ausrüstungen, ihre Leistungen, über Betriebs- und Wirtschaftsfragen zu verschaffen, schien ein handliches Buch nötig, das auch wohlfeil sein sollte, um möglichst vielen zu dienen.

Die Umschlagstechnik nimmt den weitesten Raum im Hafenmaschinenwesen ein, so auch in den folgenden Ausführungen, aber auch die Verkehrsanlagen und sonstige für den Hafenbetrieb, seine Sicherung und Erhaltung nötigen Einrichtungen sind immer mehr mechanisiert, so daß der Maschinenfachmann und der Betriebsführer des Hafens gern sich schnell über das umfangreiche Gebiet unterrichten möchten. Da das kleine Werk vom Betriebsstandpunkt ausgeht, so mußte in der knappen Auswahl der Beispiele das Konstruktive und Bauliche vor den Betriebs- und Wirtschaftserfahrungen, vor den Leistungen und Anwendungsmöglichkeiten zurücktreten. Zahlreiche Angaben über das zuständige Schrifttum ermöglichen das weitere Nachforschen. Wenn wegen des beschränkten Umfanges manche gute und bekannte Ausführung nicht erwähnt wird, so bedeutet das keineswegs eine Kritik an ihr. Herrn Baurat O. Maasch danke ich für die Bearbeitung der Abschnitte über Baggergeräte, Fähren und Schlepper, Eisbrecher und Tauchergeräte.

Hamburg, im April 1939.   **O. Wundram.**

Inhaltsverzeichnis.

I. Einführung.

A. Begriff und Umfang der mechanischen Hafenausrüstung.

Bau und Ausrüstung eines Hafens werden von mancherlei Wissen und Erfahrung beeinflußt. Am meisten kommt dabei der Techniker zu Worte, neben dem Bauingenieurwesen, das den weitesten Umfang im Hafenbau entwickelte, spielt in der neueren Zeit der Maschinenbau und die Elektrotechnik eine ständig wachsende Rolle. Alles was im Hafen an Bewegungsvorgängen nötig ist, so beim Güterumschlag, zu seiner Unterhaltung und Sicherung, für seinen Verkehr, kann nur mit mechanischen Kräften und Geräten, also mit Maschinen bewerkstelligt werden. Der Umfang dieser Aufgaben im Hafen ist mit der zunehmenden Motorisierung in unserem Zeitalter immer gewaltiger geworden, so daß der Begriff der mechanischen Hafenausrüstung schon in Fachkreisen geläufig geworden ist, wobei allerdings noch zu untersuchen ist, wie weit dieser Begriff innerhalb des übergeordneten Begriffes „Hafen" zu umranden und wie weit er gegen benachbarte technische Gebiete abzugrenzen ist. Wir verstehen in den folgenden Ausführungen unter Hafen das Gebilde, welches der Schiffahrt und dem Umschlag dient einschließlich der unmittelbar damit zusammenhängenden Einrichtungen. Damit fallen die mechanischen Einrichtungen, welche dem Hafenbau und dem Schiffbau dienen, für unsere Betrachtung aus, ihre Bau- und Werkzeugmaschinen sind im Schrifttum anderen Ortes genügend behandelt. Selbstverständlich gehen uns hierbei auch die im Hafen aus irgend einem Grunde angesiedelten Werke mit ihren mechanischen Ausrüstungen nichts an. Soweit sie aus umschlagstechnischen Gründen (Ersparnis an Fracht, Zoll u. ä.) den Hafen aufgesucht haben, werden ihre Umschlagsgeräte mitbehandelt werden, zumal es öfter vorkommt, daß diese Industrien ihre Hebezeuge oder sonstigen Hafengeräte notfalls dem allgemeinen Hafenbetrieb zur Verfügung stellen.

Die zusammengehörigen Begriffe Schiffahrt und Umschlag bedürfen einer näheren Erklärung. Wohl alle Häfen, abgesehen von den seltenen Fällen eines reinen Bau-, Ausrüstungs-, Kriegs-, Liege- oder Nothafens, verfolgen als ihren Hauptzweck den Güterumschlag. Dazu gehört aber nicht nur das Be- und Entladen der Schiffe mit Gütern, sondern auch das Umladen der Güter für ihre Weiterverfrachtung, soweit Zubringer und Verteiler als Einrichtungen des Landverkehres in Frage kommen, daher müssen auch die Umschlagseinrichtungen für Eisenbahn und sonstiges Landfuhrwerk, vor allen Dingen für Lastkraftwagen, mit betrachtet werden. Nicht in allen Häfen wird den Frachtschiffen der Umschlag mit hafenseitigen Hilfsmitteln erleichtert, so daß schiffseigene Hebezeuge in Wirksamkeit treten müssen. Es erscheint angebracht, sie im Rahmen dieses Buches mit zu besprechen. Da die Güter, welche in einem Hafen land- oder wasserseitig angebracht werden, nicht immer unmittelbar zur Ein- oder Ausfuhr weiterverfrachtet werden können, weil entweder die betreffenden Fahrzeuge nicht zur Stelle sind oder die Ware aus zolltechnischen Gründen oder sonstigen Erwägungen des Handels eine kürzere oder längere Zwischenlagerung im Hafen erdulden muß, so hat auch jeder Hafen dafür bauliche Einrichtungen (Speicher, Lagerbehälter u. ä.) getroffen, deren mechanische Einrichtungen, soweit sie Schiffahrt und Umschlag betreffen, füglich hier mitbehandelt werden müssen.

Der Begriff „Umschlag" wird meistens nur auf unbelebte Güter, allenfalls Vieh bezogen, wenn sie beim Umbruch ihrer Beförderungsrichtung von dem einen in das andere Verkehrsmittel geschafft werden. Dieser Vorgang ereignet sich genau so gut bei der Beförderung von Menschen, auch in den Häfen. Die mechanischen Einrichtungen der Verkehrsanlagen, welche den Menschen das Von- und Anbordgehen erleichtern, gehören also mit in den Kreis unserer Betrachtungen, zumal sehr viele der im Hafen verkehrenden Schiffe Menschen und Fracht gleichzeitig befördern. Soweit Verkehrsanlagen mit ihren mechanischen Einrichtungen an den Hafen gebunden sind, z. B. bewegliche Brücken, Schleusen, Fähren u. a. m., wenden wir ihnen auch unsere Aufmerksamkeit zu. Die Gesichtspunkte beim Bau und Betrieb mancher derartigen Anlagen sprechen durchaus dafür, daß sie lediglich als Hafenzubehör zu denken sind.

Jeder Hafen mit seiner Gefolgschaft arbeitender Menschen, seinen wertvollen Schiffen und Gütern, nicht minder mit seinen eigenen Anlagen ist nach Lage, Umfang, Verkehrs- und Güterarten mehr oder minder großen Gefährdungen ausgesetzt, sei es nun Feuer- oder Wassergefahr, untiefes oder schlecht bezeichnetes Fahrwasser, seien es Schäden für Menschen und Güter infolge von Giften, Krankheiten, Frost und Nässe und was dergleichen mehr an zu bekämpfenden Übelständen vorkommt, auch die hier zur Sicherung des Hafenbetriebes verwendeten mechanischen Hilfsmittel gehen uns in diesem Buche an.

Unter dem Begriff des Mechanischen wird bei den Hafenausrüstungen alles das verstanden, was zum Zwecke des Hafenbetriebes mit Hilfe der Mittel des Maschinenbaus und der Elektrotechnik und der ihnen angegliederten Fachrichtungen Bewegungen und Ortsveränderungen hervorruft, Kräfte und Meldungen überträgt, für Beleuchtung sorgt u. dgl. m. Es braucht dabei mit dem Begriff des Mechanischen nicht zwangsläufig die Vorstellung des motorischen Antriebes verbunden sein, da wenn auch wenige mechanische Hafenausrüstungen noch mit der Hand betrieben werden. Neben den bewegenden Maschinen werden daher auch Anlagen für Wägung, Heizung, Lüftung, Beleuchtung, Feuerschutz, Fernmelde- und Signalanlagen usw. behandelt werden. Bauwesen und Schiffbau werden dabei nur insoweit gestreift, als es zum Verständnis unerläßlich ist. Die allgemeinen Grundsätze und Bauformen des Maschinenbaues und der Elektrotechnik müssen dagegen als bekannt vorausgesetzt werden. Als zusammenfassenden Begriff für die mechanischen Hafenanlagen fügen wir zum Schluß noch hinzu, daß sie fast ausnahmslos der Ortsveränderung dienen; bei den Verkehrsanlagen, Umschlagsgeräten und sonstigen Bewegungseinrichtungen für Menschen und Güter, Fahrzeuge und Stoffe ist das ohne weiteres klar, auch Baggergeräte, welche Boden von einem zum anderen Ort schaffen, gehören dahin, schließlich ist das auch von Signal- und Warnanlagen zu sagen erlaubt, da sie Meldungen in die Ferne übertragen. Alle hier behandelten Anlagen einigt aber ihre bauliche und betriebliche Zusammengehörigkeit mit dem Hafen, wie denn auch die Grundlagen für ihre Gestaltung und Betriebsweise sich durchaus aus den Eigentümlichkeiten des Hafenbetriebes ergeben.

Die ganze Betrachtungsweise der mechanischen Hafenausrüstungen geht in diesem Buche durchaus von der Betriebsseite aus, die auf Erfahrung aufbaut; auf Berechnung und Gestaltung der einzelnen Geräte und Maschinen kann nicht eingegangen werden, gute Hilfsquellen dafür sind reichlich vorhanden (vgl. Anhang!). Daher können auch keine Ausführungsformen nebeneinander behandelt werden, die nicht auf grundsätzlichen Betriebsunterschieden beruhen. Vielfach beschränkt sich die bildliche Darstellung auf vereinfachte Skizzen, die dem Betriebsmann nur die grundsätzliche Wirkungsweise veranschaulichen sollen.

Ältere Anlagen und Verfahren werden nur insoweit erwähnt, als es für das

Verständnis der neueren Entwicklung notwendig ist; im allgemeinen werden nur Beispiele von Geräten und Ausrüstungen aus der Nachkriegszeit behandelt. Daß manche der behandelten mechanischen Einrichtungen auch an anderen Stellen als in einem Hafen Verwendung finden, kann sie natürlich im Rahmen dieses Buches nicht als überflüssig erscheinen lassen.

B. Entwicklung der mechanischen Ausrüstung.

1. Abhängig von der Zahl, Größe und Art der Schiffe und von der Menge und Art der Güter.

Die Entwicklung der mechanischen Hafenausrüstungen in dem hier umrissenen Sinne ist abhängig von dem Verkehrsumfang, den ein Hafen zu bewältigen hat, und von den Ansprüchen, die Schiffahrt und Güterumschlag einschließlich der Personenbeförderung an ihn stellen. Kleine Segelschiffe z. B. mit geringer gleichförmiger Ladung begnügen sich mit geringeren Wassertiefen, weniger ausgebauten Liegeplätzen und einfacheren Umschlagsgeräten, während die großen und schnellen Fracht- und Fahrgastdampfer etwa in einem Dockhafen höchste Ansprüche an Schleusen und Kaieinrichtungen stellen und für ihre vielseitige Ladungsmenge schnellste und bequemste Abfertigung verlangen. Mit dem wachsenden Verkehr ist die Größe der Schiffe und Anlagen gestiegen und damit ihre Kosten. Sie können sich nur durch beste Ausnutzung bezahlt machen. Immer ist mit dem Anwachsen des Verkehrs die Notwendigkeit der schnelleren Abfertigung gestiegen, d. h. die großen teuren Schiffe müssen so schnell wie möglich im Hafen gelöscht und beladen werden, damit sie ihrem eigentlichen, wirtschaftlichen Zweck, der Personen- und Frachtfahrt, wieder zugeführt werden können. Ebenfalls muß der Hafen bestens ausgenutzt werden, denn seine Einnahmen sind abhängig von der Menge der abgefertigten Schiffe und umgeschlagenen Güter. Der „schnelle Hafen" ist im Laufe der Zeit zu einem Begriff geworden, der unter nicht zu engem Gesichtswinkel betrachtet der Volkswirtschaft des Landes am besten dient. Hierbei beweist sich aber am meisten die Notwendigkeit einer guten mechanischen Ausrüstung, denn Schnelligkeit ist nur der Bewegung, d. h. der Maschine zugeordnet. Wir werden weiter unten sehen, wie Verkehrsentwicklung und Abfertigungsgeschwindigkeit miteinander zusammenhängen.

Sehen wir so auf der einen Seite, daß die wachsenden Aufgaben des Hafens seine mechanische Ausrüstung entwickelt haben, so dürfen wir auf der anderen Seite nicht vergessen, daß die Träger dieser Entwicklung, der Maschinenbau und die Elektrotechnik mit ihren Hilfsgebieten, einen gewissen Zustand erreicht haben mußten, um diesen Anforderungen folgen zu können. Wohl wären in früheren Jahrhunderten schon eiserne Kräne und Winden statt der klobigen Holzgebilde erwünscht gewesen, wenn man sie hätte bauen können, wohl hätte man schon eher den elektrischen Strom zur Bewegung oder Meldung herangezogen, wenn man ihn früher hätte meistern können. Und so hat auch im Hafen „Fordern" und „Können" Hand in Hand arbeiten müssen, wobei zu beachten ist, daß der Hafen mit seinen in jeder Beziehung rauhen Arbeitsbedingungen der Mechanik und Elektrotechnik erschwerte Bedingungen stellte.

Im Rahmen dieses Buches kann die Entwicklung der mechanischen Hafenausrüstung nur in ganz kurzen Strichen gezeichnet werden. Da die Verkehrsgröße in erster Linie dafür maßgebend ist, soll das Anwachsen von Zahl und Größe der Schiffe, von Mengen und Art der Frachtgüter vorweg behandelt werden. Wir betrachten dabei, um nicht zu weit auszuholen, die Zeit etwa seit der Jahrhundertwende. Vergleicht man dabei die Größe der Schiffe [1], so kann

---

[1] Die Binnenschiffe werden nach Tragfähigkeit in Gewichtstonnen (1 t = 1000 kg) vermessen, die Seeschiffe nach Rauminhalt in Registertonnen (1 RT = 100 engl. Kubikfuß = 2,832 Kubikmeter). Bruttoregistertonnen (BRT) bedeuten den ganzen Schiffsrauminhalt,

man eine Steigerung des Rauminhaltes oder der Tragfähigkeit auf das Zwei- bis
Dreifache feststellen. Dieses Anstiegsverhältnis ist aus der wachsenden Durch-
schnittsgröße der in den einzelnen Häfen verkehrenden Schiffe ermittelt worden,
ohne daß man die Schiffsgrößen der Häfen miteinander vergleichen könnte, weil
jeder Hafen seine eigene Methode hat, Durchschnittszahlen zu entwickeln, zudem
lassen sich Seeschiffe und Binnenschiffe nicht auf gleiches Maß beziehen. Für die
Abmessungen der Häfen und damit seiner mechanischen Ausrüstungen sind aber
die Höchstzahlen maßgebend, denn auch die größten Schiffe wollen in den für sie
in Frage kommenden Hafen sicher fahren und geschleust werden können und in
wirtschaftlich und technisch bester Weise be- und entladen werden. Länge,
Breite und Tiefgang der Schiffe bestimmt die Schleusenabmessungen und
damit die Antriebsmaschinen der Schleusentore und -pumpen; der Tiefgang verlangt eine gewisse Tiefenlage der Hafensohle, damit sind die Anforderungen an
die Greiftiefe der den Hafen unterhaltenden Baggergeräte gegeben; Länge und

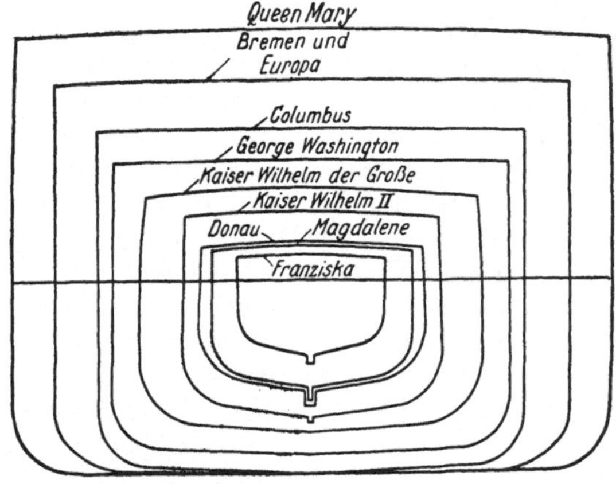

Abb. 1.

Querschnittswachstum der Seeschiffe in den letzten Jahrzehnten.

Ladungsinhalt der Schiffe bestimmt Zahl, Art und Anordnung der Umschlagsgeräte, die
Breite der Schiffe in einer oder
mehreren Reihen beeinflußt die
Reichweite der Hebezeuge. Die
Höhe der Schiffe mit ihren
Aufbauten und nicht nieder-
klappbaren Masten und Schorn-
steinen verlangt lichte Durchfahrtshöhen unter Brücken, die
bei Hubbrücken mit entsprechenden Maschinen eingestellt
wird; Klapp- und Drehbrücken
sind mit ihrer freien Durchfahrt von den durchzulassenden
Schiffsbreiten abhängig, Antriebsmechanismus und Steue-
rung haben sich danach zu richten. Die aufs Äußerste durch den wachsenden
Tiefgang der Schiffe in Anspruch genommene Wassertiefe des Hafens muß
jederzeit an genügend vielen Punkten genau angezeigt und abgelesen werden
können.

Wir betrachten zunächst die erwähnten Einrichtungen in Abhängigkeit von
den Ausmaßen der größten Seeschiffe[1]. Während im Jahre 1880 das größte
Schiff in der atlantischen Fahrt rd. 6000 BRT, das zehntgrößte 4500 BRT auf-
wies, war im Jahre 1930 das größte bereits auf 65 000 BRT, das zehntgrößte auf
35 000 BRT angewachsen und es werden mit dem Abschluß des laufenden Jahr-
zehntes, wo jetzt schon das größte Schiff (Queen Elizabeth) 85 000 BRT Inhalt
hat und noch größere geplant werden, alle diese Zahlen bereits wieder überholt
sein. Länge und Breite der derzeitig größten deutschen, italienischen, französischen und englischen Seeschiffe liegt zwischen rd. 230 und 314 m bzw. zwischen
25 und 36 m. Um die Jahrhundertwende entsprachen diesen Zahlen die Werte
von rd. 125—160 m bzw. 15—20 m.

Die Tiefgänge sind weniger stark angewachsen, etwa von 7—9 m bis heute
auf rd. 9,5—12 m. Ein anschauliches Bild (Abb. 1) zeigt uns das Anwachsen von

Nettoregistertonnen (NRT) den nach Abzug der Räume für den Schiffsbetrieb noch für
Fahrgäste und Ladung verwertbaren Raum. Die Wasserverdrängung (Deplacement) eines
Schiffes wird in Gewichtstonnen gemessen und ergibt das Gesamtgewicht des Schiffes.
[1] Vgl. Werft Reed.Hafen 1938 Heft 20. Agatz u. Bolle, Schiffbau, Hafenbau, Ver-
suchswesen.

Breite und Höhe (Tiefgang) bekannter Schiffe der letzten 50 Jahre. In erster Linie haben von diesem Anwachsen die Schleusen der Dockhäfen und ihrer Zufahrten Vermerk nehmen müssen, in Europa sind die Höchstbreiten der Schleusen von rd. 25 auf 50 m gestiegen, ihre Wassertiefen von rd. 10 auf 15 m und die wasserbespülten Flächen der Tore von etwa 300 auf 720 qm (einseitig), entsprechend sind die Antriebsmaschinen stärker geworden. Für die Erhaltung der notwendigen Hafentiefe wird man die Eimerleitern bzw. Saugrohre der Bagger in großen Seehäfen wohl bis auf 15—16 m unter den Wasserspiegel hinuntergreifen lassen müssen; kann man mit größeren Fluthöhen sicher rechnen, so mag dies Maß entsprechend gekürzt werden. Für Hubhöhen beweglicher Brücken sind bisher mehr als 40 m in Häfen nicht verlangt worden, während feste Brücken über Seehäfenzufahrten (z. B. New York, San Franzisko, Sidney) viel größere Durchfahrtshöhen verlangen, für die z. Zt. geplante Elbhochbrücke in Hamburg wird sogar das Lichtmaß von 75 m gefordert.

Hinsichtlich der überseeischen Frachtschiffahrt könnte man die Einwendung machen, daß zum wenigsten für die Umschlagsanlagen und ihre mechanischen Geräte die Höchstabmessungen der Großschiffe nicht maßgebend seien. Das stimmt auch im allgemeinen, da die Frachtschiffahrt sich auf erheblich kleineren Schiffen abspielt, immerhin ist keine klare Abgrenzung gegen Fahrgast- oder Luxusschiffe zu finden, da auch diese in mehr oder minder beschränktem Maße Fracht mitnehmen, in jedem Fall aber Passagiergut, Proviant, Post, Betriebsstoffe, Ballast u. ä. aufnehmen müssen, wozu ausreichende Förderanlagen notwendig sind. Bei der Breite der Seeschiffe kommt insofern eine weitere Einwirkung auf die am Kai stehenden Hebezeuge hinzu, als Auskragungen über die Bordwand, wie sie vielfach bei den Kommandobrücken der neuzeitlichen Schiffe zu beobachten sind, Veranlassung geben, die Stützen der Hebezeuge weiter von der Kaikante landeinwärts rücken zu lassen als bisher, was wiederum eine Verlängerung der Ausleger nötig macht, wie denn überhaupt das Anwachsen der Seeschiffe schon Umbauten an bestehenden Krananlagen hervorrief. Selbst die ganz schweren Schwimmkräne (150—300 t) haben seit der Jahrhundertwende neben ihrer Tragkraft mit Rücksicht auf die Schiffsbreiten ihre Ausladungen fast verdoppelt. Übrigens hat sich die Reichweite der Umschlagsgeräte, die sich praktisch fast in allen Häfen in der Nachkriegszeit verdoppelt hat (z. B. bei Verladebrücken im Höchstfall auf 58 m Ausladung, bei Drehkränen auf 38 m), nicht nur nach den wachsenden Seeschiffsbreiten gerichtet, sondern auch nach der immer mehr aufkommenden Forderung, neben dem Seeschiff noch längsliegende Binnenschiffe oder in Binnenhäfen mehrere nebeneinanderliegende Kähne bedienen zu können.

Wie hat nun die Binnenschiffahrt auf die Ausgestaltung der mechanischen Hafenausrüstungen eingewirkt? Auch hier ist mindestens eine Verdoppelung der Schiffsgrößen festzustellen. Um die Jahrhundertwende herum war z. B. die Normalgröße des Rheinkahnes 1000 t, um 1920 war sie bereits auf rd. 2000 t gestiegen, am oberen Rhein verkehrten Schiffe von rd. 1500—1700 t, am unteren solche von 1700—2500 t. 1920 trug der größte Rheinkahn zwischen Ruhr und Rotterdam 3500 t, 1930 hatte ihn ein noch größerer mit 4300 t schon übertroffen. Die mittlere Tragfähigkeit der in Sachsen registrierten Elbfahrzeuge belief sich 1895 auf 270 t, 1925 bereits auf 570 t. Auf Kanälen und kanalisierten Flüssen ist der Größenanstieg der Kähne nicht so ungehindert eine Folge des stärkeren Verkehrs, weil hier die einmal auf lange Zeiten festgelegten Abmessungen der wasserführenden Querschnitte und Schleusen gewisse Beschränkungen in Breite, Länge und Tiefgang auferlegen. Aber auch hier muß der fortschreitende Ausbau der Binnenwasserstraßen auf steigende Schiffsabmessungen Rücksicht nehmen. Während man um die Jahrhundertwende in Deutschland mit Kanalschiffen von 400 bis 700 t rechnete, richtet man sich jetzt auf 1000—1500 t-Schiffe ein. Rußland beabsichtigt für seine Binnenwasserstraßen noch viel größere Schiffsgefäße. Daß die mechanischen Ausrüstungen der Binnenhäfen dem Größenanstieg der Schiffe besonders wegen der Breite Rechnung tragen müssen, ist selbstverständlich. So z. B. ist die Sperrschleuse in Duisburg, die seit 1885 mit 11 m Durchfahrtsbreite und 139 m² Wasserquerschnitt bestand, 1928 durch eine größere von 16 m Breite und 238 m² Wasserquerschnitt ersetzt worden. Die aus dem Jahre 1901 stammende Reiherstiegschleuse im Hamburger Hafengebiet (Doppelschleuse mit 12 m Kammerbreite) wurde 1928 auf 18 m Breite unter Verstärkung der Torantriebe umgebaut.

Für die Reichweiten der Umschlagsgeräte in Binnenhäfen gilt das bereits oben Gesagte. Es ist auch hier praktisch eine Verdoppelung festzustellen, während Arbeitsgeschwindigkeiten und Tragkräfte lange nicht in solchem Maße gestiegen sind[1]. Auch die Höhe der Binnenschiffe beeinflußt in manchen Fällen die Hafenmechanik, da die in Binnenhäfen nötigen Brücken, die wegen der Höhenverhältnisse von Flur und Wasserspiegel nicht erhöht werden können, gezwungen sind, mit mechanischen Mitteln freie Durchfahrt zu gewähren, sofern sie nicht das Höhenmaß der unter ihnen verkehrenden Schiffe entwicklungshemmend beeinflussen wollten. Auf die Reichhöhe der Hebezeuge hat allerdings die Bordhöhe der Kähne keinen Einfluß ausgeübt, da die Umschlagsgeräte durchweg schon wegen der Uferlage ausreichend hoch angeordnet sind. Etwas anderes dabei ist allerdings der Einfluß des Wasserstandes (Ebbe, Flut, Hochwasser), den wir weiter unten betrachten werden.

Neben der Größe der im Hafen verkehrenden Schiffe ist selbstverständlich auch ihre jeweils abzufertigende Anzahl für die Einrichtungen des Hafens, besonders für seine Umschlagsgeräte maßgebend. Im allgemeinen wächst mit der Schiffszahl der Personenverkehr und die Gütermenge. Wenn auch in einigen Häfen der Stückgutumschlag ganz oder teilweise von den Schiffen mit eigenem Geschirr betrieben wird, so halten doch andere Häfen hierfür weit ausreichende Kranhilfe vor; für lose verladenes Massengut (Schüttgut) ist der Umfang der mechanischen Umschlagseinrichtung im Hafen unbedingt von der Anzahl der Schiffe bzw. ihrer Gütermenge abhängig. In allen Häfen ist ein Anwachsen der mechanischen Umschlagsgeräte mit der Menge der umzuschlagenden Güter festzustellen. Der Hamburger Hafen besaß 1910 bei 22 Mio. t Güterumschlag rd. 850 Hafenumschlagsgeräte, 1930 bei rd. 27 Mio. t Umschlag bereits 1140 Geräte. Man hat versucht, dies Anwachsen durch gesetzmäßige Beziehungen zwischen beiden Faktoren zu kennzeichnen, wobei auf der einen Seite die Umschlagsleistung durch Anzahl und Einzelleistung der Geräte, auf der anderen Seite die jene bedingende Verkehrsgröße durch Gütermenge, Größe und Zahl der Schiffe, Schiffslängen oder Ladeuferstrecken dargestellt wurde. Solche Rechnungen mögen für den einzelnen Hafen Wert haben, verallgemeinern kann man sie keinesfalls, weil überall verschiedene Einflüsse mitspielen, die nicht sicher zu erfassen sind; vor allem fällt die Umschlagsmenge nicht gleichmäßig an und ebenfalls ist die bei den einzelnen Schiffen zur Verfügung stehende Zeit eine durchaus nicht festliegende Größe. Zudem ändern sich auch die Leistungen der mechanischen Hafenausrüstungen ständig durch technische Fortschritte. Auch hier ist, wie so oft, die Betriebserfahrung die beste Wegweiserin. Vor allen Dingen muß bei der Erweiterung auch der mechanischen Anlagen sich der planende Techniker von den Kreisen beraten lassen, die ihrem Berufe nach eine Voraussicht über die Entwicklung des Verkehrs haben müssen.

Die Art der Schiffe ist ebenfalls von Einfluß auf die Gestaltung der Umschlagsanlagen. Daß die Segelschiffe, die in den Nachkriegsjahren so schnell dahinschwanden, daß heute ihre wenigen letzten Vertreter mit romantischen Gefühlen betrachtet werden (1938 nur noch 1,5 % der Welttonnage), leistungsfähige

---

[1] Wundram: Die Hafenumschlagstechnik der letzten 30 Jahre. Fördertechnik 1937 Heft 10 u. 11.

Großumschlagsgeräte nicht hervorrufen konnten, lag ebensosehr an ihrem Gewirr von Masten, Rahen und Tauwerk, wie an der meist viel geringeren Ladungsgröße und der dabei so gänzlich fehlenden Notwendigkeit einer schnellen Be- und Entladung. Im Gegensatz dazu haben neu auftretende Schiffstypen, wie z. B. Frachtschiffe mit anspruchsvollen Fahrgasteinrichtungen, schnellste Umschlagsmöglichkeiten erfordert; Schiffe mit besonderer Laderaumgestaltung für unverpacktes Massengut, wie z. B. für Getreide, Petroleum, Erze und Kohle, Bananen haben auch besondere Umschlagsgeräte, wie etwa pneumatische Getreideheber, Petroleumpumpanlagen, Becherwerke u. ä. vernotwendigt, so sehr, daß viele dieser Schiffe nur auf die ihnen angepaßten Geräte angewiesen sind, teilweise sogar ausschließlich in und an den dafür hergerichteten Hafenanlagen, wie etwa Petroleumhäfen, Kohlenhäfen, Getreidespeicher, Kalianlagen u. ä. Auch die großen Fahrgastschiffe haben einige besondere Anforderungen an die mechanischen Hafeneinrichtungen gestellt, soweit sie der Beschleunigung der Einschiffung von Fahrgästen, der Anbordnahme von Passagiergut und Betriebsstoffen dienen, wie etwa bewegliche Laufbrücken, Gepäckförderer, Bunkergeräte usw.

Den größten Einfluß auf die Umschlagsgeräte haben unstreitig die verschiedenen Arten der Schiffsgüter, wie sie ja auch für die Gestaltung der Schiffe maßgebend sind, so daß vielfach Schiffsart und Güterart für das Umschlagsgerät dasselbe bedeutet. Die Verschiedenheit der Güter ist so bestimmend für die Gestaltung der mechanischen Umschlagsausrüstung, daß das diesem Gebiet gewidmete Kapitel II B grundsätzlich nach der Güterart eingeteilt ist. Nicht nur die Hauptgruppen Schüttgut und Stückgut, sondern auch die Unterarten wie Kohle, Erz, Phosphate, Kali und Salze, Petroleum, Getreide, Fische, Früchte, Gefrierfleisch, allgemeines Stückgut und besonderes, wie z. B. Baumwolle, Hölzer, Schwergut usw. haben jeweils besondere Umschlagsgeräte entstehen lassen und darüber hinaus mechanische Einrichtungen an Schuppen, Speichern, Lagerplätzen und Hafenbecken vernotwendigt, wie Heizungs- und Kühlungsanlagen, Feuerlösch- und sonstige Behandlungseinrichtungen. Auch die Richtung des Umschlages beeinflußt die Umschlagsanlagen, für die Einfuhr und Ausfuhr sind mitunter durchaus verschiedene Anordnungen empfehlenswert. Dabei kann sich nicht nur das Verhältnis der Ein- und Ausfuhr nach wirtschaftlichen und politischen Maßnahmen verschieben und technische Umänderungen an der mechanischen Ausrüstung hervorrufen, es können auch neue Güter- und Verpackungsarten neue Ansprüche stellen. So z. B. ist für europäische Häfen seit der Jahrhundertwende die Einfuhr von Petroleum und Getreide durchweg von der Faß- und Sackverpackung zur Versendung in loser (sog. Bulk-) Ladung übergegangen, was gewaltigen Einfluß auf die Umschlagsgeräte ausübte. Die Salpetereinfuhr ist seit der Entwicklung der Kunstdüngerarten zurückgegangen, dafür hat die europäische Kaliausfuhr sehr bemerkenswerte Umschlagsanlagen hervorgerufen. Die Südfruchteinfuhr hat sich nicht nur verstärkt, sondern es hat auch eine Frucht wie die Banane in den Nachkriegsjahren besondere Umschlagsgeräte entstehen lassen. Das Bestreben Deutschlands, sich mehr und mehr auf seine eigenen Bodenschätze zu stützen, hat die Einfuhr von Getreide und Kohle zurücktreten lassen und damit gewisse Änderungen an den Hafenumschlagsanlagen veranlaßt. Es mag an dieser Stelle mit den Hinweisen auf den Einfluß der Güterart genügen, da die eingehende Behandlung weiter unten erfolgen wird. Die Art des Gutes in Ein- oder Ausfuhr bestimmt durch seine Umschlagstechnik, d. h. durch maschinelle und bauliche Umschlagsanlagen, das Gesicht einzelner Häfen derart, daß man von ausgesprochenen Kohlenausfuhrhäfen (z. B. Duisburg-Ruhrort, Immingham), von Erzausfuhrhäfen (z. B. Narvik, Ashtabula), von Getreideeinfuhrhäfen (z. B. Buffalo), von Fischereihäfen (z. B. Wesermünde, Fleetwood), von vorwiegenden Massengutshäfen (z. B. Rotterdam, Emden), von überwiegenden Stückgutshäfen (z. B. Hamburg, London) reden kann.

2. Abhängig von der Art der Häfen.

Schiff und Gut bestimmen zwar in erster Linie die mechanischen Einrichtungen eines Hafens, es gibt aber noch eine Reihe anderer Gegebenheiten, die, obwohl nur sehr mittelbar oder gar nicht mit dem Schiff und Gut zusammenhängend, doch einen Einfluß auf die mechanische Ausrüstung ausüben. Da ist zunächst die Art der Dockhäfen (z. B. Bremerhaven, London, Antwerpen), die der Schleusen bedarf, um ihren Wasserstand unabhängig von Ebbe und Flut der See oder des Stromes aufrechtzuerhalten. Für die Bewegung der Tore, der Schützen, des Wassers sind immer mechanische Anlagen nötig, die in ihrer Größe allerdings, wie vorerwähnt, vom Schiffsverkehr abhängen. Die Umschlagsanlagen sind durchweg in offenen und Dockhäfen vom Wasserstand unbeeinflußt, da ohnehin auf die verschiedene Höhenlage des Schiffes in beladenem oder unbeladenem Zustand Rücksicht genommen werden muß. Dagegen kann der Personenverkehr von und zu den Schiffen bei stark schwankenden Wasserständen mechanische Hilfsmittel, wie schwimmende Landungsanlagen, verschiebbare Brücken und Treppen notwendig machen. Wagenfähren in Häfen mit großen Wasserstandsunterschieden sind ganz besonders darauf einzurichten. Kleinere Umschlagsplätze an geböschten Ufern von Flüssen mit stark wechselndem Wasserstand haben manchmal Umschlagsanlagen, welche sich dem Wasserstand anpassen.

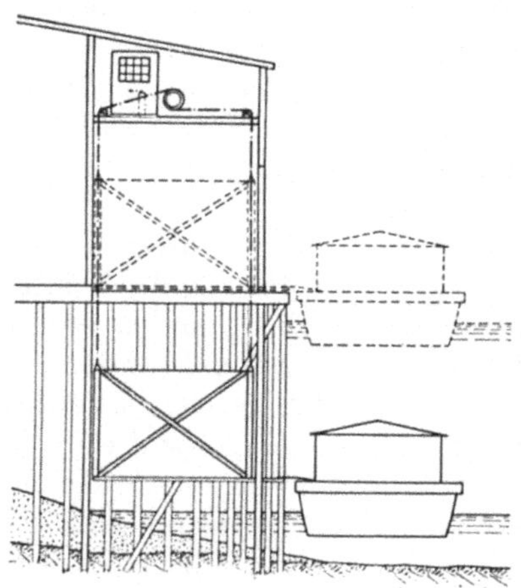

Abb. 2. Verladebühne für Schiffe zur Einstellung nach dem Wasserstand.

Es ist ja nicht nur Ebbe und Flut, welche den Wasserspiegel beeinflussen, sondern auch das Hoch- und Niedrigwasser der Flüsse, jene bei Seehäfen, dieses bei Binnenhäfen. Abb. 2 und 3 zeigen solche Einrichtungen in schematischer Darstellung: in einigen Kaischuppen der nordamerikanischen Westküste, die an

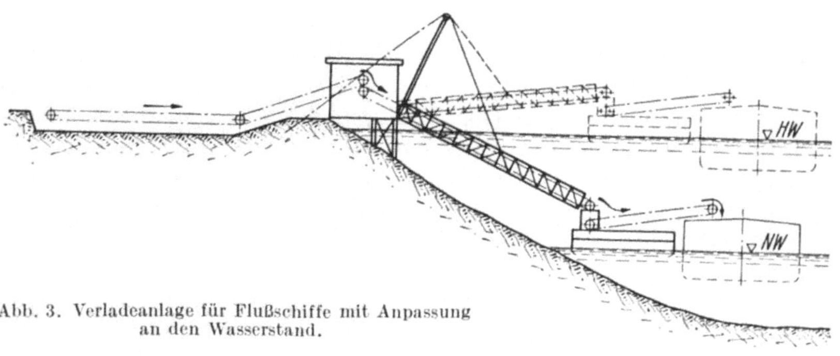

Abb. 3. Verladeanlage für Flußschiffe mit Anpassung an den Wasserstand.

offenen Hafenbecken mit 8 m Tidenhub liegen, vermittelt ein geräumiger Aufzug der sozusagen eine verstellbare Ladebühne ist, den Höhenunterschied zwischen Schuppenflur und Ladedeck; an russischen Wasserstraßen mit 10—12 m Unterschied zwischen Hoch- und Niedrigwasser findet man Schwimmpontons, auf die vom Lande her mittels beweglicher Brücken Fördereinrichtungen zum Beladen der Flußkähne führen, in diesem Falle zum Kohlenverladen mit Förderbändern. Die unterschiedliche Anlage und Bauart der Seehäfen und der Binnenhäfen wird praktisch von der Art der darinnen abzufertigenden Seeschiffe und

Binnenschiffe bestimmt, wie diese auch die mechanische Ausrüstung beeinflussen[1]. Da wir dies schon vorher betrachtet haben, brauchen wir See- und Binnenhäfen nicht mehr daraufhin zu untersuchen. Übrigens ist bei manchen Häfen die Bezeichnung als reiner Binnen- oder reiner Seehafen nicht durchzuführen, da viele Seehäfen auch Binnenschiffe mit bedienen (z. B. Hamburg, Rotterdam) und andrerseits Binnenhäfen an schiffbaren Strömen (z. B. Rhein, Mississippi) oder Binnenseen (große Seen in Amerika) auch von Seeschiffen aufgesucht werden können, so daß diese Häfen ihre mechanischen Ausrüstungen auf See- und Binnenschiffahrt abstellen müssen, wie denn die Verflechtung zwischen See- und Binnenschiffahrt größer ist, als gemeiniglich angenommen wird. Neben den Verkehrsmitteln des Wassers hat aber jeder Hafen hoch mit denen des Landes, Eisenbahn, Lastkraftwagen und Pferdefuhrwerk, zu rechnen, weil ja ein großer Teil der Schiffsgüter auf sie umgeschlagen wird, ja es gibt große Häfen, die mangels jeder schiffbaren Verbindung mit ihrem Hinterlande nur auf die Eisenbahn angewiesen sind (z. B. Los Angeles, Kapstadt), während andere zum größten Teil Eisenbahngüter umschlagen (Bremen, Neuyork). Vielfach sind daher im Auslande die Häfen im Besitz und Betrieb der am Schiffsumschlag beteiligten Eisenbahnverwaltungen. Auch die Binnenhäfen benutzen zum allergrößten Teil die Eisenbahn als Zubringer und Verteiler (z. B. Duisburg, Mannheim), während der Umschlag zwischen zwei Binnenschiffen oder zwischen Binnenschiff und Landfahrzeug die kleinere Rolle spielt, was allerdings hinsichtlich des Lastkraftwagenverkehrs sich bestimmt in der nächsten Zeit ändern wird. Die Eisenbahn in den Häfen stellt der mechanischen Ausrüstung einige Aufgaben, z. B. Vorrichtungen zu schaffen, die das Laderechtstellen der vielen einzelnen Wagen erleichtert und beschleunigt, weil es der Lokomotive nicht mehr auferlegt werden kann. Zum Be- und Entladen der Eisenbahnwagen sind die Umschlagsgeräte auf Reichweite und Anbringungsmöglichkeit auszubilden, Kranportale und Verladebrücken sind der Anzahl der Gleislagen anzupassen, die Behälter für den Umschlag, Kübel und Greifer, haben den Wagengrößen zu entsprechen, das System der Klappkübel hat sogar die Wagenbauart bestimmt, während andrerseits das Umschlagsgerät der Kipper ausschließlich für die Eisenbahn verwendbar ist und z. B. in Kohlenausfuhrhäfen das Kennzeichen der mechanischen Ausrüstung bildet. Findet der Güterumschlag zwischen Schiff und Eisenbahn unter Vermittlung von Kaischuppen oder Hafenspeicher statt, so haben die dort angebrachten Hebezeuge manchmal eine Sonderform für die Eisenbahn, im großen ganzen aber wird die Be- und Entladung der Wagen ohne mechanische Hilfe an den Laderampen ausgeführt, die an einer oder mehreren Seiten von Schuppen und Speichern angebracht sind. Die Abfertigung von Pferdefuhrwerk und Lastkraftwagen in den Häfen hat bislang gar keinen Einfluß auf die Umschlagsgeräte ausgeübt, man kann im Gegenteil feststellen, daß von diesen Verkehrsmitteln die Kranhilfe meist zum wenigsten beim Stückgut verschmäht wird. Sind keine Laderampen an Schuppen und Speichern vorhanden, so ist das Bedürfnis nach mechanischer Umschlagshilfe natürlich größer. Für den Kraftwagen als Schnellverkehrsmittel wird aber auf die Dauer eine engere Zusammenarbeit mit mechanischer Umschlagshilfe nicht zu umgehen sein[2]. Von den baulichen Unterschieden eines Seehafens hat die Ausbildung der Schiffsliegeplätze am Ufer in einer bestimmten Form die Umschlagstechnik zum wenigsten für das Stückgut in den Vereinigten Staaten von Amerika und in den von ihnen technisch abhängigen Häfen einschneidend beeinflußt: es ist die Pierbauweise im Gegensatz zur Kaibauweise. Der Pier (Abb. 4) als Schiffsliegeplatz ist vom Land aus mehr oder minder rechtwinklig ins Wasser hineingebaut, während der Kai (Abb. 5) dadurch entsteht, daß man vom Wasser aus Hafenbecken aus dem

---

[1] de Thierry: Anforderungen des neuzeitlichen Güterumschlagsverkehres an den Hafenbau. Z. VDI 1925, Nr. 38.
[2] Wundram: Hafen und Kraftwagenverkehr. Jb. hafenbautechn. Ges. 1938, Bd. XVII.

Lande herausgräbt, deren Ufer mit einer Mauer befestigt sind. Ohne an dieser Stelle auf die interessanten bautechnischen Unterschiede eingehen zu können, wollen wir die betrieblichen Vor- und Nachteile besonders für den Umschlag aufzeigen. Vorteilhaft gegenüber den drei- bis viermal so langen europäischen Kaistrecken ist die Kürze der Piers (200—450 m), weil sie gegenseitige Störungen beim Lösch- und Ladebetrieb und beim Eisenbahnrangieren vermindert. Nachteilig ist die ge-

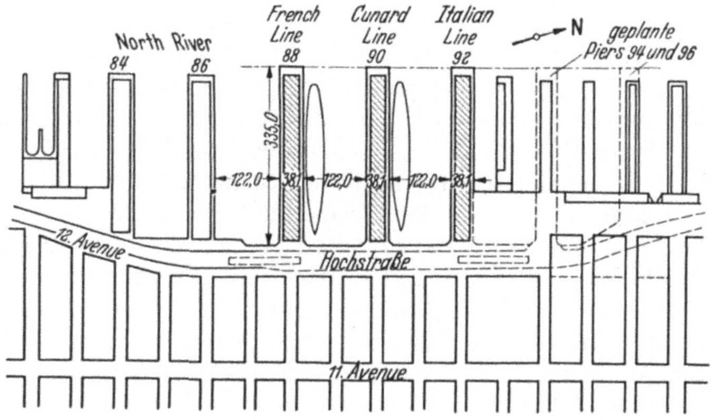

Abb. 4. Pierbauweise (Neuyork).

ringere Breite der Piers, die zum wenigsten bei den älteren Anlagen nur eine Schuppenreihe mit verhältnismäßig schmalen Abmessungen gestattet, wie es aus dem Vergleich der Zahlenangaben auf Abb. 4 und 5 hervorgeht. Hierbei sind

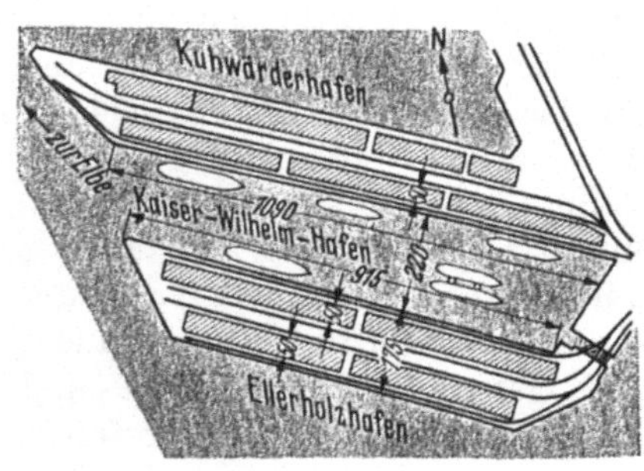

Abb. 5. Kaibauweise (Hamburg).

natürlich Anfahrten für Eisenbahn (wenn überhaupt) und für Straßenfahrzeuge außerhalb des Schuppens nicht denkbar, sie müssen in das Innere verlegt werden, was neben Vorzügen den Nachteil der Platzbeschränkung verschärft, zumal Schiffe an zwei Seiten den Schuppen beanspruchen können. Von der Aufstellungsmöglichkeit von Kaikränen kann überhaupt keine Rede sein, was zu der für europäische Anschauungen so verwunderlichen Kranlosigkeit in den V. St. v. A. geführt hat. Der Grund soll in den gesetzlich verankerten Platzansprüchen der Straßenanlieger des ältesten amerikanischen Hafens Neuyork zu finden sein[1], bei dem der Pierabstand sich genau nach dem Abstand der auf das Ufer zulaufenden Straßen richtete. Und nach Neuyork richteten sich die anderen Häfen. Sicher spielen auch noch andere Beweggründe eine Rolle dabei, denn wenn neuere amerikanische Piers auch breiter angelegt wurden, mit zwei Schuppenreihen und genügend Platz für Eisenbahngleise an den Land- und Wasserseiten der Schuppen, so blieb doch die Ablehnung der Kranhilfe für den allgemeinen Stückgutumschlag und die Einfahrt der Straßenfahrzeuge in den ebenerdigen Schuppenflur bestehen (Abb. 6). Darüber wird in den folgenden Kapiteln noch zu sprechen sein.

Unterschiede in der Besitz- und Betriebsform der Häfen, etwa private Werk- und Industriehäfen oder öffentlich zugängige Handelshäfen, führen nicht

---

[1] Wundram: Nordamerikanische Hafentechnik im Vergleich zur europäischen. Z. VDI 1930, Nr. 42.

zu verschiedenen mechanischen Hafenausrüstungen, sofern sie dem Umschlag dienen, und nur solche Häfen betrachten wir in diesem Buche. Man muß allerdings dabei die Einschränkung machen, daß die Werkhäfen mehr auf ihre Sonderverhältnisse zugeschnitten sind, während die öffentlichen Häfen, wenngleich sie manchmal gewisse Güterarten und Umschlagsrichtungen (Stückgut, Schüttgut, Einfuhr, Ausfuhr) bevorzugen, vielseitigeren Ansprüchen gerecht werden. Von

Abb. 6. Pieranlage mit Umschlagsschuppen (Baltimore).

den mechanischen Einrichtungen der Bau- und Ausrüstungshäfen (z. B. Werfthäfen), die vielfach in Verbindung mit Handelshäfen vorkommen, wollen wir uns vermerken, daß diese die Schwerlasthebezeuge jener mangels eigener in Ausnahmefällen in Anspruch nehmen.

Wenn im Eingangskapitel die Entwicklung der mechanischen Hafenausrüstungen in Abhängigkeit von den sie beeinflussenden Faktoren Schiff, Fahrgast und Umschlagsgut aufgezeigt wurde, so gehörte eigentlich dazu die ergänzende Gegenüberstellung vom Einfluß der gerätebauenden Technik auf diese Entwicklung. Da aber im nächsten Kapitel bei der Einzelbetrachtung der Ausrüstungen die technischen Fortschritte behandelt werden, so kann hier darauf verzichtet werden. Wie bislang immer die Anforderung des Verkehrs und der Betrieb des Hafens den Anstoß zu Verbesserung gab, dem die bauende Technik nachzukommen hatte, wird auch in Zukunft der ständig wachsende Hafenverkehr immer größere Leistungen von der Hafenmechanik verlangen, wobei die Rücksicht auf den Menschen und die Schonung des Gutes nicht mehr außer acht gelassen werden können. Auch hier wird das Gemeinwohl Technik und Wirtschaft lenken.

II. Mechanische Hafenausrüstungen.

Nachdem wir im vorigen Kapitel Erklärung und Begrenzung des Begriffs der mechanischen Hafenausrüstung vorangeschickt haben, soll in der näheren Behandlung die Verschiedenartigkeit der in einem Hafenbetriebe benötigten Maschinen, elektrischen und mechanischen Einrichtungen so geordnet werden, daß zuerst diejenigen, mit deren Hilfe der Hafen erhalten und sein Betrieb ermöglicht wird, sodann die Geräte für seinen Hauptzweck, den Umschlag, und schließlich die übrigen dem Hafenverkehr dienenden mechanischen Einrichtungen, darunter auch die Maschinenanlagen der Verkehrsmittel, soweit sie dem Hafen eigentümlich sind, besprochen werden. Der Umfang des Abschnittes A und C in diesem Kapitel tritt umfangsmäßig mit Recht hinter den Abschnitt B zurück, weil auch in der Wirklichkeit die Umschlagsgeräte weit zahlreicher vorkommen, was hin und wieder dazu geführt hat, den Begriff der mechanischen Hafenausrüstung auf sie zu beschränken.

A. Mechanische Ausrüstungen zur Erhaltung und Sicherung des Hafens.

1. Baggergeräte und Zubehör.

Die Erhaltung der erforderlichen Wassertiefe in den Häfen gehört mit zu den wichtigsten Voraussetzungen für die Erhaltung der Wettbewerbsfähigkeit eines Hafens. Alle Hafensohlen sind einer mehr oder minder starken Auflandung ausgesetzt, die von den Sinkstoffen eines den Hafen berührenden Flusses oder der in ihm wirkenden Tidebewegung, sodann von dem Abfall und Unrat der den Hafen benutzenden Schiffe und u. U. von den Abwässern der Hafenindustrie und der städtischen Kanalisation herrührt. Es ist daher im allgemeinen weniger Sand, der die Auflandungen herbeiführt, als vielmehr Schlick und Unrat. Insbesondere Unrat taucht in den mannigfachsten Formen und Mengen auf. Man findet zuweilen Maschinenteile wie Kolbenstangen, Kurbelwellen, Kreuzköpfe usw., große und kleine Schmiede- und Gußstücke, große Kabelrollen, völlig verkommene kleinere Hafenfahrzeuge wie Schuten, Leichter und Boote, Tauwerk und Taufender, Kohlen, Eisenbleche in allen Formen und Stärken, um nur einiges zu nennen. Man fragt sich dabei oft, wie es nur möglich war, daß diese Teile auf den Grund des Hafens gekommen sind, ohne daß der ursprüngliche Besitzer eine Verlustmeldung erstattet hat.

Die kurze Aufzählung dieser Teile zeigt bereits, wie ganz anders gegenüber den großen Sandbaggerungen in der See oder in den Stromgebieten das Tätigkeitsfeld der Naßbagger hier in der Hafenunterhaltung ist. Dort im allgemeinen gleichmäßiges Arbeiten der Geräte ohne nennenswerte Störungen mit hohem Wirkungsgrad, hier ein ständiger Kampf mit den zerstörenden Kräften des Baggerguts, wobei die zu fördernde Menge infolge der meist nur geringen Anlandungen hinter der eigentlichen Leistungsfähigkeit der Geräte zwangläufig sehr weit zurückbleibt. Eine weitere Herabminderung erfährt die Leistung der Geräte noch dadurch, daß die wirkliche Arbeitszeit der Geräte durch die Rücksichtnahme auf dem lebhaften Großschiff- und insbesondere Kleinschiffverkehr wesentlich hinter der Einsatzzeit zurücksteht. Vielfach müssen die begonnenen Arbeiten an Schiffliegeplätzen unterbrochen werden, um aufkommenden Seeschiffen Platz zu machen; und erst nach ihrem Wiederauslaufen kann dann die Baggerung fortgeführt werden. So wandert ein Gerät oftmals hin und her zwischen verschiedenen Arbeitsplätzen, ohne daß eine Arbeit wirklich fertiggestellt ist.

Naturgemäß haben sich infolge der Verschiedenheit der Arbeitsbedingungen Unterschiede im konstruktiven Aufbau bzw. in der technischen Ausrüstung zwischen den der Hafenunterhaltung dienenden und den übrigen Naßbaggergeräten entwickelt.

Die Baggergeräte gliedern sich nach ihrem Arbeitszweck in zwei Gruppen:

a) die eigentlichen Bagger, die das Baggergut von der Hafensohle wegnehmen und an die Wasseroberfläche befördern,

b) die Löschgeräte, die das Baggergut auf die für die Ablagerung bestimmten Plätze schaffen.

Die Geräte unter a) gliedern sich in:

1. Eimerbagger,
2. Greifbagger,
3. Drehewer,
4. Schürfende und kratzende Hilfsgeräte für besonders gelagerte Fälle; Saugbagger.

Die Geräte unter b) sind:

1. Schutensauger,
2. Schutenentleerer,
3. Greiferkräne.

Der Beförderung des Baggergutes von den Baggergeräten zu den Löschgeräten dienen die Baggerschuten, die von Dampf- oder Motorschleppern gezogen werden, mitunter auch Eigenantrieb besitzen.

a) Bagger.

Die Eimerbagger (Abb. 7) werden in großen Häfen in vielen verschiedenen Größen benötigt. Ihre Hauptkennzeichen ist eine sehr kräftige Bauart, um den schweren Beanspruchungen, die insbesondere von der Einwirkung des Unrats herrühren, gewachsen zu sein. In offenen Häfen müssen die Großgeräte eine sehr große Greiftiefe besitzen, da sie bei Niedrigwasser mindestens 11 m Wassertiefe herzustellen in der Lage sein müssen. Hierbei ist zu berücksichtigen, daß zur Herstellung einer bestimmten Wassertiefe die Eimerleiter 30—50 cm tiefer als vorgesehen eingestellt werden muß, um die während des Baggervorganges auftretenden Auflandungen wieder auszugleichen.

Abb. 7. Eimerbagger.
(Schiffs- u. Maschinenbau-A.-G., Mannheim).

Die vorherrschende Antriebsart ist heute immer noch die Dampfmaschine, die infolge ihrer Unempfindlichkeit gegenüber dem bei Hafenbaggerungen häufig auftretenden Belastungsstößen hervorragend geeignet ist. Neuerdings verschafft sich allerdings auch der Dieselmotor als Antriebsart Eingang, und zwar bei den kleineren Geräten als direkter Antrieb, unmittelbar unter Zwischenschaltung einer

Rutschkupplung mit dem Eimerkettenantrieb verbunden, bei den großen Geräten unter Zwischenschaltung von elektrischen Generatoren und Motoren. Die dieselelektrische Antriebsart zeigt steuerungstechnisch gegenüber dem unmittelbaren Motorenantrieb zwei große Vorteile:

1. Steuerung aller Antriebsorgane und Winden durch den Baggerführer unmittelbar von einem übersichtlich angeordneten Führerstand aus,

2. Stufenlose Regelung aller Winden zwischen der höchsten Drehzahl und der Nullstellung; eine Möglichkeit, die gerade für die Unterhaltungsbaggerung in Häfen von besonderem Werte ist.

Für kleinere Baggergeräte ist allerdings die dieselelektrische Anlage zu kostspielig; sie ist auch nicht erforderlich, weil hier der zentrale motorische Antrieb für Eimerkette und Winden die beste Lösung darstellt. Bei der Wahl von Verbrennungsmotoren, die gegen Überlastungsstöße empfindlich sind (vgl. Abschn.

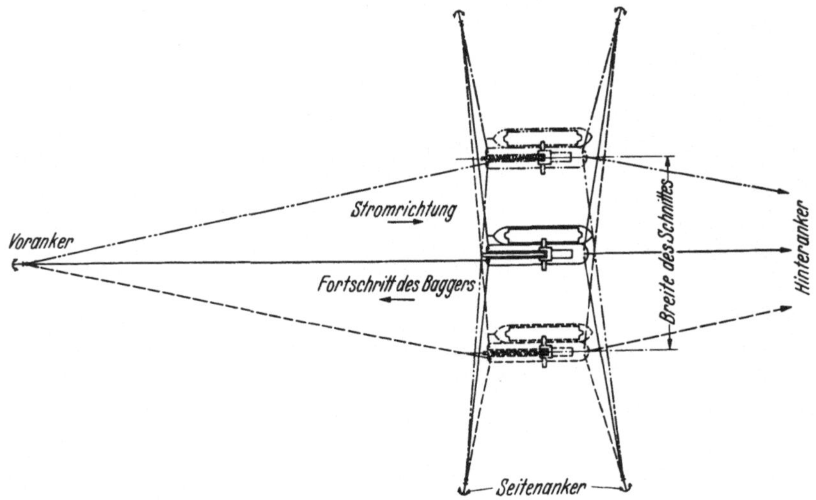

Abb. 8. Arbeitsweise des Eimerbaggers.

II B 1 b), ist allerdings darauf Bedacht zu nehmen, die Antriebsleistung höher zu wählen, als die Berechnung erfordert. Die in der Baggerung auftretenden Stöße und Leistungsschwankungen rechtfertigen eine solche Überlegung; sie macht sich später in Gestalt niedriger Instandsetzungskosten bezahlt. Selbstverständlich muß zwischen Motor und Eimerkettenantrieb eine gut wirkende Rutschkupplung geschaltet werden, um zu starke Stöße von dem Motor ganz fernzuhalten.

Die Arbeitsweise eines Eimerbaggers sei nur kurz angedeutet. Er wird vor 6 Ankern an Ketten oder Drähten ausgelegt (Abb. 8). Vorn und hinten werden an jeder Seite je ein Seitenanker querab vom Schiff ausgebracht; dazu kommen in Richtung der Längsachse des Baggers nach vorn und hinten je ein großer Anker. Der vordere Anker wird mehrere 100 m vor dem Bagger ausgebracht, das zu ihm führende Seil — Vortau — wird über ein oder zwei Schwimmer — Kettenträger oder Schauken — geführt. Jedes Ankerseil bzw. Ankerkette wird über die Trommel eines Spills geführt, das entweder Eigenantrieb besitzt oder über eine Vorgelegewelle von der Hauptmaschine angetrieben wird. Die drei hinteren Winden sind auch häufig aus Gründen der Platzersparnis zu einer einzigen Winde zusammengefaßt.

Beim Arbeiten des Gerätes wird die Eimerleiter auf die Hafensohle abgesenkt, die Eimerkette in langsamen Umlauf — 12 bis 18 Schüttungen je Minute — versetzt und dann die Seitenbewegung des Gerätes über die vier Seitenwinden eingeleitet. Ist die Außenseite des zu baggernden Feldes erreicht, wird durch Umschaltung der Seitenwinden der Bagger in der entgegengesetzten Seitenrichtung bewegt; gleichzeitig wird dabei der Bagger durch die Vortauwinde um soviel vorausgeholt, daß die Eimer beim Überqueren des Baggerfeldes gut gefüllt sind. Die Scherbreite des Baggers, d. h. die Breite des Baggerfeldes, kann mehrere 100 m betragen, jedoch lassen im Hafen die beschränkten Fahrwasserverhältnisse im allgemeinen nur eine wesentlich geringere Scherbreite zu. Es wird in vielen Fällen infolge der beschränkten Raumverhältnisse sogar nicht möglich sein, seitliche Anker auszulegen, dann werden die Seitenketten an Strecktauen befestigt, die zwischen Kaimauerringen oder Pfahlgruppen in Höhe der Hochwasserlinie ausgespannt werden.

Es wurde vorher gesagt, daß die Winden mit Einzelantrieb Vorzüge vor dem Zentralantrieb aufweisen, die für die Hafenbaggerungen in besonderem Maße nützlich hervortreten. Dieser Vorzug liegt darin, daß die Geschwindigkeit der Seitenbewegung völlig unabhängig von der Eimerumlaufgeschwindigkeit ist. Da im Hafen die zu baggernde Flußsohle häufig erhebliche Höhenschwankungen aufweist, ergibt sich bei Einzelwindenantrieb die Möglichkeit, über Stellen ausreichender Tiefe mit beschleunigter Seitenbewegung hinwegzukommen, bei höheren Anlandungen dagegen die jeweils erforderliche Geschwindigkeit einzuschalten; d. h. es wird dadurch der Baggerleistungsgrad in der Hand eines geschickten Führers erheblich gesteigert.

Die Ankertaue der Seitenwinden bestehen bei See- und Strombaggern in der Regel aus Stahldrähten, bei den Hafenbaggern bevorzugt man Ketten. Das Baggern im Hafen wird im großen Maße von dem Klein- und Groß-Schiffsverkehr beeinträchtigt. Es müssen in schmaleren Hafenbecken und Durchfahrten mit Rücksicht auf die durchfahrende Schiffahrt die Seitentaue häufig sehr schnell weggefiert (abgelassen) werden, und diesem Zwecke entsprechen am besten die Ketten. Die Ketten werden im Betrieb in drei oder vier Windungen um die sich drehenden Spillköpfe geführt; sie können mit wenigen Handgriffen im Erfordernisfall von den Spillköpfen heruntergerissen werden, und sie sinken dann infolge ihres Eigengewichts sehr schnell auf die Hafensohle ab. Die Drähte werden dagegen auf einer Trommel fest aufgewickelt. Sie können nur durch Umsteuerung der Trommelwinde weggefiert werden, sinken dann auch wesentlich langsamer ab. Besondere Bedeutung kommt einer schnell und sicher arbeitenden Eimerleiterhebewinde zu. Bei den häufig auftretenden Störungen am Unterrad (Unterturas) an den unteren Führungswangen und den Heberollen muß die Leiter mitunter mehrfach am Tag hochgewunden werden, und eine große Geschwindigkeit kann daher erheblichen Zeitgewinn bedeuten. Während bei älteren Baggern ein einmaliges Heben und Senken aus 14 m Tiefe 40—50 Minuten in Anspruch nahm, erzielt man heute dieselbe Leistung in 10—12 Minuten. Als Unterradlager hat sich bis heute das einfache offene Gabellager immer noch am besten bewährt. Die bei Seebaggern eingeführten und bewährten Ausführungen als Nadel- oder Walzenlager sind für Hafengeräte wenig geeignet, weil durch Trossen und Tauwerk im Baggergut diese immerhin empfindlichen Teile zu großen Beschädigungen ausgesetzt werden. Ebenso haben sich die Öl- und Fettschmierungen dieser Lager zur Herabminderung des Verschleißes nicht bewährt. Anders ist es mit dem Oberrad-(Oberturas-)Lager und den Lagern der Eimerkettenführungswalzen; für diese ist eine automatische Preßschmierung von großem Nutzen.

Die Eimer werden heute in der Regel aus Stahlguß hergestellt, doch führt sich in den letzten Jahren die geschweißte Bauart immer mehr ein, weil sie große Gewichtsersparnis mit sich bringt (Abb. 9). So beträgt das Gewicht eines Eimers von 0,85 m³ Inhalt

in Stahlgußausführung . . . . . . 2000 kg
in geschweißter Ausführung . . . . 1400 kg.

Überhaupt findet die Elektroschweißung im Baggerbau infolge der einfachen Form des Schiffsgefäßes ein besonders gut geeignetes Anwendungsgebiet.

Besondere Aufmerksamkeit muß der Sicherung der Baggergefäße gegen Leck-springen in der Bünn geschenkt werden. Es kommt gar nicht selten vor, daß mit den Baggereimern von der Hafensohle sperrige Eisen- oder Stahlteile empor-gefördert werden, die sich zwischen Eimerkette und Bünnwand festklemmen und dabei zur Beschädigung der Bünnwand unterhalb der Wasserlinie Anlaß geben können. Dringt dann erst einmal Wasser in einen vorderen Seitenteil des Baggers ein, ist es mit der Stabilität sehr bald vorbei, und der Bagger kentert. Die Siche-rung hiergegen besteht in einem Luftkasten, der wallgangartig im Bereich der Eimerleiter an beiden Seiten der Bünn eingebaut ist; dieser darf allerdings nur so groß gehalten werden, daß im Falle einseitigen Leckspringen noch genügend Stabilität erhalten bleibt.

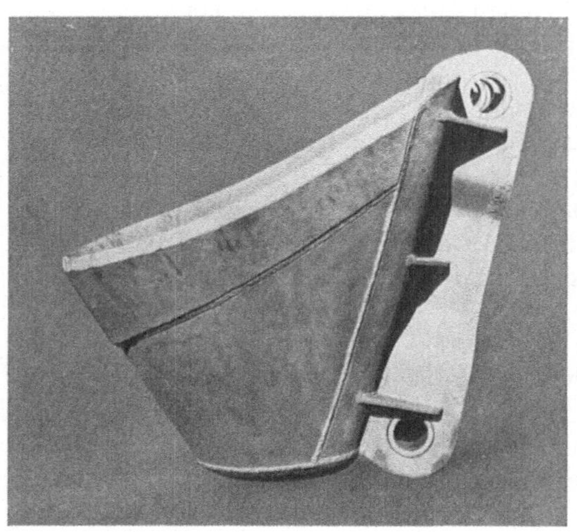

Abb. 9. Geschweißter Baggereimer.

Für den Hafenbetrieb werden Eimerbagger meist in den Grö-ßen von 0,3 bis 0,8 m³ Eimerin-halt bei 12—18 Schüttungen in der Minute verwendet; die An-triebskräfte liegen etwa zwischen 100 und 350 PS. Die theoretisch aus diesen Größen sich ergeben-den Stundenleistungen von 200—900 m³ werden allerdings aus den oben genannten Gründen nie erreicht, meist werden sie unter der Hälfte im praktischen Betrieb liegen.

Neben den Eimerbaggern kommt eine besondere Bedeutung den Greif-baggern zu. Sie werden überall dort eingesetzt, wo Eimerbagger infolge ihrer Größe nicht arbeiten können, oder wo nur geringe Bodenmengen bei großer Greif-tiefe entfernt werden müssen. Ferner werden sie auch vorteilhaft bei Herstellung von Leitungs- und Kabelrinnen sowie bei Arbeiten an Böschungen verwandt. Schließlich müssen sie noch überall dort eingesetzt werden, wo der zu baggernde Boden so zäh und fest ist, daß die Eimer der Eimerbagger nicht in ihn eindringen. Ebenso dient er zur Beseitigung großer Steine bzw. kleiner Felsstücke. Die meist zweischaligen Greifer sind daher sehr stark gebaut und etwa 50—80% schwerer als der von ihnen gefaßte Inhalt. Mit Greifern von 0,5—2 m³ Inhalt wird man praktisch 60—40 Hübe in der Minute machen können.

Für die schwereren Greifbagger ist dem Dampfantrieb unbedingt der Vorzug zu geben, weil hier im stärksten Maße unvorhersehbare Überbeanspruchungen und Leistungsstöße auftreten, die einem Motor sehr zu schaffen machen würden. Greiferwinden werden durchweg für Zweiseilgreifer verwendet; d. h. von 2 Trom-meln führen je 2 Drähte über Rollen zum Greiferkorb, von denen das eine Seilpaar als Hubseil und das andere als Schließseil verwandt wird (vgl. hierzu Abschn. II B, Greifersteuerungen S. 50). Es empfiehlt sich, die Greifergefäße so kräftig wie nur irgend möglich zu gestalten, damit sie den übergroßen Beanspruchungen einigermaßen gewachsen sind. Vielfach werden diese Geräte auch zum Ziehen von Pfählen und Pfahlstümpfen, welch' letztere besonders für die Schiffe im Hafen ge-fährlich sind, herangezogen. Um sie bei diesen Arbeiten jedoch nicht zu großen Beanspruchungen und damit Abnutzungen auszusetzen, empfiehlt es sich, auf jeden Fall die Pfähle vorher im Grund weitestgehend frei zu baggern.

Sehr gut geeignet sind diese Bagger zur Herstellung von Kabelrinnen und zur Führung der hierbei die Kabeltrommel tragenden Schuten bei der Kabelverlegung unter Wasser. Die Abbildung 10 zeigt eine solche Verlegung im Hamburger Hafen, wie sie schon häufig in den letzten Jahren durchgeführt wurde. Zwischen zwei festverankerten Greiferkränen ist ein Streckseil ausgespannt, an dem die Kabelschute genau über der gebaggerten Kabelrinne mit Schepperhilfe entlanggeführt werden kann.

Die Greifbagger sind auch dort bestens zum Einsatz geeignet, wo zäher toniger Boden, der den Eimerbaggern unüberwindlichen Widerstand entgegensetzt, entfernt werden soll. Für diese Arbeiten ist es jedoch erforderlich, an Stelle der üblichen Greifergefäße mit glatten Schneiden solche mit langen, scharfen Zähnen, die sich auf Lücke gegenüberstehen, zu verwenden. Wenn auch die Leistung der Geräte bei derartigen Arbeiten erheblich absinkt — etwa $1/_5$ der Normalleistung — so ist diese Lösung immer noch wirtschaftlicher, als den Boden durch Sprengungen für Eimerbagger vorzubereiten. Saugbagger mit Schneidkopf sollte man für diese Arbeiten im Hafengebiet aus später noch erörterten Gründen nicht einsetzen. Sind

Abb. 10. Unterwasserkabelverlegung mit Baggerhilfe.

Felsenstücke von der Hafensohle zu entfernen, so kommen schwere Löffelbagger in Frage; fest zusammenhängender Felsen muß vorher durch Sprengung gelockert oder durch starke Fallmeißel, welche von einem Prahm aus betätigt werden, zertrümmert werden. Da derartige Aufgaben in der Hafenunterhaltung nur sehr selten vorkommen, mag die Erwähnung der dabei benötigten Geräte hier genügen.

Zur Baggerung in engen und flachen Gewässern, insbesondere dort, wo die Hafen- und Kahnschiffahrt ihre Liegeplätze haben, werden Löffel- oder Ketscherbagger benutzt, deren in einem Stiel befestigter Eimer an der Bordwand auf die Hafensohle angesenkt und mit einer Dampf- oder Motorwinde über Grund bewegt und wieder hochgewunden wird. Der Vorteil dieser (im Hamburger Hafen Drehewer genannten) Geräte besteht darin, daß sie einen eigenen Laderaum für das Baggergut haben und somit keiner Baggerschuten bedürfen. Dadurch ist es ihnen möglich auf schmalem Raum, der kaum breiter als die eigene Fahrzeugbreite zu sein braucht, zu arbeiten. Sie haben in der Regel Eigenantrieb und fahren ihr Baggergut selbst zur Löschstelle. Die Leistung dieser Geräte ist abhängig von der Größe des Laderaumes und der Entfernung der Löschstelle. Den Laderaum wird man aus Gründen der Beweglichkeit kaum größer als 50 m³ machen. Mehr als zwei Füllungen werden innerhalb 8 Stunden kaum zu erzielen sein, wenn nicht die Löschstelle sehr nahe dem Arbeitsplatz liegt. Bei dieser geringen Leistungsfähigkeit rechtfertigt sich der Einsatz eines solchen Gerätes nur dort, wo geringe Bodenmengen zu beseitigen sind.

Vereinzelt werden für besondere Zwecke auch noch andere Geräte eingesetzt. Handelt es sich z. B. um die Entfernung großer Mengen in kurzer Zeit, so mag man wohl auch einmal einen Saugbagger mit Kreiselpumpe, wie er an der Küste oder in breiten Stromgebieten verwendet wird, hinzuziehen. Hierbei ist jedoch äußerste Vorsicht geboten. Diese Bagger arbeiten so, daß sie ihren an einer Kreiselpumpe angeschlossenen Saugrüssel auf die Hafensohle absenken und dann große tiefe Trichter saugen. Auf diese Weise wird in bestimmten Abständen Trichter an Trichter hergestellt; den einebnenden Ausgleich überläßt man dabei der Arbeit des in steter Bewegung befindlichen Wassers. Hierbei muß nun sehr darauf Bedacht genommen werden, diese Trichter nicht zu nahe an Uferbauten oder Kaimauern zu verlegen; es besteht nämlich die Gefahr der Unterhöhlung und des

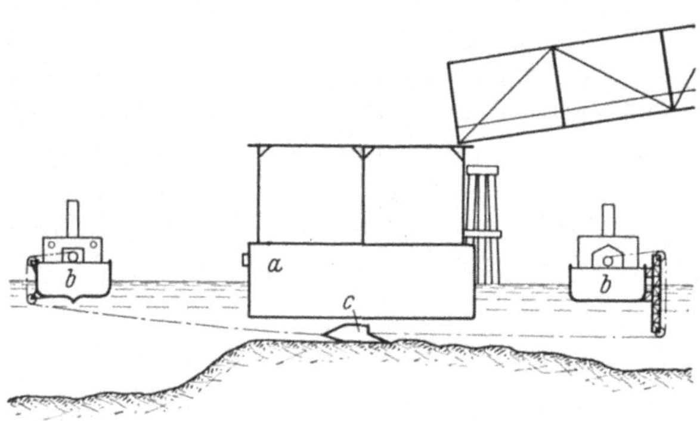

Abb. 11. Arbeitsweise eines Bagger-Schürfgerätes.
a schwimmende Landungsanlage, *b* Fahrzeuge mit Winden, *c* Schürfgerät (Schraper).

Einsturzes, weil die Reichweite der Saugwirkung sich unter Umständen bis zu den Uferwerken erstreckt.

Mitunter ist es auch in Sonderfällen erforderlich, zu ganz behelfsmäßigen Geräten seine Zuflucht zu nehmen. Gilt es z. B. unter großen schwimmenden Landungsanlagen Auflandungen zu beseitigen, ohne die Pontons zu entfernen, so kann man seine Zuflucht zu einem Schürfgerät nehmen, dem Kratzer oder Schraper. Dieser wird an Ketten geführt und von 2 Winden gezogen, die sich auf Fahrzeugen längsseit an Vor- und Hinterkante des Pontons oder auch auf dem festen Land befinden. Der Kratzer lockert den Boden auf und befördert ihn dann ins freie Fahrwasser, wo er mit den üblichen Baggergeräten entfernt werden kann. Die Skizze (Abb. 11) kennzeichnet ein solches Gerät, wie es zur Beseitigung von festem, tonigem Boden verwendet wurde.

b) Baggergut-Löschgeräte.

Besondere Schwierigkeiten macht es im allgemeinen, den im Hafen beim Baggern gewonnenen Boden unterzubringen. Liegt der Hafen allerdings unmittelbar am Meer, so wird sich leicht eine Stelle außerhalb des Fahrwassers finden lassen, wo man diesen Boden ohne sonderliche Schwierigkeiten verklappen kann. Anders ist es jedoch bei landeinwärts liegenden Häfen. Ausreichende Flächen zum Verklappen des Baggerguts im Flußgebiet sind nur sehr selten vorhanden, zumindest liegen sie so weit vom Hafengebiet entfernt, daß die Beförderung dorthin mit außerordentlichen Kosten verknüpft ist.

Es bleibt daher in der Regel kein anderer Ausweg übrig, als den gebaggerten Boden an Land unterzubringen, und zwar wenn irgend möglich in der Nähe des Hafens bzw. der Baggerstelle. Die Löschgeräte, die diesem Zwecke dienen, sind die Schutensauger und die Schutenentleerer. Der Unterschied zwischen diesen beiden Geräten liegt in der Förderweite und in der Förderart. Der Schutensauger (Spüler) saugt das mit viel Wasser vermischte Baggergut an und spült es in Rohrleitungen über Land; der Entleerer fördert es mit mechanischen Mitteln (Becherwerke, Greifer, Kübel u. ä.) an Land. Während der Sauger über Strecken von 2 km und noch weiter das Baggergut zu befördern vermag, ist die Reichweite des Entleerers auf einige Dekameter beschränkt. Die letzteren werden im wesentlichen für die Aufschüttung von Deichen und Böschungen und für die Hinterfüllung von Spundwänden und Kaimauern verwendet.

Zum Antrieb der Sauger werden von jeher mit gutem Erfolg — wieder wegen
ihrer Unempfindlichkeit gegen Stöße — Dampfmaschinen verwendet; doch tritt
auch hier neuerdings der Motor, vielfach in Verbindung mit Elektrizität, in den
Wettbewerb ein.

Der Hauptbestandteil des Saugers ist die Kreiselpumpe, von der es verschiedene Konstruktionsarten gibt. Die einfachste Ausführung, der sog. offene Kreisel,
besteht aus einem geschmiedeten Kreuz mit 3, 4, 5 oder auch 6 in der Drehrichtung leicht konvex gekrümmten Armen, an denen Bleche befestigt sind. Diese
Bleche schließen an den Seiten und an der Außenkante möglichst dicht an dem
Gehäuse ab. Infolge des zahlreichen Unrats tritt aber sehr bald starker Verschleiß
an den Kreiselblechen und an den Gehäusewandungen ein, und dann fällt der
Wirkungsgrad sehr schnell ab. Zur Vermeidung dieser Verluste hat man von bei-

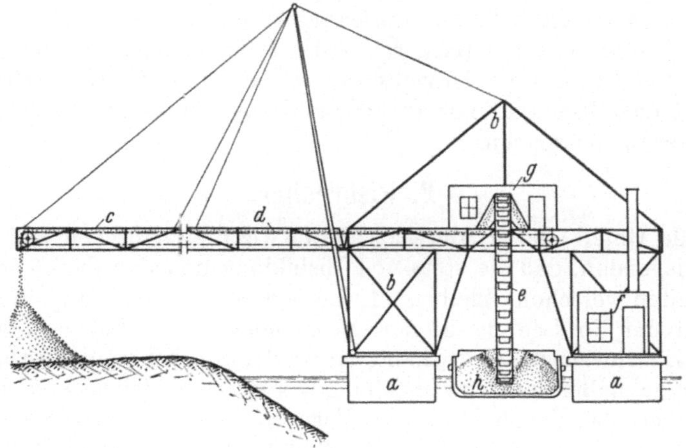

Abb. 12. Baggerschutenentleerer.

a Schwimmponton, *b* Traggerüst, *c* Ausleger, *d* Bandförderer, *e* Becherwerk, *f* Kraftanlage, *g* Maschinenhaus, *h* Baggerschute.

den Seiten gegen den Kreisel kreisrunde Bleche gesetzt, so daß das durchgesaugte
Baggergut nicht mehr mit den Seitenwänden des Gehäuses in Berührung kommt.
Dadurch ist der Verschleiß im Gehäuse und damit der Wirkungsgradverlust um
ein vielfaches herabgemindert worden.

Der Verlegung der Förderleitung muß besondere Aufmerksamkeit gewidmet
werden. Sie sollen möglichst gradlinig verlegt werden, starke Krümmungen sind auf
jeden Fall zu vermeiden. Die Steighöhe des Saugerdruckrohres ist so hoch zu führen,
daß selbst bei niedrigstem Wasserstand, ein Anfangsgefälle zur Förderrohrleitung
hin erhalten bleibt. Durchhänge in der Rohrleitung, sog. Wassersäcke, müssen unter
allen Umständen vermieden werden, denn sie beeinträchtigen den Leistungsgrad
des Saugers besonders stark. Bei Dampfantrieb ist auf eine ausreichende Kesselanlage besonders Bedacht zu legen; zu geringe Dampfleistung ist ein häufig wiederkehrender Mangel bei diesen Geräten. Die Verbindung zwischen dem Saugersteigrohr und der Landrohrleitung geschieht am zweckmäßigsten durch Stahlgußkugelgelenke in Verbindung mit kurzen Rohrstücken. Diese Bauweise hat sich
gegenüber der früher üblichen Lösung mit Kreuzgelenkstücken und Lederbeuteln
überlegen gezeigt. Allerdings müssen die Kugelgelenke genau bearbeitet sein,
außerdem muß die Stopfbuchsenabdichtung und die Schmierung Gegenstand
ständiger Beobachtung sein. Die Stellen stärksten Verschleißes befinden sich im
Pumpengehäuse und am Kreisel. Das Pumpengehäuse ist mit Verschleißblechen
ausgerüstet; viele Versuche über den bestgeeigneten Baustoff sind ausgeführt wor-

den, ohne daß ein wirklich bester und widerstandsfähiger Baustoff gefunden wurde. Denn nicht der härteste Stoff ist zugleich der am meisten verschleißfeste. Es ist nicht ausgeschlossen, daß hier noch einmal dem Gummi ein aussichtsreiches Feld erschlossen wird, wenn es gelingt, seine Empfindlichkeit gegen scharfe Stähle oder ähnliche Baggergut-Bestandteile zu überwinden; seine hohe Verschleißfestigkeit ist unbestritten.

Dem Schutenentleerer kommt keine allzugroße Bedeutung als Hafengerät zu. Wo sie einmal im Zuge umfangreiche Hafenneubauten beschafft und eingesetzt worden sind, wird man sie später auch in der Hafenunterhaltung vorteilhaft verwenden können. Sie sind in den verschiedensten Ausführungen mit Greifern, Becherwerk, Förderbändern erbaut. Da ein näheres Eingehen über den Rahmen dieses Buches hinausgehen würde, möge eine einfache Skizze (Abb. 12) die grundsätzliche Anordnung andeuten: Zwei längliche Schwimmkörper a tragen ein starkes Gerüst b dergestalt, daß zwischen ihnen Baggerschuten festgemacht werden können. In einem etwa 30—50 m langen Ausleger c läuft ein Förderband d (es können auch Kippkübel oder Greifer sein), welches durch das Becherwerk e, welches die Schute h mit dem Baggergut entleert, beschüttet wird. In den Maschinenhäusern f und g wird die Antriebskraft erzeugt und den Förderelementen zugeführt. Ist das Baggergut mit sperrigem Unrat durchsetzt, so wird man eine Greiferentleerung vorziehen.

2. Eisbrecher.

Nicht alle Häfen sind so glücklich daran wie die englischen und in warmen Gegenden liegenden, daß sie stets von Eisbildung und den damit verbundenen Schwierigkeiten verschont bleiben. Insbesondere die nordeuropäischen Häfen, soweit sie an der Nordsee und an der Ostsee gelegen sind, haben in der Regel in Winter mit Eisschwierigkeiten zu kämpfen. In der nördlichen und östlichen Ostsee muß sogar regelmäßig mit der Einstellung des Hafenbetriebes gerechnet werden. Es ist natürlich, daß die Besitzer oder Verwalter solcher Häfen Maßnahmen getroffen haben, um die Vereisung ihrer Häfen und die damit verknüpften wirtschaftlichen Schäden nach Möglichkeit zu verhindern. Diesem Zweck dienen in erster Linie maschinengetriebene Eisbrecher. Bei der Betrachtung dieser Sonderschiffe muß grundsätzlich unterschieden werden, zwischen den Fahrzeugen, die die Hafenzufahrt offen zu halten haben und solchen, die die Eisbildungen und Eisstauungen in den Häfen verhindern bzw. beseitigen sollen. Diese letzten allein werden in den Kreis der Betrachtung als zum Hafen gehörig einbezogen.

Der erste Einsatz von Eisbrechern wird oftmals schon erforderlich, wenn erst eine verhältnismäßig geringe Eisbildung vorliegt. Denn für die in jedem Hafen vorhandene umfangreiche Kleinschiffahrt, insbesondere Barkassen und Schleppzüge, bedeutet das zusammengeschobene dünne Eis erhebliche Leistungsbehinderung und nicht selten Arbeitseinstellung. Insbesondere leicht gebaute Fahrzeuge scheiden frühzeitig bei Eisbildung aus. Zur Bekämpfung derartiger Eisgefahren werden in der Regel kleinere Dampfschiffe herangezogen, die während der übrigen Jahreszeit eine Schleppdampfertätigkeit verrichten; denn in der doppelten Einsatzmöglichkeit liegt der Vorteil wirtschaftlicher Betriebsgestaltung dieser Schiffe. Das Kennzeichen solcher Schleppdampfer-Eisbrecher ist ein starker Schiffskörper mit runden Unterwasserformen und eine kräftige Maschinenanlage. Ein großer Trimmtank im Hinterschiff dient dazu dem Schiff beim Eisbrechen eine steuerlastige Lage geben zu können. Dies ist dann erforderlich, wenn es große zusammenhängende Eismassen zu zerbrechen gibt; dann schieben sich nämlich die Eisbrecher nach einem Anlauf mit dem Vorschiff auf das Eis hinauf, bis es unter der Last des Schiffes zerbricht. Bei starkem Eis gelingt dies allerdings nicht immer, es kommt vor, daß der Eisbrecher liegen bleibt und trotz kräftig arbeitender Schraube nicht wieder herunterkommt. In solchen Fällen werden grundsätzlich mehrere Eisbrecher nebeneinander eingesetzt, die abwechselnd den Angriff auf das Eis vornehmen.

Der Trimmtank erfüllt gleichzeitig noch den Zweck, die Antriebsschraube, die naturgemäß durch das Eis stark gefährdet ist, möglichst tief unter den Wasserspiegel zu bringen und sie so den Einwirkungen des Eises zu entziehen. Der Baustoff dieser Schrauben besteht in der Regel aus Stahlguß, dem hin und wieder Nickel oder Chrom zugesetzt wird. Bei der Bemessung der Schraubenfestigkeit muß immer Rücksicht auf die übrigen Antriebsteile der Maschinen- und Wellenanlage genommen werden; denn eine zu hohe Schraubenbruchfestigkeit führt leicht zu Brüchen an anderen Stellen der Antriebsanlage, die weniger leicht zugänglich sind, und deren Wiederherstellung erheblich höhere Kosten verursachen würde als die Instandsetzung oder Erneuerung einer Stahlgußschraube.

Bei der Rohrplangestaltung für die Pumpen muß besonders darauf Bedacht genommen werden, daß die Kühlwasserversorgung des Kondensators, bzw. bei Auspuffmaschinen die Speisewasserversorgung des Kessels, keine Unterbrechung erfährt. Es müssen daher mindestens 2 Ansaugventile jeweils an möglichst weit auseinanderliegenden Stellen des Schiffsbodens vorhanden sein, die durch eine einfache Kreuzschaltung mit der Pumpe verbunden sind. Außerdem müssen zu diesen Ventilen kleine Dampfleitungen geführt werden mit dem Zweck, etwa eingedrungenen Eisschlamm zu zerschmelzen.

Nimmt der Eisgang im Hafen zu, so daß selbst die kleineren seegehenden Schiffe und die großen Seeschiffe im Schlepp der großen Bugsierschlepper Schwierigkeiten beim Manövrieren oder gar in der Fortbewegung haben, sind die kleineren Schleppdampfer-Eisbrecher nicht mehr ausreichend. Dann müssen Sonderschiffe eingesetzt werden, die hinsichtlich Größe und Maschinenleistung die ersteren weit übertreffen. Je nach der Größe und Weiträumigkeit des Hafens und seiner Hafenbecken erhalten diese Schiffe eine Länge von 24—30 m und eine Maschinenleistung von 400—800 PS. Da die Schiffe nur bei stärkerem Eisgang eingesetzt werden und während der übrigen Jahreszeit ungenutzt stilliegen, wird man sich bei der Wahl der Größenabmessungen Beschränkungen auferlegen müssen, um die Höhe des festgelegten, untätigen Kapitals nicht unnötig zu steigern.

Wenn auch in manchen in eisreichen Gegenden gelegenen Häfen noch größere Eisbrecher eingesetzt werden, so dienen diese in der Hauptsache der Aufeisung der Zufahrtsstraße zum Hafen, z. B. in den schwedischen, finnischen und russischen Ostseehäfen. Da sie aber infolge ihrer Größe für den Eisbrechdienst in den Hafenbecken wenig geeignet sind, fallen sie für diese Betrachtungen fort.

An die Stelle der Dampfmaschine als Antriebsmittel tritt heute auch manchmal der Dieselmotor. Hier bereitet die Lösung der Umsteuerung bei den üblichen geringen Leistungen eine gewisse Schwierigkeit, weil die Beanspruchungen im Eisgang erheblich sind. In der Regel findet das Wendegetriebe als Umsteuerorgan Anwendung; da diese Getriebe aber gegen schwere Stöße besonders empfindlich sind, muß diesem Umstand bei der Beschaffung durch die Wahl übermäßig großer Abmessungen Rechnung getragen werden. Ähnliches gilt auch für den Antriebsmotor selbst; hier empfiehlt es sich durch Begrenzung des Brennstoffpumpenhubs die Höchstleistung von vornherein zu begrenzen, um damit unerwünschten Überlastungen vorzubeugen.

Hinsichtlich der allgemeinen technischen und betrieblichen Kennzeichen der Eisbrecher wird auf die Ausführungen über Hafenfähren und Schleppdienst an anderer Stelle dieses Buches verwiesen (vgl. Abschn. II C 5).

3. Taucher- und Bergungsgeräte.

Eine wichtige Rolle im Hafenbetrieb ist den Taucher- und Bergungsfahrzeugen und -Einrichtungen zuzusprechen. Ihre Aufgabe ist zwiefach;

einmal dienen sie der Feststellung und Beseitigung von Schiffahrtshindernissen, die nicht nur durch gesunkene Fahrzeuge, sondern auch durch zu Wasser gegangene Umschlagsgeräte u. ä. gebildet werden können; zum anderen werden sie bei den laufenden Unterwasserprüfungen der Standfestigkeit von Kaimauern und sonstigen Hafenbauten, der Schleusen, Wehre, Düker usw. benötigt.

Wenn diese Geräte auch mit den Schleppdampfern eine gewisse Ähnlichkeit haben (Abb. 13, Hintergrund) und zudem auch zum Schleppen benutzt werden, so weisen sie doch einige ganz bestimmte unterscheidende Merkmale auf. Im Vorschiff vor dem Kesselraum befindet sich ein geräumiger Lade- und Geräteraum für die Unterbringung des Pumpen- und Bergungsgeräts; gleichzeitig kann dieser Raum für die vorübergehende Unterbringung geborgener Güter herangezogen werden. Auch befindet sich in diesem Raum vielfach die Luftpumpe, die der Luftversorgung des unter Wasser arbeitenden Tauchers dient. Der Laderaum ist durch eine niedrige Decksluke zugänglich und wird durch einen kräftigen Lademast

Abb. 13. Bergungsdampfer beim Heben eines Schleppers (Fairplay).
(Gebr. Beckedorf, Hamburg).

mit Ladebaum bedient. Auf dem Vordeck vor der Ladeluke wird eine sehr kräftige Anker- und Bergungswinde aufgestellt.

Im Bug des Schiffes unmittelbar auf dem Vorsteven sind eine Anzahl Rollen schwerster Ausführung in Verbindung mit einem Flaschenzug eingebaut über die die Bergungsseile und Drähte der Winde geführt werden.

Die Bergungsfahrzeuge im Hafen erhalten grundsätzlich Dampfantrieb. Ausschlaggebend hierfür ist wiederum die hohe Unempfindlichkeit der Dampfmaschine gegenüber Überlastungen und Stößen. Die Fahrmaschine ist in der Regel nur von mittlerer Größe, weil auf die Erzielung großer Geschwindigkeit kein besonderer Wert gelegt wird und der hierfür erforderlich werdende Kesselraum dringend für andere Zwecke benötigt wird. Aus Gründen einfachster Betriebsgestaltung wird als Fahrmaschine die Auspuffmaschine an Stelle der Kondensationsanlage bevorzugt (näheres hierüber im Abschnitt II C 5).

Neben der Fahrmaschine befindet sich im Maschinenraum eine große Bergungspumpe, zumeist als Zwillingskolbenpumpe ausgebildet. Diese Pumpe dient dem Zweck, leckgesprungene Fahrzeuge bis zur endgültigen Bergung über Wasser zu halten, oder bei der Hebung gesunkener Fahrzeuge behilflich zu sein.

Die Hebung geht in Gebieten stark wechselnder Gezeitenwasserstände im allgemeinen so vor sich, daß nach Feststellung der Lage des gesunkenen Fahrzeuges durch einen Taucher zunächst das Leck behelfsmäßig abgedichtet wird. Dann wird der Bergungsdampfer oder ein Bergungsprahm unmittelbar über dem Wrack ausgelegt und das Wrack mit starken Stahltrossen oder Ketten unter dem Bergungsgerät befestigt (Abb. 14). Hiernach wird unter Zuhilfenahme der starken Dampfwinde das Wrack etwas angelüftet und allmählich so weit auf flacheres Wasser verholt, wie die Wasserverhältnisse bei Hochwasser es ermöglichen. Manchmal werden auch zwei Hebeprähme mit starken Windenbäumen so ausgelegt, daß die das zu hebende Wrack zwischen sich hochziehen (Abb. 13).

Wenn dann während des folgenden Ebbezeitraumes das Deck des Wracks aus dem Wasser austaucht, werden mit der Bergungspumpe alle Räume leergepumpt und damit die Schwimmfähigkeit wiederhergestellt.

Im Gebiet geringer oder gar keiner Gezeitenschwankungen wird ein etwas anderes Verfahren eingeschlagen. Es wird dort das Wrack an zwei nebeneinander-

Abb. 14. Winde und Windenbaum beim Heben eines Wracks.

liegenden Bergungsfahrzeugen mit starken Ketten oder Stahldrähten angeschlagen und dann mit Unterstützung der Pumpen langsam emporgehoben, bis es mit dem Deck aus dem Wasser austaucht und dann völlig leergepumpt werden kann.

4. Ramm-Maschinen.

Die im Hafenbaubetrieb so überaus wichtigen Rammen haben auch für die Erhaltung des Hafens ihre Bedeutung, da zahlreiche Pfahlwerke, die der Witterung und dem Verkehrsverschleiß ausgesetzt sind, dauernd unterhalten werden müssen. Wohl jeder Hafen besitzt solche Pfahlwerke, sei es zum Festmachen der Schiffe, zur Sicherung schwimmender Bauwerke, zur Aufnahme von Signalgeräten, seien es hölzerne Lösch- und Verkehrsbrücken, Schutzpfähle u. ä. Die Unterhaltungsramme weicht in verschiedenen Punkten von der neuzeitlichen Bauramme ab; zunächst ist sie durchweg schwimmend, da meist nur vom Wasser aus an ihre Arbeitsplätze gelangt werden kann; wo in größeren Häfen weitere Wege zurückzulegen sind, ist sie manchmal selbstfahrend eingerichtet; muß sie bei diesen Fahrten unter niedrigen Brücken durchfahren, so lohnt es sich, ihr Rammgerüst umlegbar zu machen. Öfters hat sie neben der Rammaschine (bzw. Fahrmaschine) auch noch Einrichtungen für Zimmerarbeiten an Bord. Da Pfähle manchmal in verschiedenen Winkeln zur Senkrechten eingetrieben werden müssen, so ist es notwendig, das Rammgerüst an Bord in verschiedenen Neigungen einzustellen. Instandsetzungen an Pfählen sind oft in engen Ecken und an schmalen Stellen des Hafens auszuführen, hier hat sich eine Sonderbauart für Hafenrammen bewährt, welche das Rammgerüst an einem runden Heck aufstellt, so daß es von Backbord nach Steuerbord um 180° gedreht werden kann; auf diese Weise kann man das Wenden der ganzen Schwimmramme vermeiden (Abb. 15).

Die maschinelle Einrichtung der Schwimmrammen zur Hafenerhaltung, die in größeren Häfen, sofern diese die Unterhaltung im Eigenbetrieb vornehmen, oft mehrfach vorhanden sind, ist durchweg einfacher als bei den modernen Baurammen. Es wird meistens eine Freifallramme mit Bärgewichten von 0,7—2 t und Dampfbetrieb verwendet, seltener kommt Motorantrieb oder gar eine Ramme mit Dampfbär oder Dampfhammer in Frage. Die Dampfkessel der Unterhaltungsrammen müssen etwa eine Leistung von 5—15 PS für den Rammbetrieb vorhalten können. Bei ganz einfachen Verhältnissen genügt eine auf einen Schwimmprahm gesetzte Landramme; leistungsfähigere Geräte, etwa eine selbstfahrende Ramme mit Werkstattbetrieb, haben eine stärkere mechanische Ausrüstung, außer der Rammwinde noch den Fahrantrieb, Pumpen und Werkzeugmaschinen.

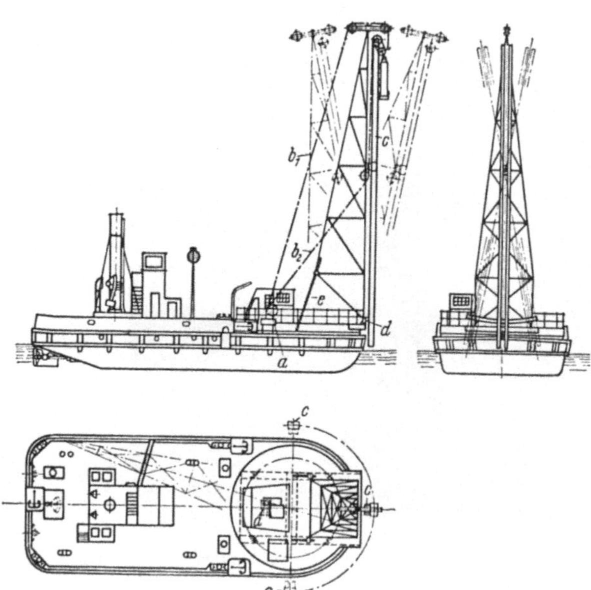

Abb. 15. Schwimmramme mit drehbarem und winkelverstellbarem Rammgerüst.
a Dampfwinde, b_1 Seil zum Pfahlheben, b_2 Seil zum Bärheben, *c* Mäkler, *d* Kipplager, *e* Einstellspindeln.

Von den übrigen, nur gelegentlich zur Hafenunterhaltung herangezogenen mechanischen Geräten seien besonders die Schwimmkräne erwähnt. Sie sind allerdings fast nie für diesen Zweck beschafft worden, sondern in erster Linie für den Umschlag, den Schiffbau oder den Hafenbau, wofür sie z. T. riesige Tragkräfte (400—500 t für Molenbau) aufweisen. Sie können zum Heben schwerer gesunkener Teile, zum Herausnehmen und Einsetzen von Schleusentoren, beim Ziehen von Pfählen oder Pfahlstummeln gut verwendet werden. Einen Sonderkran dieser Art, der für Unterhaltungszwecke im Schiffahrtskanal und Hafen von Manchester 1937 in Betrieb genommen wurde, zeigt Abb. 16. Der nicht selbstfahrende, dampf-elektrisch betriebene Schwimmkran hat bei feststehendem Ausleger eine Tragkraft von 250 t, ein Hilfshubwerk für 125 t (bei dieser Belastung ist der Ausleger beschränkt drehbar) und eine Hubkatze von 10 t. Der Kran wird gelegentlich auch für den Umschlag verwendet. Zum Pfahlausziehen kommen auch eigens für diese Zwecke gebaute Sonderhebezeuge (Pfahlzieherkräne und Hebeprähme) vor, die auf tragfähigen Schwimmgefäßen an kurzem Ausleger starke Winden mit mehrfachem Flaschenzug wirken lassen, da Zugkräfte bis zu 20 und mehr Tonnen benötigt werden. Daß auch starke Greifbagger zu diesen Zwecken benützt werden können, war bereits auf S. 16 gesagt worden.

5. Wasserstandsanzeiger.

Da Häfen und ihre innerhalb der Küste liegenden Zufahrtstraßen aus wirtschaftlichen und technischen Gründen nur eine beschränkte Wassertiefe haben — künstlich ausgehobene Tiefen überschreiten wohl nirgends 15 m —, so ist es

für die Schiffsführer wichtig zu wissen, wieviel Wasser sie unter dem Kiel haben.
Um so wichtiger wird diese Wasserstandsangabe in den See- oder Binnenhäfen, in denen sich die Wassertiefe durch Gezeiten, Winddruck oder Niederschlag-
hochwasser bzw. Trockenzeiten regelmäßig oder unregelmäßig verändert. Auch
in Schleusenkammern oder in Trockendocks, wo die Wassertiefe sich betriebs-
mäßig ändert, ist ihre Kenntnis erwünscht. Am einfachsten geschieht die Wasserstandsanzeige an einer sog. Pegellatte, die senkrecht zur Wasseroberfläche fest
angebracht und mit dem ortsüblichen Maßsystem genügend groß bezeichnet ist.

Abb. 16. Schwerlastschwimmkran 250 t (Manchester).

Unter Maßsystem ist nicht nur die Lage der Null-Linie des Wasserstandes, sondern auch das Maß zu verstehen, in dem die Veränderung angegeben wird, etwa
in Dezimetern oder in Fuß. Die angelsächsischen Häfen und die gesamte Schiff-
fahrt wenden in der Regel das Fuß-Maß an; die Nullinie (Pegelnull) ist für jeden
Hafen eine andere, sie ist willkürlich nach praktischen Erwägungen gewählt.
Um die Wassertiefe an irgendeinem Ort des Hafens zu kennen, muß man die Tiefenlage der Hafensohle in Pegelmaß kennen und den Pegelstand mit ihr vergleichen. Die verbesserten Wasserstandsanzeiger ermöglichen, daß aus weiterer
Ferne und doch sicher der Wasserstand abzulesen ist. Sie erreichen das dadurch,
daß ein Schwimmer in einem mit dem Hafenwasser in Verbindung stehenden

Schacht durch Seilzüge oder Zahnstangen die Höhenveränderung der Wasseroberfläche überträgt. Die dadurch gewonnene Kraft betätigt eine mechanische Einrichtung, die Zahlen auf einer Skala in praktisch genügender Größe nach einer oder mehreren Seiten weit ablesbar erscheinen läßt oder die Wasserstandshöhe durch Zeiger auf großen Zifferblättern angibt. Abb. 17a zeigt die grundsätzliche Wirkungsweise eines Schwimmerpegels mit Zahlenangabe auf einem umlaufenden Bande. Die Zahlen müssen mindestens so groß und nachts hell beleuchtet sein, daß sie von einem vorbeifahrenden Schiff gut wahrgenommen werden können, u. U. längere Zeit unter Zuhilfenahme eines Fernglases, um die Stärke der Veränderung wahrzunehmen. Neuzeitige Flutmesser lassen mit der Höhenangabe auch gleichzeitig erkennen, ob das Wasser im Steigen oder Fallen begriffen ist, was für die Schiffahrt von großem Wert ist. Mit Pegeln dieser Art lassen sich auch die Wasserstandsveränderungen fortlaufend aufzeichnen, was nicht nur von wissenschaftlichem, sondern auch von praktischem Wert ist, wenn zurückliegende Ursachen von Störungen im Hafenbetrieb aufgedeckt werden sollen, die mit dem Wasserstand zusammenhängen. In Abb. 17b erkennen wir, daß der Schwimmer (S), der ja genügend große Verstellkräfte hergibt, eine Schreibvorrichtung (T) betätigt, die einen Papierbogen, der auf einem sich drehenden Zylinder (Z) befestigt ist, berührt. Der Gang des antreibenden Uhrwerks (U) stimmt mit den Abszissen, die Höhenangaben des Schreibstiftes (T) mit den Koordinaten überein. In einem Tidegebiet ergeben sich sinusartige Schaulinien, die von Tag zu Tag sich verschieben. Die Angaben eines solchen Pegels können durch Seilzüge auf kleine Entfernungen, durch elektromagnetische Einrichtungen beliebig weit übertragen werden. Andere möglichen Mittel der Wasserstandsanzeige und Übertragung haben sich für den Hafenbetrieb als nicht vorteilhaft erwiesen. Weithin sichtbar werden Wasserstandsangaben, wenn sie mit optischen Zeichen, mit Flügeln, Bällen, Zylindern, Kegeln, farbigen Lichtern erfolgen, sie können dann allerdings nicht fortlaufend anzeigen, sondern in Abständen von etwa 0,2—0,5 m Wasserstandsveränderung, dementsprechend die Zeichen zu deuten sind. Das Aufziehen solcher Zeichen an hohen Gerüsten erfolgt meistens von Hand.

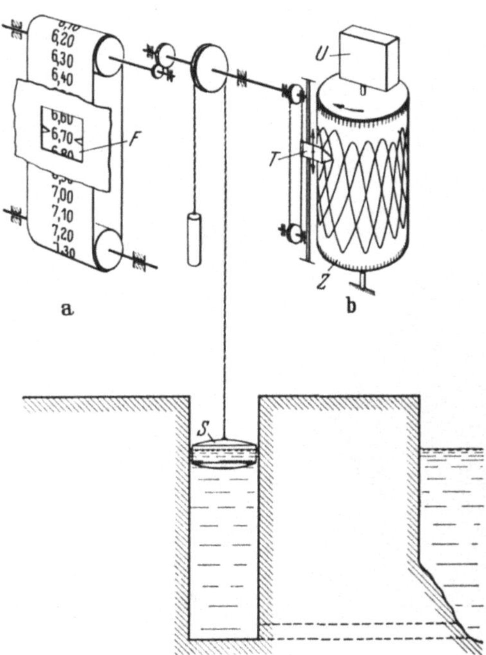

Abb. 17. Grundsätzliche Anordnung eines anzeigenden und aufschreibenden Pegels.

a Rollbandpegel, *F* Fenster zum Anzeigen der Wasserstandshöhe, *b* Wasserstandschreiber, *S* Schwimmer, *T* Schreibstift, *U* Uhrwerk, *Z* Trommel mit Aufschreibepapier.

6. Feuer- und Gesundheitsschutz.

Soweit der Feuerschutz im Hafen durch eine seiner Verwaltung unterstehende oder eine städtische Berufsfeuerwehr ausgeübt wird, geht er uns in diesem Buche nichts an. In einigen größeren Häfen ist der Park der Feuerlöschzüge noch durch schwimmende Löschgeräte erweitert, entweder durch schnellfahrende betriebseigene Motorboote, die mit starken Pumpen und Strahlrohren ausgerüstet sind, oder durch andere im Bedarfsfall angeforderte private Fahrzeuge (Schlepper,

Fährdampfer u. ä.) mit gleichfalls leistungsfähigen Pumpanlagen. Mancherorts stehen auch beide Arten für die Brandbekämpfung von der Wasserseite zur Verfügung. Die Entnahme von Löschwasser aus den unerschöpflichen Hafengewässern ist ein großer Vorteil, da bei katastrophalen Ereignissen (Luftangriffe) zum wenigsten kein Versagen in der Wasserzufuhr eintritt. Abb. 18 zeigt ein schnelles, wendiges Löschboot mit zwei Strahlrohren. Wie weit die Leistungsfähigkeit solcher Löschboote angewachsen ist, beweist das Beispiel des neuesten Feuerwehrbootes im Neuyorker Hafen. Es entwickelt bei einer Länge von 45 m und 3000 PS Antriebskraft (dieselelektrisch) nicht nur 17 Knoten Geschwindigkeit, sondern kann auch aus 8 Strahlrohren und 24 Schlauchleitungen 75000 l Löschwasser minutlich mit 25 atü abgeben, dazu die entsprechenden Schaum- und Kohlensäuremengen. Daß besonders feuergefährliche Umschlagsanlagen, wie Petroleumhäfen, Speicher und Schuppen für Baumwolle, Zellhorn, Harz, Öl besondere Schutzvorrichtungen verlangen, ist selbstverständlich. Die in einem Petroleumhafen notwendigen Berieselungs- und Schaumlöschanlagen sind auf S. 126 erwähnt. In einigen Häfen kommen auch besondere Rohrnetze mit Hochdrucklöschwasser in Frage (etwa für Petroleum- und Benzinbehälter, hochragende Speicher); für die Erzeugung des Druck-

Abb. 18. Feuerlöschmotorboot mit Voith-Schneiderpropeller

wassers werden eigene Pumpanlagen verwendet, die u. U. beim Feueralarm selbsttätig oder ferngesteuert in Betrieb gesetzt werden. Für den inneren Feuerschutz von Speichern und Schuppen haben sich in vielen Häfen so besonders in den V. St. v. A. die sog. Sprinkleranlagen bestens bewährt. Ihre Anlage besteht aus einem an der Decke der zu schützenden Räume verlegten Rohrsystem, das in nicht zu weiten Abständen (etwa alle 3 m) Brauseöffnungen trägt. Damit das im Rohrnetz unter Druck (5—10 atü) stehende Löschwasser für gewöhnlich nicht austreten kann, sind die Brausen durch je ein Ventil verschlossen. Die Ventile sind so eingerichtet, daß sie sich bei einer Übertemperatur von 60—70° C veranlaßt durch Schmelz- oder Ausdehnungswirkung eines Verschlußstückes öffnen und den Raum mit seinen Gütern besprengen. Meist wird der Wasserdruck durch Hochbehälter und eigene Pumpanlagen, die sich bei Öffnung der Ventile in Betrieb setzen, aufrechterhalten. In Gegenden mit Frostgefahr und ungeheizten Räumen sind die ungeschützten Rohre mit Druckluft gefüllt, welche das Wasser durch ein Rückschlagventil solange zurückhalten, bis die Luft durch eine infolge Wärmewirkung geöffnete Brause austreten kann. Mit der Öffnung der Brausen wird auch meist ein Feueralarmsignal ausgelöst.

Eine große Bedeutung hat im Rahmen des passiven Luftschutzes in einem Hafen der verstärkte Feuerschutz, der in einer Vermehrung durch motorisierte Kraftspritzen und handbetätigte Feuerlöschgeräte besteht. Ebenfalls benötigen auch die im Hafenluftschutz einzusetzenden Instandsetzungs- und Entgiftungsparke verschiedenerlei, wenn auch kleinerer mechanischer Geräte. Zur Bekämpfung der Seuchengefahr und zur Entwesung von Schiffen (Vernichtung von Ratten und sonstigem Ungeziefer) dienen in größeren Häfen landfeste oder schwimmende Desinfektionsanlagen mit einer gewissen mechanischen Ausrüstung, Dampferzeugungsanlagen für Koch- und Waschzwecke, Desinfektionskammern mit Begasungseinrichtungen. Schwimmende Desinfektionsanlagen können mit Gaserzeugern (meist Blausäure), Ventilatoren und beweglichen Rohrleitungen die Räume großer Schiffe begasen, ohne daß diese zu verholen brauchen. Sofern einwandfreies Trinkwasser für die Schiffe nicht durch das allgemeine Rohrleitungsnetz der örtlichen Wasserwerke geliefert werden kann, was z. B. bei vielen überseeischen Anlaufhäfen an kleineren Plätzen der Fall ist, kommen hafeneigene Wassergewinnungsanlagen mit ihrem mechanischen Zubehör in Frage. Die Wasserverteilung geschieht in den Häfen vielfach durch kleinere Tankschiffe (Wasserbote).

7. Mechanische Unterhaltungswerkstätten.

Mechanische Unterhaltungswerkstätten dienen im Hafen zwar nicht nur den in diesem Abschnitt behandelten Anlagen, sondern ebenso notwendig auch den in Abschnitt B und C zu betrachtenden Umschlagsgeräten und Verkehrsanlagen, immerhin sind sie hier vorweggenommen, weil der übergeordnete Begriff der Hafenerhaltung ihnen hier den Platz anweist. Aber nicht nur deswegen verdienen sie in diesem Buche besonderer Erwähnung, sondern weil sie selbst Anlagen mit teilweise reichlicher mechanischer Ausstattung sind. Das gilt besonders für die Betriebswerkstätten zur Instandhaltung der maschinellen und elektrischen Anlagen, so der Umschlagsgeräte, Bewegungseinrichtungen für Schleusentore und Brücken, Baggergeräte und des sonstigen schwimmenden Geräteparks, Beleuchtungs-, Signal- und Meldeanlagen u. ä. Aber darüber hinaus haben auch die Werkstätten, die ausschließlich der Unterhaltung von Bau- und Eisenbahnanlagen im Hafen dienen, mehr oder weniger Maschinen für ihre Aufgaben nötig. Wer auch immer der Unterhaltungspflichtige ist, der Eigentümer oder Betreiber der Anlagen — was durchaus nicht immer gleichbedeutend ist — und wieweit auch immer diese zur Instandhaltung Verpflichteten die Arbeiten durch private Unternehmen ausführen lassen, stets wird ein gewisser Betrag von Arbeiten anfallen, der praktisch und wirtschaftlich nur in eigenen Werkstätten ausgeführt werden kann. Die Frage, wie weit betriebseigene Hafenwerkstätten zur Unterhaltung in Anspruch genommen werden sollen, ist stets stark umstritten worden. Es gibt Häfen, die nicht nur alle Instandsetzungen für mechanische Ausrüstungen selbst erledigen, sondern darüber hinaus noch weitgehend Neuanfertigungen vornehmen, während andere sich nur auf Eigenhilfe in äußersten Notfällen beschränken. Der Umfang der Eigenbetriebe in der Unterhaltung ist nicht immer von den Einsicht und dem Willen der Hafenverwaltungen, seien sie nun öffentlich, privat oder gemischtwirtschaftlich, bestimmt, weil oft starke Kräfte des privaten Unternehmertums die Regiebetriebe, besonders die in öffentlicher Hand befindlichen, bekämpfen. Der Mindestumfang der eigenen Unterhaltungswerkstätten sollte so groß sein, daß dringliche und wichtige Arbeiten sofort in Angriff genommen und schnellstens erledigt werden können. Denn die Aufgabe des Hafens ist es, stets schlagfertig Schiffe, Fahrgäste und Güter abfertigen zu können. Für viele wichtige Arbeiten kommt noch hinzu, daß die eigenen Vorteile (gute Arbeit, schnelle Erledigung) des an der Instandsetzung Interessierten besser in den von ihm mit betriebenen und beaufsichtigten Werkstätten gewahrt bleiben. Man vergesse auch nicht, daß private mechanische Werkstätten in Zeiten wirtschaftlichen Aufschwunges wenig geneigt sind, Ausbesserungsarbeiten an Hafenanlagen so schnell auszuführen, wie in geschäftsflauen Zeiten. In guten Wirtschaftszeiten ist aber die Betriebsbereitschaft des Hafens notwendiger als in Krisenzeiten. Das gilt für die Häfen aller Länder. Noch ein weiterer Grund spricht für einen gewissen Umfang der von der Hafenverwaltung selbst zu betreibenden Werkstätten: Sie sind die Auffanggestelle für das Betriebspersonal von Umschlagsanlagen, Baggern, Fähren, Schleppern, Heizungsanlagen u. ä., wenn es aus jahreszeitlich und wirtschaftlich bedingten Gründen ausscheiden muß und nun weitgehend bei Unterhaltungsarbeiten verwendet werden kann. Kein Hafen, und habe er die rücksichtslosesten Arbeitsbedingungen, wird seine kostspieligen mechanischen Ausrüstungen nach Marktlage immer wieder mit neuem nicht eingeweihten Personal besetzen. Das schließt nicht aus, daß für die übrigen Gefolgschaftsmitglieder eines Hafenbetriebes die Verhältnisse anders liegen.

Ob die Unterhaltungswerkstätten für die mechanischen Hafenanlagen mit denen für andere Hafenbauten, Eisenbahnen, nautische Betriebe u. ä. zusammengelegt werden oder ob sie für sich bestehen sollen und in diesem Falle sogar an mehreren Stellen des Hafens eingerichtet werden, hängt von der Verkehrsgröße und dem Raum des Hafens ab. Kleinere Häfen betreiben ihre Unterhaltung meist mit einer Werkstätte, größere haben vielfach für die Instandsetzung ihrer schwimmenden Geräte eine betriebseigene Werft und für die übrigen mechanischen und elektrischen Anlagen Sonderwerkstätten, besonders sind Umschlagsanlagen ausreichend damit versehen. In einigen großen Häfen werden sogar schwimmende Werkstätten (Werkstattschiffe) für die schnelle Instandsetzung ihres schwimmenden Geräteparkes bereitgehalten. Sonderwerkstätten für Beleuchtungs- und Leuchtfeueranlagen, für Signal- und Fernmeldeeinrichtungen sind ebenfalls nur in großen Häfen bekannt. Fast alle Unterhaltungswerkstätten in den Häfen sind mit einem Lager für Betriebstoffe, Ersatzteile und Rohstoffe für Reparaturen versehen. In manchen Werkstätten finden sich elektrische Ladestationen für die Speicherbatterien fahrender Geräte, Tankstellen für flüssige Brennstoffe, hin und wieder sogar Einrichtungen zum Auffüllen von Stahlflaschen mit Fett- oder Flüssiggas für die Leuchtfeuer. Gut eingerichtete Unterhaltungswerkstätten verfügen auch über mancherlei Prüfeinrichtungen für Betriebs- und Brennstoffe, z. B. zum Bestimmen der Heizwerte von Brennstoffen, der Festigkeiten von Seilen und Ketten, der Lichtstärken von Leuchten u. a. m. Die mechanischen Hafenwerkstätten besitzen mindestens Schlosserei, Schmiede, Werkzeugmaschinen für Metall- und Holzbearbeitung, Niet-, Schweiß- und Brenngeräte, Werkstatthebezeuge u. ä. Für das Anlandnehmen der schwimmenden mechanischen Hafenausrüstungen (Bagger, Schwimmkräne, Schleusentore) erhalten die Werften Aufschleppen; sind ganz große Stücke ins Trockene zu nehmen, so werden auch manchmal die der Hafenverwaltung oder einer benachbarten Privatwerft gehörigen Schwimm- oder Trockendocke in Anspruch genommen. Feinmechanische und elektrotechnische Werkstätten für elektrische Motoren und Geräte, optische und akustische Signalanlagen, Fernmelde- und sonstige Anzeigevorrichtungen, Waagen usw. sind oft mit den Hauptwerkstätten verbunden. Die Unterhaltungswerkstätten für die baulichen Hafenanlagen verfügen manchmal über große und wichtige mechanische Geräte, wie Rammen, Pumpen und Baukräne, die auf dem Lande oder schwimmend auf dem Wasser benutzt werden, sie müssen ebenfalls mit von den mechanischen Werkstätten instandgehalten werden. Zu den Werkzeugmaschinen einer solchen Unterhaltungswerkstatt kommen noch die mehr oder minder großen Kraftversorgungsanlagen hinzu (Dampf, Strom, Preßluft). Als Betriebsleiter sollte man immer nur Fachleute (Maschinenbauer, Schiffbauer, Elektrotechniker) wählen, gleichviel ob die obere Verwaltung von Kaufleuten, Nautikern, Bauingenieuren oder Verwaltungsbeamten geführt wird.

B. Mechanische Hafenausrüstungen für den Güterumschlag.

1. Allgemeines.

a) Umschlagstechnik.

Die Haupthilfsmittel der Hafenumschlagstechnik sind die dafür entwickelten mechanischen Geräte. Der am Eingang dieses Buches erläuterte Begriff des Umschlages als die Tätigkeit des Umladens von Frachtgütern im gebrochenen Verkehr mit oder ohne Zwischenbehandlung vor der Weiterverfrachtung muß beim Eingehen auf die mechanischen Umschlagsgeräte noch erweitert werden, da diese auch das Laden und Löschen von Gütern vornehmen, auf welche die Kennzeichen des Frachtgutes nicht passen. Die in vielen Häfen für die dort ansässige Industrie entladenen Güter verlassen ihn in gänzlich veränderter Form wieder, so z. B. Kohle und Erz in den privaten Werkshäfen der Eisenhütten, ihre Umschlagsanlagen sind aber die gleichen, mit denen in einem öffentlichen Handelshafen Kohle und Erz umgeschlagen werden. Eine andere Gruppe von Gütern wird nur einseitig auf das Schiff verladen, um dort im Betriebe verbraucht zu werden, etwa Kohle, Treiböl, Eis, Proviant, oft in riesigen Mengen. Auch die hierfür benutzten teils besonders ausgebildeten Ladeanlagen wird man unter die mechanischen Umschlagsgeräte eines Hafens rechnen müssen. Ebenso werden die Geräte, die dem Stapeln, Wägen und Weiterfördern am Ufer, in Schuppen und Speichern, dem Verstauen an Bord der Schiffe, der Zollkontrolle u. ä. dienen, soweit sie in der Wegstrecke des Umschlages liegen, mitbehandelt.

Um bei der großen Mannigfaltigkeit der Hafenumschlagsgeräte eine gewisse Ordnung in der Darstellung innezuhalten, sind sie vom Betriebsstandpunkt aus nach der kennzeichnenden Art der Güter, die sie umzuschlagen haben, eingeteilt. Innerhalb der sich dabei ergebenden großen Hauptgruppen des Stückgut- und des Schüttgutumschlages werden zunächst die einzelnen Formen der Geräte ihrer Wichtigkeit nach behandelt, sodann zusammenhängende Umschlagsanlagen. Weitere dabei aus der Betriebsart sich ergebende Unterschiede, wie z. B. aussetzender Betrieb, Dauerförderung, Leistungen u. ä. werden betont, während die konstruktive Betrachtung ganz zurücktritt. Hinsichtlich des Begriffes „mechanisch" beim Hafenumschlag sei hier zu der eingangs gemachten Erklärung hinzugefügt, daß noch viel, besonders in Ländern mit billigen, meist farbigen Hilfskräften, von Hand umgeschlagen wird, daß manchmal (z. B. beim Erzverladen) mit Einrichtungen ohne viel Mechanik erstaunliche Leistungen erzielt werden und daß Häfen (z. B. in den V. St. v. A.) trotz sonstiger technischen Vollkommenheit beim Stückgutumschlag die Anwendung mechanischer Hafenumschlagsgeräte vollkommen vernachlässigen. Man kann hieraus ersehen, daß Notwendigkeit und Geneigtheit zur Anwendung mechanischer Umschagsgeräte überall in den Häfen verschieden sind und daß die Grenzen der Mechanisierung noch lange nicht erreicht sind. Andrerseits erschöpft sich die Hafenumschlagstechnik nicht in der Mechanisierung, da Bautechnik und Organisation dabei eine ebenfalls wichtige Rolle spielen. Die richtige Anlage der Liegeplätze für See- und Binnenschiffe, der Kaischuppen, Stapelplätze und Speicher, ihre Gruppierung zueinander sowie die Zuordnung der Gleisanlagen und Ladestraßen unterstützen den Umschlag ebensosehr wie der rationelle Einsatz von menschlichen Hilfskräften und Arbeitsverfahren als notwendige Ergänzung des mechanischen Betriebes an Bord und an Land; sogar von der verwaltungstechnischen Abfertigung der Umschlagsgüter kann die Gesamtleistung abhängig sein. Es gehört hier wie überall zur mechanischen Wirkung der Maschine der organisierende Geist des Menschen, die richtige Betriebsführung.

a) Leistung.

Die Leistung der Umschlagsgeräte ist neben Anschaffungspreis und Betriebskosten für den Betriebsmann das Maßgebende. Sie wird gemeiniglich in Tonnen je Stunde (t/h) angegeben, obschon diese Angabe für die Bewertung durchaus nicht eindeutig ist, zumal es viele Häfen vorziehen, nicht die Einzelleistung ihrer Hebezeuge anzugeben, sondern die Gesamtleistung, mit der sie ein Schiff bestimmter Größe und Ladung in einer gewissen Zeit ent- oder beladen können, so etwa die Entladung von 10 400 Baumwollballen in 7 Stunden oder etwa 9500 t Getreide in zwei Schichten. Wenn wir im folgenden bei der Beschreibung einzelner Anlagen hören, daß Umschlagsleistungen auf Schiff und Zeit bezogen um das Hundertfache verschieden sein können, etwa beim Beladen von Erzschiffen mehrere Tausend t/h, beim Löschen von Kohlen- und Getreidedampfern viele Hundert t/h, beim Umschlag von empfindlichen Stückgut je Kaikran, deren allerdings mehrere an einem Schiffe arbeiten können, herab bis zu 10 t/h, so erkennen wir dabei, daß neben der errechneten Mengenleistung des Gerätes noch andere Bedingungen die Gesamtleistung bestimmen. Grundsätzlich sind es drei Faktoren, von denen das Umschlagsgerät in der Wirksamkeit abhängig ist: von dem zu ent- oder beladenden Fahrzeug, den umzuschlagenden Gütern und den dabei eingesetzten menschlichen Hilfskräften. Bei den Fahrzeugen (Schiffen) kommt es sehr darauf an, wie Luken und Laderäume zugängig sind, ob Masten oder Aufbauten im Wege sind, ob Schiffe oder Hebezeuge im Laufe des Umschlagsvorganges verholt werden müssen, bei Landfahrzeugen ist zu beachten, ob sie ladegerecht stehen (z. B. Wagen mit Bremserhäuschen beim Kipper) und ob überhaupt Kranhilfe bei ihnen anwendbar ist (z. B. gedeckte Eisenbahn- und Lastkraftwagen). Die Güter beeinflussen die Leistung insofern, als handliche, gleichartige, derbe Stückgüter größere Gewichtsmengen und Stückzahlen im Umschlag erzielen, als sperrige, ungleichartige, empfindliche, leichte Ware. Bei Schüttgütern kommt es außerordentlich darauf an, ob sie aus dem Vollen gegriffen werden können oder ob sie, wenn die Entladung auf den Rest geht, aus Ecken und Winkeln der Fahrzeuge geholt werden müssen; bei allen Gütern setzt die unvermeidliche Arbeit des Verstauens, Sortierens, Stapelns und Trimmens auch die des Wägens die Leistung stark herab. Disziplin und Organisation der eingesetzten menschlichen Hilfskräfte sind ebenso wichtig zur Erzielung guter Umschlagsleistungen wie ein gutes Gerät, es kommt sehr darauf an, wie sich die Leute selbst bewegen, wie sie die verschiedenen Güter anfassen und ob sie den richtigen Gebrauch von den Fördergeräten machen. Der richtige Einsatz von Menschenkräften ist das Wichtigste bei der Rationalisierung des Umschlages. Man darf nie vergessen, daß das mechanische Umschlagsgerät nur ein Glied in der Kette der Vorgänge ist, welche das Gut zwischen den Verkehrsmitteln oder Stapelplätzen bewegen. Beim Schüttgutumschlag ist dieser Weg mehr vom mechanischen Gerät beherrscht als beim Stückgutumschlag, immerhin muß bei der Veranschlagung der praktisch erreichbaren Leistungen den drei besprochenen Faktoren Aufmerksamkeit gewidmet werden, damit es sich nicht überraschenderweise nachher herausstellt, daß die bestellten Leistungen und Geschwindigkeiten der Umschlagsgeräte gar nicht ausgenutzt werden können. Die Jahresleistung eines Umschlagsgerätes ist stark abhängig von seiner Benutzungsdauer (Ausnutzung), so sehr, daß u. U. eine schlecht ausgenutzte Anlage höchster Leistungsfähigkeit weniger umschlägt als ein kleineres Gerät, das ständig benutzt wird.

Die Leistungsfähigkeit der aussetzend arbeitenden Umschlagsgeräte wird durch ihre Tragkraft bzw. durch den Inhalt der Greifer, Kübel, der zu kippenden Eisenbahnwagen u. ä. und durch die Arbeitsgeschwindigkeiten von Heben, Drehen, Kran- und Katzfahren, Wippen, Kippen, kurz durch die Spielzahl, bei Dauerfördern durch das Fassungsvermögen der Becher, Zellen, Bänder und durch ihre Geschwindigkeiten, bei Förderung von Flüssigkeiten und im Luftstrom durch Leitungsquerschnitte und Strömungsgeschwindigkeiten bzw. durch die Größe der Pumpen bestimmt. Die Arbeitsgeschwindigkeiten einzelner Hebezeuge sind untersucht worden, so z. B. der Hafendrehkräne [1]. Dabei ergaben sich die Tragkräfte von rd. 200 Drehkrantypen zu 2—5 t für Stückgut (höchstens 10 t), bei Schüttgut zu 2—10 t (höchstens 20 t), die Vollastgeschwindigkeiten lagen praktisch zwischen 0,4 und 0,8 m/sec, Kranfahren wurde beim Stückgut mit Geschwindigkeiten meist unter 0,4 m/s, bei Schüttgut meist darüber teilweise bis zu 1 und 2 m/s betrieben. Die Hub- und Laufkatzengeschwindigkeit großer Verladebrücken liegt noch erheblich über diesen Werten. Das Schwenken der Kräne beansprucht im Mittel 30 Sekunden für eine Drehung, das Wippen geschieht mit 0,5—1,5 m Geschwindigkeit. Ähnlich sind praktische Durchschnittszahlen auch für andere Umschlagsgeräte ermittelt worden, sie sind in der folgenden Einzelbeschreibung größtenteils angegeben. Die obigen Untersuchungen sind hier nur angeführt worden, um das Ergebnis einer theoretischen Geschwindigkeitserhöhung klar zu machen; bei einer Erhöhung von 100 % ergab sich ein Zeitgewinn von nur 10—30 % je nach Hubhöhe, praktisch würde der Gewinn wegen der schon erwähnten verzögernden Betriebseinflüsse noch geringer ausfallen. Höhere Geschwindigkeiten und die dazugehörigen stärkeren Beschleunigungen erfordern größere Anlagekosten für Antrieb und Steuerung, machen sich aber nicht bezahlt bei kleinen Hubhöhen und Fahrstrecken und bei geringer Benutzungsdauer, wo sie doch nicht ausgenutzt werden können. Bei anderen Gerätetypen gelten ähnliche Überlegungen, sofern überhaupt das Gut größere Geschwindigkeiten verträgt, z. B. auf Förderbändern, in Becherwerken u. ä.

Die mengenmäßige Leistung der Umschlagsgeräte darf nicht bei einer Bewertung allein ausschlaggebend sein, für eine volle Ausnutzung sind ebenfalls wichtig die Reichweite, die Möglichkeit des praktischen Einsatzes und die bequeme Bedienung. Kräne und Verladebrücken mit zu geringer Ausladung haben sich bei den wachsenden Schiffsbreiten als unpraktisch herausgestellt. Mehr als die Erhöhung von Arbeitsgeschwindigkeit und Tragkraft ist daher im letzten Jahrzehnt die Vergrößerung der Ausladung zu beobachten gewesen. Die an und für sich sehr leistungsfähigen Becherwerke lassen sich bei der Entladung von Schüttgut aus Seeschiffen weniger gut ansetzen als z. B. Greifer oder pneumatische Förderer. Die neueren Wippausleger haben wegen ihrer bequemen Betriebsweise den starren Ausleger überholt. Ebenfalls ist die Schonung des Gutes beim Umschlag neben der Mengenleistung sehr anzustreben, Anlagen mit derartiger Einrichtung erhöhen ihren Leistungswert. Selbstverständlich ist die Betriebssicherheit der Umschlagsgeräte die erste Voraussetzung für ihre Beurteilung.

β) Planung.

Bei der Planung der Umschlagsgeräte wird neben der Leistungsfähigkeit in dem eben besprochenen weiteren Sinne die Form und Art der Hebezeuge zu bestimmen sein, die sich wiederum nach der Art des Gutes (Stückgut, Schüttgut, Schwerlast usw.) und nach dem Ort und Weg des Umschlages zu richten hat, d. h. ob der Umschlag zwischen Schiffen beiderseits oder zwischen Schiffen und Ufer stattfindet, und im letzteren Falle ob das Gut unmittelbar auf Eisenbahn

---

[1] Wundram: Die Arbeitsgeschwindigkeit von Hafendrehkränen. Jb. hafenbautechn. Ges. 1932/33, Bd. XIII.

und Straßenfahrzeug verladen werden soll oder ob es zunächst über Kaischuppen, Speicher und Lagerplatz zu gehen hat. Meistens wird gefordert, daß der Umschlag in beiden Richtungen, von und zum Schiff, gleichzeitig stattfinden kann, manchmal kommt entweder nur ein Entladen oder Beladen der Schiffe in Frage, was natürlich maßgebend für die Auswahl der Umschlagsgeräte ist. Sonderaufgaben können Sondergeräte notwendig machen, obwohl es geraten ist, sich an erprobte Gestaltungen und bewährte Formen zu halten, die folgenden Abschnitte bringen zahlreiche Beispiele dafür. Ist Art und Leistung der beabsichtigten Geräte gewählt, so wird man die Ausladungen über Wasser, die Reichweiten und Spannweiten der Gerüste (Portale, Brücken) über Gleise, Laderampen, Fahrstraßen, Lagerplätze usw. bestimmen. Ebenso wie die Reichweite im Waagerechten muß auch die für die Höhe wohlbedacht sein, um hohe Schiffe, Gebäudeteile, Lagerhalden u. ä. bestreichen zu können, wobei die Höhe des Lastgehänges (Greifer, Last mit Seilschlinge) und ein kleiner Sicherheitsabstand von der höchsten Hubstellung wohl in Ansatz zu bringen ist. Die Erwägungen über Antriebskraft und Steuerung spielen bei der Planung eine sehr große Rolle, ihnen ist der nächste Abschnitt gewidmet. Schwere Umschlagsgeräte verlangen tragfähige Gründung, für die auf jeden Fall der Hafenbauer zuständig ist, nachdem ihm die den Boden beanspruchenden Kräfte aufgegeben sind; fahrbare Hebezeuge benötigen für ihre Schienen ebenfalls sichere Unterstützung, Raddrücke sind dabei für den ungünstigsten Belastungsfall anzugeben; neue Hebezeuge machen u. U. Verstärkungen an vorhandenen baulichen Anlagen nötig. Für die Berechnung und Gestaltung der Hebezeuge sind im Anhang Quellen nachgewiesen.

Da Umschlagsgeräte im Hafen mit Ausnahme der seltenen Sonderausführungen (z. B. Schwerlastkräne) meist in größerer Anzahl gleicher Art beschafft werden müssen, so hat sich auch die Planung mit der Bestimmung dieser Zahl zu befassen. Als Ausgangspunkt gilt der Schiffsliegeplatz und die dafür in Frage kommende Schiffsgröße. Hat man Art und Leistungsfähigkeit des einzelnen Hebezeuges, wie es für die gedachten Zwecke in Frage kommt, gewählt, wobei man von der theoretischen Leistung gehörige Abstriche zu machen hat, um auf die Durchschnittsleistung über große Dauer zu kommen (bei Schüttgut u. U. bis zu 50%, bei Stückgut bis zu 75%), so ergibt sich die Anzahl aus der Zeit, in der man ein Schiff der bestimmten Größe be- oder entladen will. Diese Zahl ist nachzuprüfen an der Möglichkeit der örtlichen Anbringung von so und so vielen Hebezeugen am Schiff (Schiffslänge, Lukenzahl und -größe). Die Zeit, die ein Seeschiff zum Umschlag benötigt, kann sehr verschieden sein; reine Frachtdampfer haben mehr Zeit im Hafen zur Verfügung als Schiffe, die Fahrgäste und Post mitbefördern, Schiffe in Linienfahrt mit einem gewissen Fahrplan haben kürzere Zeiten innezuhalten als Trampdampfer. Vielfach drängt auch die Höhe der Liegegelder im Hafen auf eine Verkürzung der Lösch- und Ladezeiten. Bei Binnenschiffen sind die Umschlagszeiten durchweg weiter gesteckt als bei Seeschiffen, da die größere Langsamkeit im Verkehr und die allgemein geringeren Unkosten nicht so stark auf Beschleunigung drängen als im Seeschiffhafen, der schon mit Rücksicht auf den internationalen Wettbewerb schnell abfertigen muß. Die Planung ist daher über die technischen Belange hinaus stark von wirtschaftlichen Überlegungen abhängig, wie sie im Kapitel III behandelt werden; bei den folgenden Beispielen geht uns hier nur die Leistung an. Größere Frachtschiffe von etwa 8000—10 000 t Ladegewicht haben 4—5 Luken, an denen man durchschnittlich je zwei Wippkräne unterbringen kann. Auf 8—10 Kräne wird also je 1000 t Ladung — es wird Stückgut vorausgesetzt — entfallen, bei einer mittleren Stundenleistung von 25 t/h je Kran werden demnach rd. 40 Stunden je Kran aufzuwenden sein, die je nach Schichtlänge in 3—5 Tagen erledigt sein können. Da ein Schiff von 8000—10 000 t Ladevermögen (rd. 6000—7000 NRT) etwa 155 m lang ist (Abb. 19), entfallen somit auf die ihm zustehende Uferlänge von

etwa 180 m 8—10 Kräne. Tatsächlich liegt in europäischen Seehäfen die Be-
stückung der Kaistrecken vor den Kaischuppen mit den üblichen Stückgutkränen so, daß auf 15—40 m je ein Kran entfällt. Solche Zahlen können als
Richtlinien für die Planung dienen, wobei leicht verfahrbare Kräne mit weitreichenden Wippauslegern nicht so dicht zu stehen brauchen wie weniger leistungsfähige Kräne. Verladebrücken für Schüttgut wird man entsprechend ihrer erheblich höheren Umschlagsleistung auf eine Schiffslänge nicht so zusammendrängen
brauchen, abgesehen daß ihr räumlicher Anspruch es auch nicht soweit gestattet,

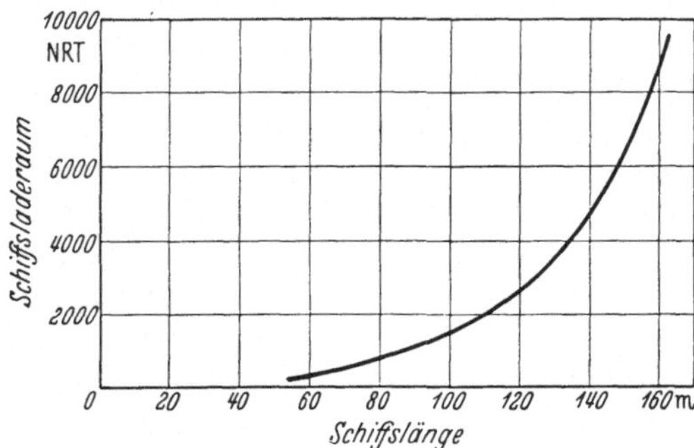

Abb. 19. Verhältnis von Laderaum zur Länge bei allgemeinen
Seefrachtschiffen (angenähert).

hier liegen die durchschnittlichen
Abstände, etwa in größeren Kohlen-
und Erzhäfen, zwischen 50 und
80 m. Fahrbare Drehkräne für
Kohlenumschlag in Binnenhäfen
(Zechenhäfen [1]) können entsprechend ihrer hohen Leistung (rd.
1000 bis 2000 t je Schicht) noch
viel größere Uferstrecken je Kran
bedienen, falls Ladeuferlänge und
Kahnliegefläche in richtigem
Verhältnis zueinander stehen.
Bei schwimmenden pneumatischen
Getreidehebern wird man rech-
nen können, daß günstigstenfalls etwa 4—5 Stück an einem größeren Getreideschiff
längsseits angebracht werden können, die Anordnung der Luken und der zu beladenden Binnenschiffe wird eine größere Anzahl nicht zulassen. Die Anzahl der gleichzeitig zum Löschen anfallenden Getreideschiffe bestimmt dann die Gesamtzahl
der benötigten Heber. Die Planung der Hafenumschlagsgeräte, die es beabsichtigt, jedem Schiff zu jeder Zeit ausreichende Gelegenheit zum Be- oder Entladen zu geben, ergibt allerdings zu hohe Anschaffungskosten, an denen alle Teile
des Hafens beteiligt sind. Die theoretische Feststellung über die benötigte Anzahl
der Geräte, womöglich mit Hilfe von Formeln, führt selten zum Ziel. Man wird die
so ermittelten Zahlen durch Wirtschaftlichkeitsrechnungen unter Berücksichtigung des Wettbewerbes und der Erfahrung berichtigen müssen. Meist liegt bei der
Planung der Fall auch nicht so, daß ein neuer Hafen mit Umschlagsgeräten versehen werden muß, sondern so, daß eine Erweiterung an Teilen des vorhandenen
Hafens vorgenommen wird; hier ist es einfacher, Bedürfnis und Erfahrung miteinander in Einklang zu bringen. Nicht außer acht darf dabei gelassen werden,
daß beim Anwachsen der Schiffsgrößen der Laderauminhalt schneller wächst als
die Schiffslänge (Abb. 19) und Lukenfläche, das ist bei der Bestimmung von Anzahl,
Leistung und Reichweite der Umschlagsgeräte wohl zu beachten. So ergibt eine

Jahr	1885	1910	1935
Schiffslängen	62 m	78 m	120 m
Kranabstände	27 m	21 m	16 m
Kräne je Schiff	2,3	3,7	7,5

Statistik des Hamburger Hafens, daß den
Durchschnittslängen der am Kaischuppen
abgefertigten Schiffe im Verlauf der Jahre
folgende Krandichten ausgedrückt im
mittleren Abstand der Kräne entsprachen:
(Siehe nebenstehende Tabelle.)

Das besagt, daß beim kaum doppelt so langen Schiff über dreimal so viele
Kräne angesetzt werden mußten, ungeachtet der in den Jahren stark vergrößerten
Leistungsfähigkeit der Kaikräne.

Der Bestimmung der Umschlagsgeräte muß natürlich die Planung der Schiffsliegeplätze mit ihren Bauten vorangehen, sie ist Angelegenheit der Hafenbauer
im Benehmen mit den Hafenbetriebsleuten, den Handels- und Schiffahrtskreisen.

---

[1] Wehrspan: Kohlenverladung am Rhein-Herne-Kanal. Jb. hafenbautechn. Ges. 1927,
Bd. X.

γ) Betrieb und Unterhaltung.

Wie die Verwaltung der Häfen in den verschiedenen Ländern etwa in der Hand des Staates oder einer Gemeinde (Stadt) liegt, auch private oder gemischtwirtschaftliche Körperschaften sich daran beteiligen, so kann auch der Betrieb von irgendeiner dieser Stellen geleitet werden[1]. Beim Stückgutumschlag, der meist geringe oder gar keine Überschüsse erzielt, öfters sogar Zuschüsse erfordert, der wegen der vielseitigen Interessen der Ablader, Empfänger, Reedereien usw. des obrigkeitlichen Einflusses nicht entraten kann, wiegt die staatliche oder städtische Betriebsweise, oft in der privaten Form einer Treuhändergesellschaft vor, während der Schüttgutumschlag mit wenigen Ausnahmen meist dem rein privaten oder gemischtwirtschaftlichen Betriebe überlassen bleibt. Betrieb und Unterhaltung der Umschlagsgeräte ist demgemäß auch verschiedenartig; in rein staatlichen und städtischen Betrieben ist die Beschaffung und Unterhaltung ebenfalls Sache des Staates (Stadt), in rein privaten Betrieben (z. B. in Werkshäfen) obliegt Anschaffung und Unterhaltung der privaten Hand. In den dazwischen liegenden Mischformen kann Staat oder Stadt als Eigentümer die Anlagen mit oder ohne Unterhaltung verpachten, ja es kommt sogar vor, daß einzelne Umschlagsgeräte vom Eigentümer mit Gestellung der Bedienung und Unterhaltung vermietet werden. Erstrebenswert ist es immer, wenn Betrieb und Unterhaltung in einer Hand liegen, weil so die Betriebsfähigkeit am besten gewahrt bleibt. Bei Pachtanlagen wird der Eigentümer für Aufsicht zu sorgen haben, daß die Grenze der pfleglichen Behandlung nicht unterschritten wird. Auf jeden Fall hat sich der unterhaltungspflichtige Betreiber darauf einzurichten, daß ihm neben den Gefolgschaftsmitgliedern für den maschinellen Betrieb, die möglichst geprüft sein sollen, auch solche in genügender Anzahl für Aufsicht und Unterhaltung zur Verfügung stehen und zwar fachlich vorgebildete. Daneben sind eigene Betriebswerkstätten (vgl. Abschn. II A 7) für Instandsetzungsarbeiten, jedenfalls für die unverzüglich vorzunehmenden, und Läger für Betriebsstoffe und Ersatzteile (Treiböl, Schmiermittel, Seile, Ketten usw.) vorzuhalten, alles mit der Zielsetzung, in Störungsfällen den Zeitverlust für die Umschlagsarbeit auf das geringste Maß einzuschränken. Über Untersuchungs- und Unterhaltungsarbeiten an den mechanischen Hafenausrüstungen, besonders aber Hebezeugen sollte regelmäßig Buch geführt werden.

In der Unterhaltung[2] beanspruchen die Hubseile die meiste Aufsicht und Pflege, denn von ihnen hängt in erster Linie die Sicherheit des Umschlages ab, ausgenommen die ganz seltenen Fälle, in denen Seile in einem Umschlagsgerät nicht vorkommen. Die Seile (mit 6—8facher Sicherheit) werden in verschiedenen Stärken und Schlagarten, verzinkt und unverzinkt, mit Stahl- oder Hanfseele je nach Erfahrung der Benutzer verwendet, ihr Verschleiß ist abhängig von der Dauer und Höhe der Belastung, der Rosteinflüsse und der Seilführung (Scheibendurchmesser, Rillenform u. ä.). Regelmäßige Prüfung auf Bruchstellen (am besten monatlich), gute Schmierung sind die Mindestforderung an Pflege und Aufsicht, das Ablegen geschieht vielfach in regelmäßigen Zeiträumen, eine bessere Gewähr für die Abnutzung als die Zeit gibt die Zahl der mit dem Seil geleisteten Hubmenge. Man verfolge auch die Ergebnisse der Ausschüsse und Forschungsstätten für die so wichtige Seilfrage[3]. Ebenso notwendig ist die Aufsicht und gute Unterhaltung des gesamten Anschlagmaterials wie Drahtseilschlingen, Seile, Hanftaue, Haken, Klammern, Zangen usw. Auch Kupplungen, Bremsen (besonders ihre

---

[1] Lohmeyer: Über Hafenverwaltungen im In- und Auslande. Jb. hafenbautechn. Ges. 1930/31, Bd. XII.

[2] Vgl. hierzu: Wehrspan: Fragen des Hafenbetriebes. Jb. hafenbautechn. Ges. 1936, Bd. XV.

[3] Woernle: Z. VDI 1929, S. 417; 1930, S. 185 u. 1418; 1931, S. 1486; 1932, S. 558; 1933, S. 799; 1934, S. 1492; 1935, S. 1282.

Beläge) und Zahnräder wollen regelmäßig beobachtet sein, starker Verschleiß zeigt sich an Schüttrinnen, Greifern, Saugrohren (bei pneumatischen Hebern), überall wo hartes und scharfkantiges Gut umzuschlagen ist. Den geschweißten Kranteilen wird nachgerühmt, daß sie infolge ihrer Glattwandigkeit (Fehlen von Schraub- und Nietköpfen) besser in Farbe zu halten und damit vor Rost zu schützen sind. Die Befürchtung, daß die in den letzten Jahren vom Kranmaschinenbau stark entwickelte „Blockbauweise" Aufsicht und Unterhaltung erschweren würde, hat sich nicht als stichhaltig erwiesen. Der Vorteil dieser Bauart, durch engen, dicht gekapselten Zusammenbau von Motor, Bremsen, Kupplungen, Getrieben (z. B. Elektroflaschenzug, Kastenwinde, Transportbandantriebe und die in Abb. 20 gezeigte Kampnagelkranwinde, die sogar alle diese Teile innerhalb der Seiltrommel unterbringt) Platz und Gewicht zu ersparen, ist erheblich, zumal ein solcher Windenblock kaum noch eines Schutzhauses bedarf.

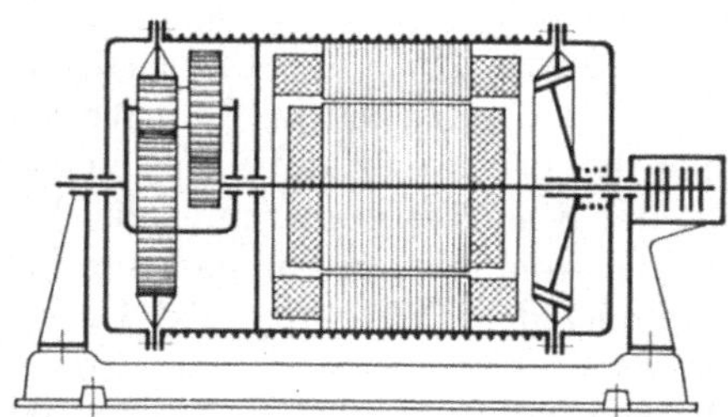

Abb. 20. Kampnagel-Hubwerk in Blockbauweise.

In die regelmäßige Aufsicht sind besonders die elektrischen Anlagen an den Umschlagsgeräten einzubeziehen, Vernachlässigung und fehlerhafte Einstellungen von Schutzschaltern, Zerstörung der Isolation und des Berührungsschutzes haben schon oft üble Betriebsunfälle hervorgerufen. Auch Aufstiege, Leitern, Podeste, Schienenräumer, Schutzabdeckungen und Beleuchtungsanlagen in und an Hebezeugen müssen stets in Ordnung sein, ebenso die Vorrichtungen, die unbeabsichtigte, durch äußere Einflüsse verursachte Bewegung der Geräte verhindern sollen. Das, was von Behörden und Berufsgenossenschaften an Vorschriften über Aufsicht und Pflege den Betrieben auferlegt wird, sollte als Mindestforderung betrachtet werden. Die Unkosten für die Unterhaltung der Umschlagsgeräte werden sich bei üblichem Gebrauch mit kleinen Ausnahmen zwischen 1—3% der Anschaffungskosten bewegen. Das übertriebene Sparen an Unterhaltung, Aufsicht und Schutzvorrichtungen macht sich übel bezahlt, da bei Unfällen es mit dem Schaden am Umschlagsgerät nicht abgetan ist, sondern meist auch das Umschlagsgut oder das Schiff, wenn nicht gar Menschenleben mitbetroffen werden. Selbstverständlich kann eine gute Konstruktion und die beste Unterhaltung vor Unfällen nicht schützen, wenn nicht auch Betrieb und Bedienung sorgfältig ist.

b) Kraftversorgung der Umschlagsgeräte.

Art, Verteilung und Anwendung der Energieform, die zum Antrieb der im Hafen vorkommenden mechanischen Ausrüstungen, hierunter besonders die Umschlagsanlagen, benötigt wird, ist vielseitig, wenn auch der technischen Entwicklung entsprechend der elektrische Strom das Feld beherrscht. Neben ihm spielt noch die hydraulische Kraftübertragung eine gewisse Rolle, außer Elektromotoren kommen vielfach noch Dampfmaschinen, Verbrennungsmotoren, ja sogar noch Handbetriebe in Frage. Meist werden ganze Gruppen von Geräten zusammen versorgt, seltener kommt die Einzelversorgung mit Kraft vor.

α) Handantrieb.

Die belebte Antriebskraft (Menschen und Pferde) an Kurbel, Tretrad und Göpel ist für den Antrieb der Umschlagskräne die ursprünglichste Form und bis weit ins Altertum zurück verfolgbar. Noch heute wird die Menschenkraft zum Be- und Entladen von Schiffen benutzt, so z. B. beim Entladen von Ziegelkähnen mit Handkarren, beim Kohlenbunkern und -laden mittels von Menschen

getragener Körbe meist in Häfen mit farbiger Bevölkerung, im größten Umfange
sogar wird der Transport der Stückgüter innerhalb der Kaischuppen von Menschenhand besorgt. Aber sehen wir einmal ab von diesen Vorgängen, die ja mit
mechanischen Ausrüstungen wenig zu tun haben, so ist auch z. Zt. der Handbetrieb
in maschinellen Umschlagsanlagen noch anzutreffen und wird für Sonderzwecke
auch nie ganz zu vermeiden sein, natürlich nur in Ausnahmefällen. Handkräne
kleinerer Leistung findet man hin und wieder an weniger bedeutenden Hafenplätzen, aber auch in großen Häfen stehen sie für gelegentliche Zwecke zur Verfügung; an älteren Hebezeugen größerer Leistung sind manchmal noch die weniger
Kraft erfordernden Bewegungen, z. B. das Schwenken, oder die seltener vorkommenden, z. B. das Verfahren, der Menschenkraft vorbehalten. Ganz selten
findet man in kleineren Häfen sogar noch Drehbrücken oder Schleusentore mit
Handbetrieb. Es ist eine Frage der Wirtschaftlichkeit, ob man bei Umbauten
älterer Anlagen den Handbetrieb durch Motorkraft ersetzen soll und wie weit
man bei Neubauten diese oder jene mehr nebensächliche Bewegung noch der
Menschenkraft überläßt.

β) Dampfantrieb.

Der Beginn der Mechanisierung der Hafenausrüstungen fällt ungefähr in
die Mitte des vorigen Jahrhunderts, wo die Dampfmaschine zum Einzelantrieb
der Hafengeräte und etwa gleichzeitig die Kraftübertragung mittels Druck-
wassers (Hydraulik) zur Sammelversorgung ausgedehnterer Betriebe aufkam.
Der Dampfantrieb ist, abgesehen von den schwimmenden Hafengeräten, bei
den landfesten Ausrüstungen, so ganz besonders bei den Hebezeugen, praktisch
ausgestorben. Die Entwicklungsstufen der Dampfkräne von dem Windenantrieb
mit Kurbeldampfmaschine über die mit Dampf aus einem Einzelkessel gespeisten
Hubkolben (sog. Brownsche Kräne) bis zu der Sammelversorgung vieler (bis zu 40)
solcher Dampfkräne aus einer gemeinsamen Kesselzentrale haben sich nicht zu
halten vermocht, weder mit den gleichaltrigen hydraulischen Betrieben noch
gegenüber den um die Jahrhundertwende mächtig aufkommenden elektrischen
Antrieben. Die Unbequemlichkeiten in der Bedienung der Kessel, in der Lagerung
und Verteilung des Brennstoffes, Schmutz, Rauch und eine gewisse am Hafenkai
mit vielen wertvollen Gütern nicht zu unterschätzende Feuersgefahr haben den
Dampfkran unbeliebt gemacht, zumal er zu seiner Verteidigung noch nicht einmal
mit seiner Wirtschaftlichkeit aufmarschieren konnte. Das Unterdampfhalten der
Hebezeuge, die in einem Hafen stets nur einen mehr oder minder unterbrochenen
Betrieb zu leisten haben, treibt die Kosten für die Krafterzeugung so hoch, daß der
aus der an und für sich billigen Kohle erzeugte Dampf mehr Wärme verbraucht
als andere Energieträger, wie Druckwasser oder gar der elektrische Strom. Daran
konnte auch die zentrale Dampfversorgung nichts ändern, denn was an Wärme-
erzeugungsaufwand in der Kesselzentrale gewonnen wurde, ging in den langen
Zuleitungen mit Verteilungs- und Anschlußpunkten durch Niederschlag des
Dampfes wieder verloren. Vergleichsmessungen, die bald nach dem Kriege im
Hamburger Hafen zwischen Einzeldampfkränen und elektrischen Kränen üblicher
und gleicher Leistung, allerdings im stark aussetzenden Stückgutbetrieb, vorgenommen wurden, ergaben, daß der Dampfkran das 10—15fache an Kohle verbrauchte wie der elektrische Kran bezogen auf das Kraftwerk.

Ob für schwimmende mechanische Hafengeräte der Dampfantrieb, der bis
vor kurzem noch als unübertrefflich, wenn nicht gar unentbehrlich galt, nicht
auch schon bald in die Verteidigungsstellung übergehen muß, ist noch nicht aus-
gemacht. Jedenfalls sind auch hier kritische Einstellungen gegen den Dampfbetrieb zu verzeichnen. Die zur Verfügung stehenden Vergleichszahlen beziehen
sich auf schwimmende pneumatische Getreideheber des Antwerpener Hafens. Obwohl unter günstigen Bedingungen der Kohlenverbrauch je geförderte Tonne Ge-

treide 1 kg betrug, gelang es nicht, ihn trotz allerhand Verbesserungen im Jahresdurchschnitt unter 3 kg/t zu drücken. Die Hauptverlustquelle war auch hier die Dampfhaltung in den Betriebspausen. Zu ihrer Vermeidung erhielten in Antwerpen seit 1930 die neuen Heber (S. 102) Dieselmotorenantrieb, vergleicht man deren Abnahmeergebnisse von rd. 160 g Treiböl je Tonne geförderten Getreides mit den günstigsten Zahlen von 1 kg Kohle/t, so wird man bei Annahme üblicher Heizwerte (Kohle 7000 kcal, Treiböl 9000 kcal) bei Kohlenbetrieb immerhin noch fast fünfmal so viel Wärme verbrauchen wie beim Dieselbetrieb. Selbstverständlich sind die Kosten des Umschlages wie auch die des übrigen Hafenbetriebes nicht allein oder auch nur hauptsächlich von den Energiekosten abhängig (Kap. III B), aber bei den genannten gewaltigen Unterschieden im Kraft- bzw. Wärmeverbrauch muß dem unmittelbaren, kohlegefeuerten Dampfbetriebe doch Prüfung auferlegt werden; wobei die unbezweifelbaren Vorteile des Dampfbetriebes, seine Betriebssicherheit und Elastizität, in Vergleich gesetzt werden müssen mit den Nachteilen der unbequemen Lagerung und Verteilung der Kohlen und der teueren Bedienung und Unterhaltung der Kesselanlage. Diese Überlegungen beziehen sich vornehmlich auf Einzeldampfantriebe, aber auch die größeren Dampfbetriebe für Hafenkraftstationen sind nach dieser Hinsicht zu überprüfen. Auch die Kraftzentralen für die vielfach noch vorhandenen hydraulischen Hafenantriebe — es sind allein in Europa noch weit über 1000 hydraulische Hafenhebezeuge vorhanden — haben mancherorts den Dampfbetrieb für die Druckpumpen durch den elektromotorischen Antrieb ersetzt, weil aufs Ganze gesehen diese Betriebsführung den größeren Vorteil ergab.

Für größere Hafenfahrzeuge, wie Schlepper und Fährschiffe, ist dagegen, wie wir später (Seite 142 ff.) sehen werden, die Wertschätzung des Dampfbetriebes bis jetzt noch ziemlich unangetastet geblieben.

γ) Druckwasserantrieb.

Der hydraulische Antrieb der mechanischen Hafenausrüstungen hat sich beachtlicherweise bis auf den heutigen Tag erhalten und wenn er sich auch seit rd. 30 Jahren technisch nicht weiterentwickelt hat und etwa seit Kriegsende keine Neubestellungen erlebte, so ist er doch noch in zahlreichen gut betriebsfähigen Hafenanlagen vorhanden (z. B. in Hamburg noch rd. 300 Hafenspeicherhebe-

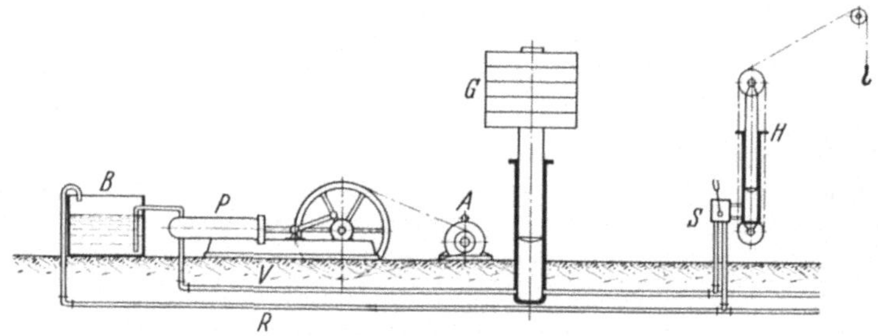

Abb. 21. Grundsätzliche Anordnung einer Druckwasserversorgung für Hebezeuge.
P Druckwasserpumpe mit Antrieb *A*, *B* Wasserbehälter, *V* und *R* Vor- und Rücklauf,
G Druckwasserakkumulator, *H* Hebezeug mit Steuerventil *S*.

zeuge, in Antwerpen noch 270 Kaikräne). Die Einfachheit des Druckwasserbetriebes und die Unverwüstlichkeit seiner Anlagenteile haben ihm ein so langes Leben beschert. Als Druckmittel wird Wasser verwendet, das eine Pressung von 50—55 atü durch Kolben- oder Kreiselpumpen erfährt und in starken Rohrleitungen verteilt wird. Bei ausgedehnten Rohrnetzen werden u. U. zwei und mehr Druckpumpenwerke nötig, auch sind Druckwasserakkumulatoren zum Ausgleich von Druckschwankungen und als Kraftspeicher erforderlich. Abb. 21 zeigt schematisch eine hydraulische Anlage mit Pumpwerk, Akkumulator und Hebezeug.

Meist wird das Druckwasser nach Gebrauch in Sammelleitungen zum Pumpwerk zurückgeführt. Sind fahrbare Hebezeuge, wie es ja meist die Kaikräne sind, mit Druckwasser zu versorgen, so kommen über die Kaistrecken verteilte Anschlußpfosten für die beweglichen Krananschlußleitungen (Gelenkrohre, Panzerschläuche) in Frage. Das Rohrnetz muß natürlich aus druckfesten, gegen Verschiebung im Erdboden gesicherten Leitungen bestehen; ursprünglich waren diese aus Gußeisen hergestellt, um der Rostgefahr zumal bei dem im Winter angewärmten Wasser zu entgehen, vielfach werden diese aber gegen Leitungen aus Stahl ausgewechselt, die heutzutage Druck- und Korrosionsfestigkeit gewährleisten. Darüber hinaus hat man noch weiter Frost- und Rohrbruchgefahr hintangehalten, indem man die Verteilungsrohre in und an Gebäuden oder in gemauerten Kanälen geschützt verlegte. Als Vorteil der Druckwasseranlagen kann neben ihrer selbstverständlichen Feuersicherheit noch angeführt werden, daß das Hochdruckrohrnetz stets betriebsbereite Wasserstrahlpumpen für Feuerlöschzwecke betreiben kann. Mit einem Kubikmeter Druckwasser von rd. 50 atü können etwa 5 t im üblichen Kranspiel umgeschlagen werden; die gesamten Selbstkosten der Druckwassererzeugung liegen etwa zwischen 30 und 60 Rpf/m³.

Es unterliegt aber bei allen Vorteilen nicht dem geringsten Zweifel, daß der Druckwasserantrieb für die Versorgung neuer mechanischer Hafenanlagen seit etwa zwei Jahrzehnten grundsätzlich ausgeschieden ist. Die Dauer für die Beibehaltung der teils schon sehr alten Anlagen hängt nur noch von der Restdauer ihres zähen Lebens ab, vielfach wird man aber schon vorher mit der Auswechselung hydraulischer Anlagen durch elektrische Antriebe beginnen. Das Tempo dieser Auswechselung hängt meist nur von der Finanzkraft des betreffenden Hafens oder seiner Geldgeber ab. Daß hydraulische Teilantriebe, vielfach unter Verwendung von Drucköl, von Vorteil innerhalb einzelner Hebezeuge zu Sonderzwecken (Kuppeln, Bremsen u. ä.), sogar auch gelegentlich zum Schiffswindenantrieb verwendet werden, soll obige Feststellung nicht berühren.

δ) Elektrischer Antrieb.

Die elektrische Kraftversorgung eines Hafens ist wegen ihrer unübertrefflichen Vorzüge seit Jahrzehnten die Regel geworden. Nachdem in den neunziger Jahren des vorigen Jahrhunderts die elektrische Kraftübertragung und die Kraftantriebe auch für Hebezeuge betriebsreif gemacht worden waren, setzte um die Jahrhundertwende die Einführung der elektrischen Hafenausrüstungen jedenfalls in Deutschland mit Riesenschritten ein.[1] Die hier maßgebenden Vorteile sind kurz zusammengestellt folgende: Stete Betriebsbereitschaft des Antriebes ohne Verluste in den Betriebspausen; bequeme Verteilbarkeit der Kraft bis in die letzte Verbrauchsstelle, dabei gute Regelbarkeit und die Möglichkeit der Fernsteuerung. Was das allein für Hebezeuge an Fortschritten mit sich gebracht hat, kann man sich leicht vorstellen, wenn man z. B. die Aufgabe zu lösen hätte, eine neuzeitliche Verladebrücke mit etwa 10 verschiedenen Bewegungen hydraulisch oder mit Dampf mechanisch anzutreiben und zu steuern. Daß fahrbaren Hebezeugen während der Fahrt die Kraft zugeführt werden muß, kann jedenfalls in der Leichtigkeit und Sicherheit nur auf dem elektrischen Wege gelöst werden. Schließlich müssen auch noch die Annehmlichkeiten des sauberen, geräuschlosen, leicht zu bedienenden elektrischen Betriebes in der Hafenmechanik gewertet werden. Auch daß man aus derselben Kraftquelle und dem gleichen Versorgungsnetz neben den Antrieben noch die Beleuchtung entnehmen kann, ist ein Vorteil, zumal die Leistung dieser elektrischen Beleuchtung für den Hafenbetrieb von anderer Seite nicht erreicht werden kann. Gewisse Gefahren des elektrischen Betriebes, so bei der menschlichen Berührung, der Erhitzung und Funken-

---

[1] **Wundram**: Elektrotechnik im Hafen. ETZ 1935, Heft 25.

bildung, können durch genaue Befolgung der Sicherheitsvorschriften des Verbandes Deutscher Elektrotechniker vermieden werden, natürlich muß das Betriebspersonal fachmännisch geschult sein.

Nachdem die Stromversorgung für Hafenbetriebe mit den seltenen Ausnahmen der Kraftversorgung für schwimmende, freizügig auf dem Lande verkehrende oder sonst nicht mit Leitungen erreichbare Geräte die Regel geworden war, tauchten zwei wichtige Fragen auf:

1. Welche Stromart ist für den Hafenbetrieb, insbesondere mit Rücksicht auf seine Umschlagsanlagen, die am besten geeignete?

2. Soll der Hafen seinen Stromverbrauch im Eigenerzeugungsbetriebe decken oder soll er den nötigen Strom aus einem Allgemeinversorgungsbetrieb beziehen?

Die Fragen hängen in gewisser Weise miteinander zusammen, die zweite soll als die einfachere zuerst beantwortet werden.

Im ersten Jahrzehnt des sprunghaft anwachsenden Strombedarfes in den Häfen waren vielfach die Elektrizitätswerke der zugehörigen Städte nicht leistungsfähig genug, oder sie verfügten nicht über die vom Hafenbetrieb gewählte Stromart und Spannung oder sie hatten kein Interesse an der wenig Gewinn versprechenden Stromlieferung für Hafenbetriebe, so daß diese sich gezwungen sahen, eigene Stromquellen anzulegen, mitunter sogar mehrere für einen Hafen wie z. B. in Hamburg. Daß solche Kraftwerke, seien sie nun mit Gas, Dampf oder Treiböl betrieben, keine befriedigende Wirtschaftlichkeit erzielen konnten, wurde bald eingesehen; die Ausnutzung ihrer Anlagen war bei der überwiegend geringen Benutzungsdauer der mechanischen Hafenausrüstungen so unwirtschaftlich, daß ihre Selbstkosten immer noch die schon nicht geringen Verkaufspreise der städtischen Kraftwerke übertrafen, es sei denn, daß sie sich durch Mitversorgung der im Hafen ansässigen Industrie eine gewisse Grundbelastung sichern konnten. Inzwischen wuchsen die städtischen Elektrizitätswerke und die Überlandwerke schnell in die Höhe und erweiterten ihr Versorgungsgebiet durch die Einführung hochgespannten Drehstromes, sodaß die Häfen bald, mindestens nach dem Kriege, Anlaß genug fanden, sich von den großen allgemeinen Stromversorgungsunternehmungen leistungsfähig, wirtschaftlich und betriebssicher den Strom liefern zu lassen, wie sie es so gut mit eigenen Kraftwerken nicht erreichen konnten. Auch die Neuschaffung eines großen Stromverbrauchs im Hafen würde heute keine wirtschaftlich und technisch besseren Bedingungen in der Eigenversorgung finden als im Fremdbezug, es sei denn, daß Häfen fernab von aller allgemeinen Stromversorgung neu gegründet würden.

Die zweite Frage nach der bestgeeigneten Stromart ist nicht so eindeutig wie die erste zu beantworten, da hier viele Gesichtspunkte zu berücksichtigen sind. Die Hafenbetriebsleitungen, die Stromlieferungsunternehmen und die elektrische Industrie haben ihre eigenen Meinungen darüber, die oft nicht miteinander übereinstimmen. Hinzukommt, daß alle praktisch verwendbaren Stromsysteme, wie Gleichstrom, Drehstrom und einphasiger Wechselstrom, auch in den Häfen Anwendung gefunden haben, ohne daß sich Schwierigkeiten ergeben hätten. Die Frage nach der Stromart tritt selten mehr in der Form auf, daß ein neugegründeter Hafen das erstemal über seine Stromversorgung zu befinden hätte, sondern meist liegen die Verhältnisse so, daß bei Erweiterung eines Hafens mit vorhandener Stromart nachzuprüfen ist, ob diese früher gewählte Art nach dem neueren Stand der Technik noch beibehalten werden soll. Zur Zeit des Entwicklungsaufschwungs der elektrischen Hebezeugantriebe herrschte für die Stromversorgung der Gleichstrom vor, es kam hinzu, daß der Gleichstromreihenschlußmotor wegen seiner für Hebezeuge ausgezeichneten Eigenschaften ebenfalls für den Gleichstrom sprach, so daß diese Stromart früher für Häfen unbedingt den Vorzug verdiente und auch heute noch dort erhalten werden sollte, wo leistungsfähige Anlagen dafür vorhanden sind. Viele, darunter große Häfen, haben noch Gleichstromversorgung mit

Spannungen von 2 × 110, 2 × 220 und 500—600 V und haben damit die besten Erfolge.

In der neueren Zeit steht allerdings für Anschlußerweiterungen im Hafen durchweg nur Drehstrom zur Verfügung, wobei nun die Frage aufgeworfen wird, soll Drehstrom zum Antrieb der neu hinzugekommenen Hafenausrüstung verwendet werden oder muß er mit Anlage- und Betriebsunkosten in eine andere Stromart umgeformt werden? Zunächst stellen wir fest, daß alle Dauerförderer der mechanischen Hafenausrüstung, wie Pumpen, pneumatische Förderer, Becherwerke, Bandtransporte u. ä. keine Sonderwünsche hinsichtlich der Stromart stellen, daß aber die aussetzenden Betriebe mit weitgehender Regelung wie Schleusentore, Brückenantriebe, Kräne, Verladebrücken, Wagenkipper u. ä. die Prüfung der Frage nach der Stromart wohl angebracht erscheinen lassen. Glücklicherweise beschränkt sich eine eingehende Prüfung hier, wie wir aus den nachfolgenden Unterabschnitten über Motorenarten und Steuerungen sehen werden, auf Stückguthebezeuge, die feinfühliger Regelung bedürfen. Sollte sich dabei die Bevorzugung des Gleichstroms herausstellen, so muß eben der Drehstrom durch rotierende Umformer oder Quecksilberdampfgleichrichter in Gleichstrom verwandelt werden. Diese Lösung wird um so unwirtschaftlicher sein, je weniger Stromverbraucher (Gleichstrom-Stückgutkräne) innerhalb des Drehstromversorgungsnetzes auf Gleichstrom bestehen. Beim Stromanschluß schwerer Hafenmaschinen, wie etwa der Antriebe für Hub- oder Klappbrücken, für Schleusentore, für Schwerlastkräne u. ä. ist die Frage der Gleichstromverwendung leichter zu entscheiden, da der Gleichstrom liefernde Leonard-Umformer (vgl. S. 47), der hier meist aus steuerungstechnischen Gründen nicht zu umgehen ist, wirtschaftlich verantwortet werden kann: einmal spielen seine Mehrkosten bei der Größe des zu betreibenden Bauwerkes keine ausschlaggebende Rolle, und ferner ist sein etwas geringerer Wirkungsgrad bei der meist nicht häufigen Benutzung belanglos.

Daß in den Häfen manche Sondergeräte, wie Elektrokarren, Verschiebelokomotiven, freizügige Kräne, Sonderfahrzeuge auf dem Wasser usw. elektrischer Sammler (Akkumulatoren) bedürfen, die nur mit Gleichstrom betrieben werden können, sollte auf die Bevorzugung einer Gleichstromversorgung keinen Einfluß haben, da die Aufladung dieser Sammelbatterien doch immer nur mit Hilfe von Umformung stattfinden kann. Der früher vielfach zur Begründung der Gleichstromversorgung in Häfen angeführte Vorteil, daß die in den Kraftwerken zum Ausgleich der Strom- und Spannungsstöße notwendigen Pufferbatterien eine wirksame Momentreserve bei Maschinenschäden in der Zentrale wären, wodurch die Sicherheit des Hafenbetriebes gewönne, muß bei dem heutigen hohen Stand unserer Drehstromversorgung hinsichtlich Betriebssicherheit und Spannungshaltung als durchaus überholt betrachtet werden.

Zusammenfassend kann über die Stromart gesagt werden, daß für fast alle Zwecke der mechanischen Hafenausrüstung der übliche Drehstrom verwendet werden kann, vorhandene leistungsfähige Erzeuger- oder Umformeranlagen für Gleichstrom oder Einphasenwechselstrom wird man tunlichst beibehalten. Sollen neue Stromverbraucher unbedingt Gleichstrom erhalten, so kommt nur die Umformung innerhalb eines Drehstromnetzes in Frage, Einphasen-Kollektormotoren können einphasig an genügend große Drehstromtransformatoren angeschlossen werden.

Stromverteilungsnetze im Hafen weichen grundsätzlich nicht von der sonst üblichen Art ab. Kabelverlegungen unter Wasser sind in einem Hafen nie ganz zu vermeiden (vgl. S. 17), sie sind eine kostspielige Sache, da sie wohlvorbereitet werden und für die Zukunft ausreichend gesichert werden müssen, wozu mindestens eine zwei Meter starke Deckschicht unter der zukünftig tiefsten Lage der Hafensohle anzunehmen ist. Bei der Berechnung der Kabelnetze, Umformungs- und Kraftstationen für absatzweise arbeitende Umschlagsgeräte ist zu beachten, daß nicht die Summe der Stromstärken aller angeschlossenen Hebezeuge in Ansatz zu bringen ist, sondern wegen der ausgleichenden Wirkung aussetzender Betriebe eine entsprechend kleinere Zahl. Die Schaulinie in Abb. 22 gibt das Verhältnis der Anzahl üblicher Kaikräne zu ihrem Gesamtstrombedarf an.

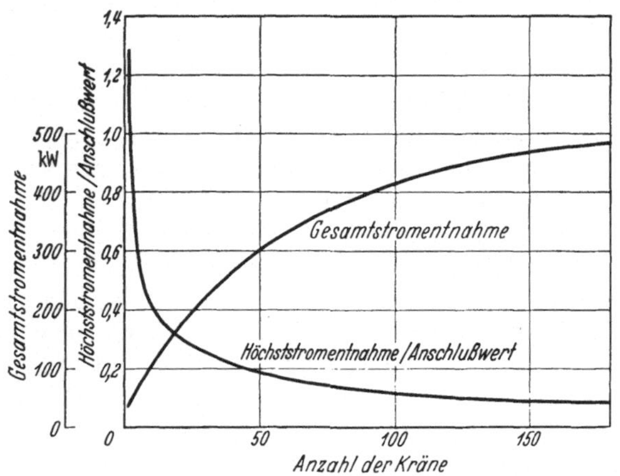

Abb. 22. Schaulinie der Belastung einer Stromversorgungsanlage durch Stückgut-Hebezeuge.

ε) Verbrennungsmotorantrieb.

In allen Fällen, in denen Hebezeuge und sonstige mechanische Hafenausrüstungen nicht aus einem Kraftversorgungsnetz gespeist werden können, sei es daß sie sich zu Wasser oder zu Lande ganz freizügig bewegen müssen, sei es daß sie an Plätzen arbeiten, die in das Versorgungsnetz einzubeziehen zu unwirtschaftlich wäre, kommt ein einzelner Eigenkrafterzeuger in Frage, außer der bereits erwähnten Dampfmaschine der Diesel- oder der Ottomotor. Der Verbrennungsmotor (Dieselmotor für Treiböl, Ottomotor für Benzin oder Benzol) zeigt für den aussetzenden Regulierbetrieb grundsätzliche Unterschiede gegenüber dem Dampfantrieb. Die Dampfmaschine ist einfach zu bedienen, betriebssicher, überlastbar und gut zu regeln in Drehmoment und Drehzahl, ihre Nachteile sind der unvermeidliche Kesselbetrieb, der bei größeren meist schwimmenden Umschlagsgeräten u. U. einen besonderen Heizer notwendig macht, die unwirtschaftliche Dampfhaltung in den Betriebspausen, die Unbequemlichkeiten des schmutzigen, platzraubenden Brennstoffes. Die Verbrennungsmotoren sind bequemer in der Beschaffung und der Anwendung des Brennstoffes, der bei einiger Vorsicht auch genügend feuersicher gelagert werden kann, ihr größter Vorteil ist, daß sie schnell betriebsfertig sind und daher den Leerlauf mit seinen Verlusten in den Betriebspausen vermeiden können. Sie sind aber in der Bedienung empfindlicher als die Dampfmaschine, laufen unter Last nicht an und sind kaum überlastbar und weniger gut zu regeln. Bei gleichmäßig belasteten Dauerantrieben sind sie daher ohne weiteres am Platze, etwa als Ottomotor für Bandförderer, Kraftkarren, als Dieselmotor bei Verschiebemaschinen, schwimmenden Getreidehebern. Bei aussetzendem Hebezeugbetrieb wird man dem Verbrennungsmotor zum Ausgleich der Belastungsstöße ein größeres Schwungrad geben und nötigenfalls den Motor durch Rutschkupplung vor unzulässiger Überlastung sichern. Für schwere Regulierbetriebe kommt der Ottomotor nicht mehr in Frage, hier muß auch der Dieselmotor u. U. das Kunstmittel der Zylinderaufladung anwenden, um die stoßweise auftretenden hohen Drehmomente aufbringen zu können. Alles in allem ist der Dieselmotor in starkem Vordringen begriffen, nicht nur in kleineren freizügigen Hebezeugen, sondern auch in ganz großen (Getreideheber mit 300 PS, Schwimmkräne mit 900 PS Motorleistung) und zwar nicht nur im unmittelbaren Antrieb (dieselmechanisch), sondern auch mit elektrischer Zwischenübertragung (dieselelektrisch). Wenn auch die Dampfmaschine für schwimmende Geräte wegen der oben erwähnten Vorteile noch beliebt ist und mit technischen Verbesserungen, darunter auch die elektrische Zwischenübertragung (dampfelektrisch), ihren Stand zu verteidigen sucht, so wird ihr das doch durch den Dieselmotor schwer gemacht.

Die Verwendung gespannter und strömender Luft im Umschlagsbetrieb (pneumatischer Betrieb) kann nicht wohl als Antrieb betrachtet werden, da sie keine mechanischen Teile bewegt, sondern unmittelbar fördernd wirkt. Sie braucht daher an dieser Stelle nicht weiter behandelt zu werden, es wird dabei auf das Kap. II B 3 S. 102 hingewiesen. Der vor der Jahrhundertwende hin und wieder noch gebaute Gasmotorenantrieb für Schuppen- und Speicherhebezeuge ist nachher gänzlich verschwunden.

c) Steuerung der Umschlagsgeräte.

α) Aufgaben der Steuerung.

Die Steuerungen spielen bei den Umschlagsgeräten eine bedeutende Rolle, jedenfalls bei den aussetzend arbeitenden, die zahlenmäßig im Hafen den Umschlag beherrschen. Leistung und Wirtschaftlichkeit der Fördermittel mit aussetzendem Betriebe hängt zum guten Teil von der Steuerung ab, weswegen dieses Teilgebiet auch große Aufmerksamkeit in der Hafenmechanik auf sich gezogen hat. Unter Steuerung verstehen wir die sichere Beherrschung aller Bewegungszustände der Umschlagsgeräte, also Anlassen, Beschleunigen, Verzögern, Stillsetzen in der gewünschten Zeit einschließlich der Betätigung der benötigten Ventile, Hebel, Schalteinrichtungen, Bremsen und Kuppelungen. Bedenkt man dabei, daß diese Steuerungsvorgänge nicht nur mehrmals in der Minute, sondern dazu noch an mehreren Bewegungseinrichtungen des Gerätes, wie beim Heben, Fahren, Drehen, Kippen, Wippen. Entleeren der Behälter usw. vorgenommen werden müssen, so erkennt man den Umfang der Entwicklungsarbeit in der Steuerungstechnik. An eine ausreichende Steuerung werden folgende Bedingungen gestellt: Steuerfähigkeit, d. h. feinfühliges Beherrschen aller Geschwindigkeiten von Null bis Voll schnellwirkend und stoßfrei, Bequemlichkeit und Übersichtlichkeit, damit der Kranführer auch bei angestrengtem Betriebe nicht vorzeitig ermüdet; Betriebssicherheit, die nicht nur Fehlschaltungen und gefährliche Betriebszustände (Stöße, Freifallstellungen, Überfahren von Endstellungen u. ä.) vermeidet, sondern auch höchster Beanspruchung gewachsen ist und Störungen leicht zu beseitigen gestattet; Wirtschaftlichkeit, d. h. sparsamer Kraftverbrauch, u. U. Stromrückgewinnung, geringer Verschleiß an Steuerorganen, Bremsen, Kupplungen usw., selbstverständlich gehört auch die größte Leistungsfähigkeit unter den vorliegenden Bedingungen dazu.

Es sei vorweg gleich bemerkt, daß elektrischer Antrieb und elektrische Steuerung sich nicht gegenseitig bedingen, wenngleich sie allerdings meistens miteinander verbunden sind. Es war bereits gesagt, daß in manchen Fällen Dampfmaschinen oder Dieselmotoren die Antriebskraft liefern, die Weiterleitung und Steuerung dieser Kraft aber elektrisch geschieht. Andrerseits werden, allerdings seltener, elektromotorisch betriebene Hebezeuge mechanisch, d. h. unter Vermittlung von Zahnrad- oder hydraulischen Getrieben gesteuert. Wird überhaupt keine elektrische Kraft verwendet (z. B. reine Dampfantriebe), so sind die mechanischen Steuerungen unentbehrlich.

β) Elektrische Steuerung, Motorenarten.

Wenn auch elektromotorischer Antrieb und elektrische Steuerung sich nicht zwangsläufig gegenseitig erfordern, so sind sie doch in ihrer Art, wenn sie zusammen Anwendung finden, stark voneinander abhängig. Wir können daher die elektrische Steuerung, die wir zuerst behandeln wollen, nicht ohne Kenntnis der Eigenarten der verschiedenen Motorentypen in Angriff nehmen. Bauart und Wirkungsweise wird dabei im allgemeinen als bekannt vorausgesetzt. Elektromotoren für mechanische Hafenausrüstungen sollen kräftig gebaut und gegen Feuchtigkeitseinflüsse geschützt sein. Wenn auch bei trockener Aufstellung

in Binnenhäfen gegen die Verwendung eines offenen oder ventiliert geschützten
Motors nichts einzuwenden ist, so hat sich doch der vollkommen gekapselte Motor
besonders in Seehäfen als bevorzugt erwiesen; man hat ihn durch gute Kühlung
und warmfeste Isolierung so wirtschaftlich gemacht, daß man offene Motoren
lediglich aus Preisgründen nicht wählen sollte.

Die für gleichmäßige Dauerförderer notwendigen Elektromotoren bedürfen außer Anlassen und Abstellen keiner Steuerung, sie sind wie sonst übliche
Motoren in jeder Stromart zu verwenden und können hier füglicherweise über-
gangen werden. Dagegen bieten die Motoren, welche für die aussetzenden
Betriebe in Frage kommen, jenen gegenüber so grundsätzliche Unterschiede des
Verhaltens, der Arbeitsbedingung und der Größenbemessung, daß wir etwas länger
bei ihnen verweilen müssen. Die Größe eines Elektromotors, der nicht nur zeitlich unterbrochen, sondern in den Einschaltzeiten fast stets mit ungleichmäßiger
Geschwindigkeit arbeitet, wobei auch noch oft von Spiel zu Spiel die Last verschieden ist, kann nicht mit den rechnerischen Mitteln der gleichmäßigen Dauer-
belastung erfaßt werden. Beim aussetzenden Betrieb spielen die relative Einschaltdauer, die mittlere Last, die Beschleunigungsarbeit und die Zahl der Spiele
bzw. Schaltungen in der Zeiteinheit die bestimmende Rolle. Die sog. relative
Einschaltdauer ist das Verhältnis von Einschaltdauer zur gesamten Spiel-
dauer, in welch' letztere auch die stromlosen Stillstandspausen des Motors eingeschlossen sind. Als Richtwerte der relativen Einschaltdauer sind 15%, 25% und
40% genormt, etwa leichtem, mittlerem und schwerem Betriebe entsprechend. Im
Hafenbetrieb kommt man durchweg mit 15—25% Einschaltdauer aus, die Häufigkeit
der Schaltungen wird 120 in der Stunde nicht überschreiten, die Zahl der stündlichen Spiele wird bei Kränen und Verladebrücken zwischen 20 und 40 liegen. Die
mittlere Last liegt immer unter der Vollast des betreffenden Hebezeuges, so z. B.
hat sich bei der am meisten üblichen Tragkraft eines Hafenstückgutkranes von
3 t als mittlere Last fast immer nur der dritte Teil ergeben. Auf die Beschleunigung ist bei Hafenhebezeugen Wert zu legen, da bei den hier meist geringen
Hubhöhen (4—8 m, selten bis 20 m) eine zu kleine Beschleunigung nie zur Ausnutzung der möglichen Höchstgeschwindigkeit führt. Das Drehmoment eines
Hebezeugmotors soll, um Lasten aus der Schwebe sicher anheben zu können,
beim Einschalten mindestens das 2,5fache des Vollastdrehmomentes betragen.
Die Leistung eines Hebezeugmotors kann heute nach Richtwerten und Erfah-
rungszahlen genau bestimmt werden, während in früheren Zeiten gern ein großer
Sicherheitszuschlag gemacht wurde, was natürlich der gebotenen Sparsamkeit
in Kraft und Stoff widerspricht. Doch ist es nicht angebracht, dem Wirkungsgrad
des Elektromotors für aussetzende Förderung zu große Wichtigkeit beizulegen,
denn einmal ist der Wirkungsgrad des maschinellen Teiles der Hafenausrüstung
stark mitbestimmend und ferner spielt der Stromverbrauch der aussetzenden Betriebe, seien es nun Hebezeuge oder sonst unterbrochen benutzte Bewegungsan-
triebe (Schleusentore, bewegliche Brücken u. ä.) keine ausschlaggebende Rolle.
Selbstverständlich müssen gewährleistete Zahlen auch innegehalten werden, man
soll sich aber nicht verleiten lassen, geringere Verbrauchszahlen durch Nachteile
der elektrischen Ausrüstung in anderer Hinsicht zu erzielen.

Die Grundarten der für aussetzende Betriebe in Frage kommenden Elektromotoren sind folgende: der Gleichstromreihenschlußmotor, der Asynchron-
drehstrommotor und der Kollektormotor für einphasigen Wechselstrom und Drehstrom. Die Kennzeichen ihres verschiedenen Verhaltens werden auf den Schaulinien (Abb. 23a bis c) dargestellt; im einzelnen ist folgendes zu bemerken:

Der Gleichstromreihenschlußmotor hat eine mit dem Anker in Reihe
liegende Hauptstrom-Feldwicklung, er hat daher ein hohes Anzugsmoment und
die bei Hebezeugen höchst erwünschte Eigenschaft, bei sinkender Belastung
schneller zu laufen, bei leerem Haken etwa doppelt so schnell wie bei Vollast;

durch das Hakengewicht ist eine unbegrenzte Erhöhung der Drehzahl ausgeschlossen. Man kann das reine Reihenschlußverhalten (Schaubild 23a) durch Zugabe von Nebenschlußwicklungen zur Felderregung verschieden beeinflussen, ja man hat sogar den Nebenschlußmotor, der in seiner reinen Bauart sich nicht für aussetzende Betriebe eignet, durch Kunstschaltungen für gewisse Hebezeugsteuerungen neuerdings brauchbar gemacht [1].

Der Drehstromasynchronmotor hat das Bestreben, seine durch Polzahl und Frequenz des Drehstromes bestimmte Drehzahl (Hubgeschwindigkeit) möglichst beizubehalten (Abb. 23b), sie sinkt vom Leerlauf bis zur Vollast etwa nur um 3—6%. Das ist ein großer Nachteil gegenüber dem Gleichstrommotor, dem man nur schwer durch verschiedene Kunstschaltungen und Steuerungen beikommen kann. So ist z. B. von einer Elektrizitätsfirma (AEG.) ein Drehstromkranmotor entwickelt worden, der von Leerlauf bis Halblast sich doppelt so schnell dreht wie von Halblast bis Vollast, indem durch entsprechende Schaltung zweier Ständerwickelungen bei kleineren Lasten die einfache, bei größeren die

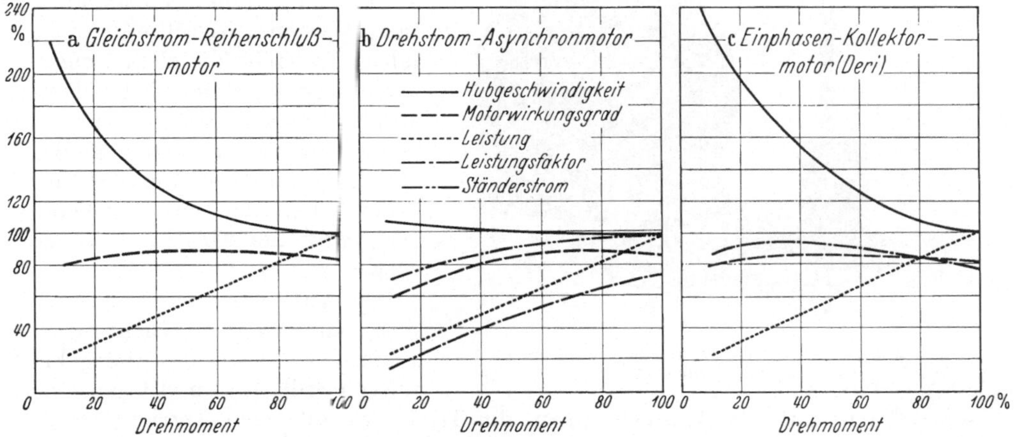

Abb. 23. Kennzeichnende Schaulinien von Hebezeugmotoren.

doppelte Polzahl zur Wirkung kommt (Zweifachkranmotor), dabei wird für langsamen Gang im Läufer eine widerstandsregulierte Schleifringwicklung, für schnellen Gang eine Kurzschlußwicklung benutzt. Der Leistungsfaktor des Asynchronmotors sinkt mit abnehmender Last stark, wodurch der aufgenommene Strom unverhältnismäßig hoch bleibt; bei zunehmender Last nimmt er aber nicht wie der Gleichstrommotor übermäßige Drehmomente unter zerstörender Erhitzung seiner Wicklung auf, sondern er bleibt vorher stehen. Durchweg bedingt der Drehstromasynchronmotor im aussetzenden Betriebe höhere Anschlußleistungen und größeren Stromverbrauch als der Gleichstrommotor. Drehstrommotoren, bei denen der Läufer nicht durch Schleifringe mit regelnden Widerständen verbunden werden kann, sondern in sich kurzgeschlossen ist, nennt man Kurzschlußläufermotoren. Ihre trotz der Einfachheit sich immer mehr entwickelnde Leistungsfähigkeit wird auch den Hebezeugen zugute kommen.

Die Kollektormotoren, deren Theorie und Bauweise hier ebensowenig wie bei den vorhergehenden Motorarten besprochen werden kann, haben ihren Namen davon, daß sie ähnlich wie Gleichstrommaschinen einen Kollektor mit Bürsten zur Stromzuführung zum Läufer verwenden. Zwei Eigenschaften machen sie sehr geeignet zu Hebezeugmotoren, einmal zeigen sie ein dem Hauptstromreihenschlußmotor durchaus ähnliches Geschwindigkeitsverhalten (Abb. 23 c) mit her-

---

[1] Schiebeler: Die Entwicklung des Gleichstromhafenkranes für Stückgut. Jb. hafenbautechn. Ges. 1932/33, Bd. XIII.

vorragendem Anzugsdrehmoment, zweitens kann bei ihnen Geschwindigkeits- und
Drehrichtungsänderung, Anlassen und Bremsen verhältnismäßig einfach durch
Verschieben der Bürsten auf dem Kollektor hervorgerufen werden, also ohne
Widerstandsverluste (Abb. 24). Der umfangreiche Kollektor trägt zahlreiche
Bürsten, neben den verschiebbaren meist noch einen Satz feststehender; das
Schwungmoment der Läufer ist erheblich größer als bei anderen Motoren. Der
einphasige Kollektormotor (System Deri) ist als Hafenkranmotor seit 1910 ein-
geführt, der Drehstromkollektormotor wurde später entwickelt, ist aber nach
dem Kriege dem Derimotor als starker Wettbewerber gegenübergetreten.

Die Hebezeugsteuerungen haben sich zu einem besonderen Fachgebiet
entwickelt, sie sind verschieden je nach Art (Stückgut, Schüttgut) und Leistung
(Tragkraft, Geschwindigkeit) des Umschlaggerätes, nach der Wahl seiner Antriebskraft (Motorenart, Strom-
art) und können entweder auf
elektrischem oder mechanischem
Wege oder vereint auf beiden betätigt werden. Die größte Mannigfaltigkeit haben die elektrischen
Steuerungen entwickelt, bei dem
großen Umfang der Steuerungstechnik kann an dieser Stelle
allerdings nur das Grundsätzliche
behandelt werden, auf eingehen-
des Schrifttum wird im Anhang
verwiesen.

Die Aufgaben der Steuerung
sind hauptsächlich Richtungs-
ändern, Geschwindigkeitsregeln
einschl. Stillsetzen und Bremsen,

Abb. 24. Steuerbock zur Bürstenverschiebung
beim Derimotor.

sehr oft tritt auch das Kuppeln hinzu, um Triebwerksteile vom Antriebsmotor
zu lösen oder mit ihm zu verbinden. Die Mittel zur Erfüllung dieser Zwecke
sind einmal die Verwendung von spannungsregelnden Widerständen im Strom-
kreis von Anker (Läufer) und Feld (Ständer), sodann die Schaltungsänderung in
der Feldwicklung und zwischen Anker und Feld, das Verschieben der Anker-
bürsten, schließlich die Erzeugung der verschieden gebrauchten Spannungen
in besonderen Hilfsmaschinen. Das Bremsen kann auf zweierlei Weise elektrisch geschehen, entweder können die mechanischen Bremsen durch Elektro-
magnete oder Motoranker betätigt werden (Haltebremsen), oder aber man läßt
die Elektromotoren, die von der sinkenden Last angetrieben werden, als Generatoren arbeiten, die man durch Stromverbrauch belastet, oder man gibt ihnen
Gegenstrom (Regelbremsen). Auch kann man durch besonders gesteuerte Hilfs-
motoren Flüssigkeitsdruck zum Bremsen erzeugen (z. B. Eldrobremsgerät). Kupplungen können ebenfalls elektrisch unter Vermittlung von Elektromagneten betätigt
werden, sogar die Verschiebung des Ankers in achsialer Richtung kann zum Kuppeln oder Bremsen benutzt werden (Verschiebeankermotor Demag-Flohr). Können
die zu regelnden Starkströme nicht mehr durch handbetätigte Steuerschalter
(Kontroller) bewältigt werden, oder will man sie sicherheitshalber dem Willen des
Kranführers entziehen, so kommt eine Hilfsschaltung durch elektromagnetische
Schalter in Frage (Schützensteuerung, Stromwächter). Handhebel und Handräder der Steuerung soll man möglichst so anordnen, daß sich die Bewegung der
Hand in gleicher Richtung wie die beabsichtigte Bewegung am Hebezeug abspielt
(sympathische Steuerung). Immer aber sollte man sich bemühen, die einfachsten
und betriebsichersten Mittel für den beabsichtigten Zweck anzuwenden, die dem
Hafen eigene rauhe Betriebsweise verträgt nur diese. Bei allen Steuerungen,

gleichviel für welche Motoren- oder Kranart sie bestimmt sind, macht fast immer das Absenken großer Lasten und das Abbremsen hoher Senkgeschwindigkeiten größere Schwierigkeit als das Beherrschen anderer Bewegungen, die Lösung der Senk- und Bremsfrage ist daher vielfach maßgebend für den Wert der Steuerung.

Die eleganteste und leistungsfähigste, wenn auch kostspielige Steuerungsart für Regelbetriebe ist die sog. Leonardsteuerung, der folgende Anordnung zugrunde liegt (Abb. 25): Eine mit gleichbleibender Drehzahl laufende Kraftmaschine (Dampfmaschine, Diesel- oder Elektromotor) treibt eine Gleichstromdynamo S (Anlaß- oder

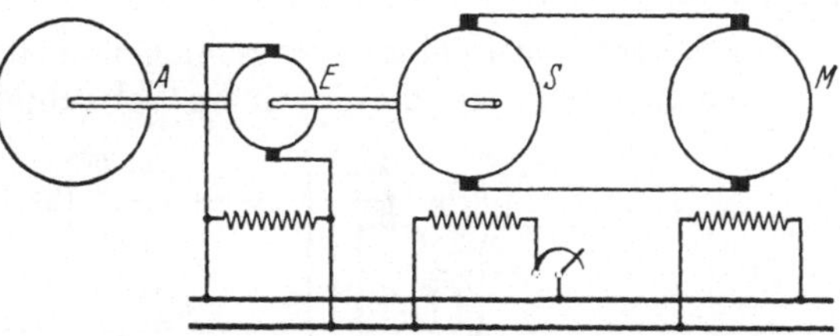

Abb. 25. Schaltung der Leonardsteuerung.
A Antriebsmaschine, S Steuerdynamo, E Erregermaschine, M Arbeitsmotor.

Steuerdynamo genannt) an, deren Spannung durch Feldregelung — meistens in Fremderregung E — im weitesten Umfange geregelt werden kann und zwar in dem Maße, wie sie der unmittelbar mit der Steuerdynamo zusammengeschaltete

Motor M für sein Drehmoment oder seine Drehzahl braucht. Es kann allerdings immer nur je ein Motor mit einer Steuerdynamo zusammenarbeiten, für mehrere Bewegungszwecke kommen mehrere Steuerdynamos in Frage. Da der Leonardumformer zusätzlich zur Antriebsmaschine anzuschaffen ist, beschränkt man ihn wegen seiner Mehrkosten (Anlage, Betrieb, Platzbedarf) meist nur auf die Hubbewegung von größeren Umschlagsgeräten, wie Schwimm- und Schwerlastkräne und auf größere Brücken- und Schleusentorantriebe. Eine Abart der Leonardschaltung ist die sog. Zu- und Gegenschaltung, bei der ein Gleichstrommotor eine Gleichstromdynamo antreibt, die in

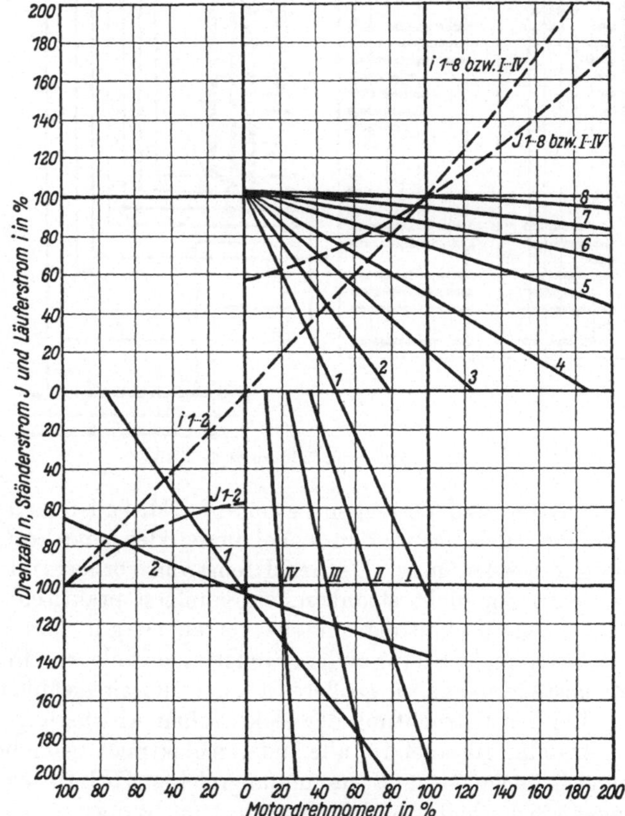

Abb. 26a. Regelkurven einer Senkbremsschaltung mit Gegenstrom für Drehstromasynchronmotoren. SSW.

Reihe mit dem Netz liegt und von Nullspannung bis zur Netzspannung geregelt werden kann. Ist sie in gleicher Richtung mit dem Netz geschaltet, so ergibt sie zusammen mit diesem die doppelte Netzspannung, ist sie umgepolt und entgegengesetzt geschaltet, so kann sie die Netzspannung bis Null für den zu steuernden Antriebsmotor herunterdrücken. Die Zu- und Gegenschaltung gibt also einen Regelbereich von dem Ausmaß der doppelten Netzspannung, was für manche Hebezeuge, z. B. Schiffswinden, sehr erwünscht ist. Die masse- und trägheitslose Steuerung von Strömen durch die sog. Gitterröhren ist auch für Hebezeuge schon seit Jahren vorgeschlagen und teilweise versucht worden, für mechanische Hafenausrüstungen haben sie bislang noch keine Anwendung gefunden.

Zur Beurteilung einer vorgeschlagenen elektrischen Steuerung bedient man sich der Regelkurven, die in einem Schaubild Drehmomente, Stromaufnahme und Drehzahlen des Motors für Heben und Senken in Abhängigkeit voneinander zeigen (Abb. 26a). Gleichzeitig gehört das Schaltbild dazu, das die Stromwege für die einzelnen Stellungen der Schaltwalze (Kontroller) erkennen läßt (Abb. 26b). Das gewählte Beispiel zeigt die Verhältnisse bei der Senkbremsschaltung eines Drehstromasynchronmotors mit Gegenstrombremsung.

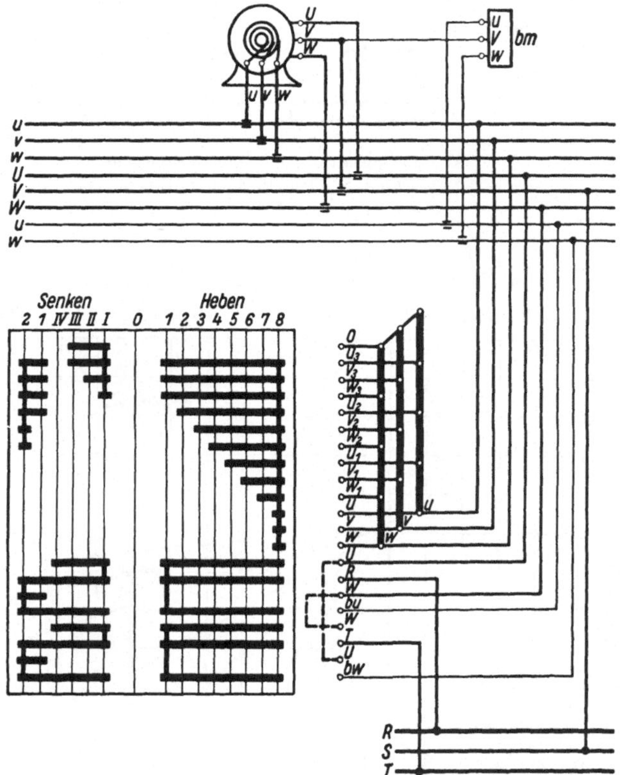

Abb. 26b. Schaltbild zu 26a. SSW.

Bei der Vielseitigkeit der elektrischen Steuerungen für alle Umschlagsgeräte liegt die Frage nach der besten Steuerung nahe. Sie ist ebenso wenig glatt zu beantworten wie die Frage nach der besten Strom- und Motorenart, wie die vielen Auseinandersetzungen der Fachleute in Schrifttum und Vorträgen beweisen[1]. Mit allen Arten können vertretbare Ansprüche befriedigt werden, wobei dieser oder jener Vorteil der einzelnen Steuerung betont werden mag. Da der Drehstrom vorherrscht soll man sich gegen seine Steuerungen nicht sträuben, sie genügen praktisch immer. Kollektormotoren und Leonardschaltung sind hervorragend gut zum Regeln geeignet, man muß nur etwas mehr als für andere Steuerungen anlegen. Mit gutem Recht sind Gleichstromsteuerungen für größere Stückgutumschlagsanlagen in Seehäfen bevorzugt.

Bei der Betrachtung der elektrischen Ausrüstung für Hafenumschlagsgeräte — dasselbe gilt auch für alle anderen elektrisch betriebenen mechanischen Hafeneinrichtungen — muß des umfangreichen Zubehörs wie Leitungen, Schaltanlagen, Sicherheits- und Meßgeräte zum wenigsten noch gedacht werden, da sie vielfach in Sonderausführungen für den rauhen Hafenbetrieb hergestellt werden. Bei Hebezeugen ist besonders auf gute Zuverlässigkeit der Sicherheitsgeräte, wie der Endschalter und Selbstausschalter bei Überstrom und Überlast zu achten; sie dürfen keinesfalls eine sorglose Bedienung erlauben. Die Stromzuführung zu

---

[1] Neumann: Die Stromart für den Betrieb von Stückgutkaikränen im Seehafenumschlagverkehr. Gewecke: Gleichstrom oder Drehstrom? Jb. hafenbautechn. Ges. 1932/33, Bd. XIII.
Gettert: Die Verwendung von Derimotoren im Kranbetrieb. Jb. hafenbautechn. Ges. 1926, Bd. IX.

fahrenden Umschlagsgeräten oder bewegten Teilen derselben geschieht durch biegsame Kabel und Steckkontakte, besser noch durch Schleifleitungen mit Schleifkontakten. Solche Leitungen können an Gebäuden, in den Hebezeugen oder unter Flur in abgedeckten Kanälen angebracht sein. Abb. 27 zeigt eine viel verwendete Ausführung, den sog. schlitzlosen Schleifleitungskanal, der vollkommen mit Eisenplatten abgedeckt ist und somit größte Betriebssicherheit gewährleistet. Die Abdeckplatten werden jeweils vom fahrenden Hebezeug soweit angelüftet, wie es die Haltebügel und Kabel der Schleifkontakte verlangen.

Abb. 27. Schlitzloser Schleifleitungskanal. P. Vahle, Dortmund.

γ) Mechanische Steuerungen.

Die rein mechanischen Steuerungen sind im Umschlagsbetrieb weit in der Minderzahl, abgesehen von den hydraulischen Hebezeugen. Die Regelung in der Hydraulik geschieht durch Öffnen und Schließen von Schiebern und Ventilen, wobei durch Hebel- und Gestänge sogar eine gewisse Fernsteuerung erreicht werden kann. Der Druckwasserverbrauch ist allerdings bei allen Lasten der gleiche, günstigstenfalls etwa 200—300 l/t, sofern man nicht Kolben mit abstufbaren Durchmessern (Differentialkolben) anwendet, was allerdings selten geschieht. Die Steuerungselemente in der Hydraulik sind sehr einfach und betriebsicher, es muß natürlich entsprechend den hohen Wasserdrücken auf sorgfältige Abdichtung geachtet werden. Sanftes kraftvolles Anheben und eine durch das Fehlen von Schwungmomenten schnelle Beschleunigung und Verzögerung sind steuerungstechnische Vorteile des hydraulischen Betriebes.

Auch bei der Dampfmaschine wird die Regelung durch Verstellen von Ventilen und Schiebern erreicht, wobei Drehzahl und Drehmoment sich in weitesten Grenzen verändern lassen unter Anpassung des Dampfverbrauchs an die Förderleistung. Kupplungen und Bremsen können entweder durch Dampfkolben, soweit die menschliche Muskelkraft nicht mehr ausreicht, bewegt werden oder durch Luft- bzw. Wasserdruck (pneumatische bzw. hydraulische Steuerung). Natürlich sind die Kaftübertragungen nach entfernteren Punkten der Anlagen nicht so einfach wie bei einem Elektromotor zu gestalten, Wellen, Gallsche Ketten, Riemen u. ä. sind dabei gebräuchliche Hilfsmittel. Andrerseits können für verschiedene Bewegungseinrichtungen je besondere Dampfmaschinen auf einem Gerät wirksam sein, z. B. je eine Maschine für das Fahren, den Hub und das Drehen eines Schwimmkranes. Ja es gibt sogar bei der Steuerung von Greifern, die, wie wir später (S. 51) sehen werden, vorteilhaft von zwei Kraftmaschinen verschiedener Aufgabe angetrieben werden, eine Bauweise, diese als getrennte Dampfmaschinen feinfühlig miteinander arbeiten zu lassen. Größere Dampfgreiferkräne neuerer Bauart besitzen diese Steuerung.

Zu den mechanischen Steuerungen, die sich neuerdings bei elektrischen Hebezeugantrieben zeigen [1], gehört in erster Linie das sog. Regelgetriebe; es sind ge-

---

[1] Wundram: Neuere Umschlagskräne, ihre Formen und Leistungen. Jb. hafenbautechn. Ges. 1934/35, Bd. XIV.

kapselte Zahnradübersetzungen, die in verschiedenen (3—4) Stufen ohne Unterbrechung des Drehmomentes und ohne Stoß nacheinander eingeschaltet werden können. Die dabei nötigen Bremsen und Kupplungen können durch Öldruck oder Hebelkraft betätigt werden. Sie werden als Konuskupplungen (so beim Demag-Regelgetriebe) oder als Lamellenkupplungen (so beim Ardelt-Überholungsgetriebe) angewendet, bei beiden Getrieben bleiben die Zahnräder der verschiedenen Übersetzungen dauernd im Eingriff, so daß beim Umsteuern von der einen auf die andere Geschwindigkeit keine Freifallstellung eintreten kann.

Ein anderer aussichtsreicher Weg der einfachen mechanischen Hebezeugsteuerung ist mit der Einführung der hydraulischen Kupplungs- und Übersetzungsgetriebe beschritten worden, die eine stufenlose Regelung und Umkehrung der Geschwindigkeit gestatten. Hydraulische Regelgetriebe sind schon länger bei Kraftfahrzeugen, Schiffen, Werkzeugmaschinen erprobt, für Hebezeuge müssen sie unbedingt die Möglichkeit des freien Falles und des Lastsackens bei Motorstillstand vermeiden. Erfolgversprechend ist in dieser Hinsicht die Anwendung des sog. Boehringer-Sturm-Getriebes für den Windenbau. Von zwei gleichgearteten Ölpumpen (Abb. 28) dient die eine als Generator (Antrieb), die andere als Motor (Abtrieb). Beide Pumpen sind Drehflügelpumpen mit verstellbarem Arbeitsraum, sie können entweder in ein Gehäuse zusammengebaut sein, oder aber im Hebezeug nach Bedürfnis getrennt aufgestellt werden. Drehzahl und Drehsinn des

Abb. 28. Hydraulisches Getriebe (Boehringer-Sturm).

Abtriebes kann geregelt werden sowohl durch Verstellung der Ölfördermenge an der Pumpe als auch durch Regelung des Arbeitsraumes im Ölmotor, beides kann stufenlos durch Handhebel bzw. Handräder erfolgen. Winden, die von der Firma Kampnagel mit diesen Getrieben ausgerüstet waren, konnten den allerschärfsten Anforderungen an eine Hebezeugsteuerung mit Sicherheit gerecht werden. Ob die einfacheren mechanischen bzw. hydraulischen Hebezeugsteuerungen den elektrischen werden Abbruch tun können, hängt davon ab, wie weit die immer verwickelter gewordenen elektrischen Steuerungen den Weg zur Vereinfachung finden.

δ) Greifersteuerungen.

Eine sehr wichtige Sondersteuerung, die im Schüttgutumschlag die herrschende Rolle spielt, ist die Greifersteuerung. Sie kommt bei den Hebezeugen in Frage, die mit Greifern (Abb. 74) oder Klappkübeln (Abb. 73) arbeitend neben der Hub- und Senkbewegung noch eine weitere Bewegung, nämlich Schließen und Öffnen dieser Lastbehälter vom Führerstand aus steuern müssen. Das Seil, welches den Greifer trägt (Abb. 29), wird Halteseil (H) genannt, die dazu gehörige Windentrommel, Haltetrommel (Ht), das andere Seil, welches meist durch einen Flaschenzug Greifen bzw. Schließen und Öffnen bzw. Entleeren des Greifers besorgt, nennen wir Schließseil (S) und seine Trommel Schließtrommel (St). Beide Seile müssen unabhängig voneinander gesteuert werden können, beim Heben oder Senken müssen sie gleich schnell miteinander laufen, beim Öffnen oder Schließen muß das Schließseil eine Relativbewegung ab- oder aufwärts zum Halteseil einnehmen. Die einfachste Form der Zweiseilgreifersteuerung mit einem Motor zeigt Abb. 29 oben, der Motor M treibt die Schließtrommel St an, mit ihr ist lösbar gekuppelt die Haltetrommel Ht, die Kupplung K kann durch Handhebel, pneu-

matisch oder elektromagnetisch betätigt werden. Bei Kupplung hebt oder
senkt sich der geschlossene oder geöffnete Greifer je nach Drehsinn des elektrisch
gesteuerten Motors, für das Öffnen oder Schließen muß die Haltetrommel ent-
kuppelt und durch die Bremse B festgesetzt werden. Will man während des
Hebens oder Senkens den Greifer öffnen oder schließen, so muß man der Haltetrommel eine vor- oder nacheilende Bewegung erteilen können, indem man anstatt
der Kupplung ein Differential (Planetengetriebe) einbaut. Einmotorengreifer-
steuerungen sind mit Handhebelkupplung etwa bis 4 t Gesamtlast angebracht,
mit elektromagnetischer oder pneumatischer Betätigung erheblich weiter. Bei
den schweren Greiferbetrieben bis 20 t und mehr Gesamtlast werden Zweimotoren-
steuerungen in mehreren Schaltungsarten bevorzugt. Hier hat man die Aufgabe

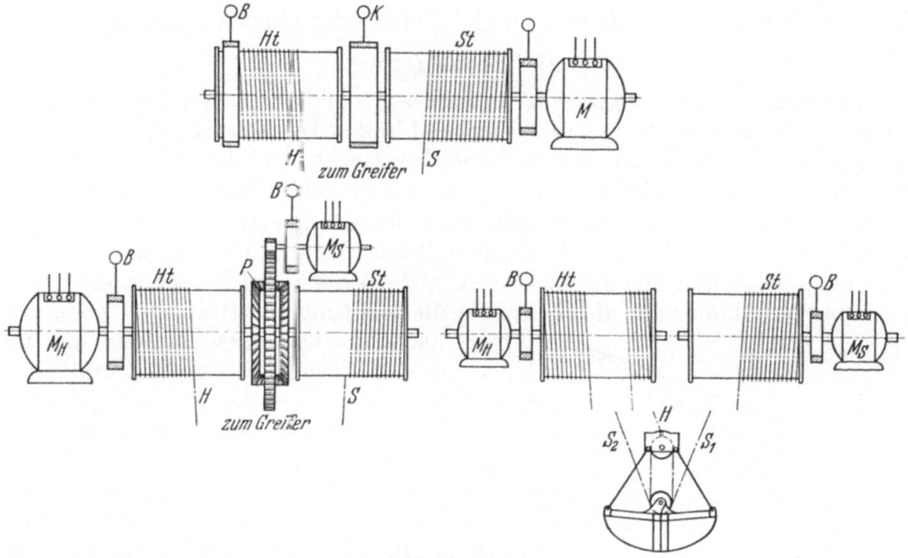

Abb. 29. Greifersteuerungen.
M Motor, MH bzw. MS Halte- bzw. Schließmotor, H bzw. S Halte- bzw. Schließseil,
Ht bzw. St Haltetrommel bzw. Schließtrommel, K Kupplung, B Bremse, P Planetengetriebe.

des Hebens einem größeren und die des Schließens einem um etwa 50 % kleineren
Motor (es können auch Dampfmaschinen sein) zugewiesen. In Abb. 29 unten links
besorgt der Schließmotor Ms das Schließen und Öffnen je nach Drehsinn durch
das Planetengetriebe P, während der Hubmotor M_H stillsteht. Soll gehoben werden, so wird der Schließmotor stillgesetzt, während der Hubmotor jetzt nicht nur
unmittelbar die Haltetrommel (Ht), sondern auch die durch das Planetengetriebe
angekuppelte Schließtrommel (St) gleichschnell mitnimmt. Der Greifer verändert also beim Heben und Senken seinen Zustand nicht, kann aber je nachdem,
wie der Schließmotor wieder angesetzt wird, nach Wunsch durch die Differential-
wirkung des Planetengetriebes geöffnet oder geschlossen werden. Bei dieser Steuerung sind 100 % Hubkraft zuzüglich 50 % Schließkraft aufzuwenden. Die Überlegung, den Schließmotor beim Heben mitziehen zu lassen, führte zu der Greifersteuerung mit zwei gleichgroßen Motoren von theoretisch je 50 % der Hubleistung.
Je ein Motor treibt für sich Halte- und Schließtrommel an (Abb. 29 unten rechts),
beim Schließen bzw. Öffnen läuft nur der Schließmotor Ms, zum Heben wird der
Haltemotor M_H zugeschaltet, wobei der Greifer in dem Zustand bleibt, bei dem
der Haltemotor eingeschaltet wurde, vorausgesetzt, daß beide Motoren sich in
völligem Gleichlauf halten, da sonst Überlastung eines der Motoren und unbeab-
sichtigtes Öffnen oder Schließen des Greifers eintritt. Hiergegen schützt entweder
eine Kupplung zwischen beiden Trommeln oder, wie es in der Abbildung angegeben

ist, die besondere Führung des Schließseiles, das nicht wie üblich mit einem Ende im Greifer befestigt ist, sondern durch den Greiferflaschenzug hindurchläuft und auf der Haltetrommel (*Ht*) endigt. Bleibt nun ein Motor stehen oder geht in der Drehzahl zurück, so hebt der andere die Last infolge der Flaschenzugwirkung nur mit halber Geschwindigkeit, also auch nur mit der halben Belastung, wofür er ja gebaut ist.

Das bei den Greifersteuerungen meist benötigte Planetengetriebe ist besonders von der Demag im Zusammenbau mit den übrigen Windenteilen als Kastenwinde entwickelt worden[1]. Es gibt auch Greifer, die ohne ein besonderes Schließseilsystem arbeiten (Einseilgreifer, Motorgreifer S. 90), so daß man nicht bei ihnen von einer ausgesprochenen Greifersteuerung reden kann.

d) Beleuchtung, Heizung und Kühlung der Umschlagsanlagen.

α) Beleuchtung.

Umschlagsarbeiten erfordern zu ihrer sicheren und wirksamen Erledigung eine ausreichende Beleuchtung; nicht nur sind in den Dunkelstunden die Gefahren mit den arbeitenden Teilen der mechanischen Geräte und den bewegten Lasten, die teilweise dicht an oder hoch über dem Wasser sich befinden, vergrößert, sondern es liegt auch in einer unzulänglichen Beleuchtung eine starke Herabsetzung der Arbeitsleistung. Für die erforderliche Beleuchtung an und in Umschlagsgeräten, auf Ladestraßen und Lagerplätzen, in Speichern und Kaischuppen kommt heutzutage wohl nur noch die elektrische Beleuchtung und zwar mit Glühlampen in Frage, nachdem das Bogenlicht und die Gasbeleuchtung den vielen Vorteilen der Metallfadenglühlampen nichts Ähnliches entgegenstellen konnte; die Möglichkeit der gleichmäßigen Verteilung des Lichtes, die leichte Schaltbarkeit in einzelnen oder in Gruppen von Lichtquellen, die bequeme Zuführung auf bewegte Anlagenteile und zuletzt eine große Betriebssicherheit (darunter die Feuersicherheit) sind die Hauptvorzüge der elektrischen Glühlichtbeleuchtung. Die Außenbeleuchtung für Ladestraßen, Freiladekais und offene Umschlagsplätze kann wegen der Bewegung der fahrenden und schwenkenden Umschlagsgeräte meist nicht an Masten angebracht werden, hier muß der Kran oder die Verladebrücke selbst Träger der Beleuchtung werden. Dabei ist zu beachten, daß nicht nur die Arbeitsplätze für das Aufnehmen oder Absetzen der Last gut beleuchtet sein müssen, sondern daß auch der Kranführer die am Ausleger oder an der Laufkatze hängende Last während des Bewegungsvorganges deutlich im Auge behalten muß. Die Skizzen in Abb. 30 u. 31 geben die Anbringungsmöglichkeit der festen *(a)* und bewegten *(b)* Beleuchtungskörper an einem Stückgut- und einem Schüttgutumschlagsgerät wieder, es kommen dabei je nach Entfernung der zu beleuchtenden Fläche oder Last Lichtquellen von 150—1500 Watt in Frage. Besonders gut müssen Landungsanlagen und Schiffsstege für den Fahrgastverkehr beleuchtet werden. Bei sehr starken Lichtquellen wird man wegen der Blendung der darin empfindlichen Schiffahrt nach der Wasserseite hin gewisse Vorsicht walten lassen müssen. Der in einem Hafen bemerkbare schädliche Einfluß von Feuchtigkeit und von teils ätzendem Qualm stellt entsprechende Anforderungen an die Ausbildung der Beleuchtungskörper, gußeiserne weiß emaillierte Schirme haben sich als sehr brauchbar erwiesen. Daß

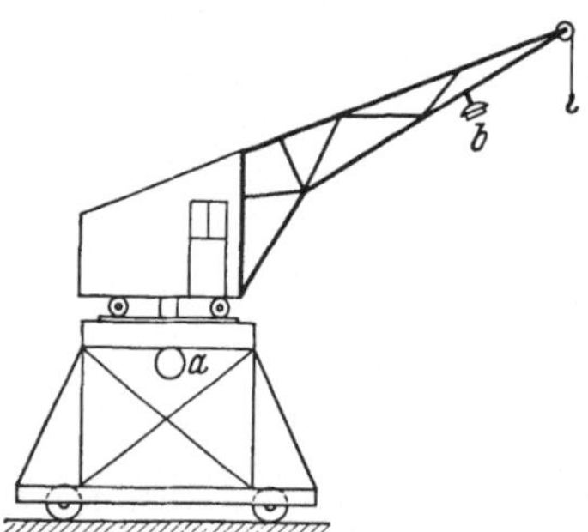
Abb. 30. Beleuchtungsanlage am Kran.

---

[1] Thomas: Zur Entwicklung der Greiferkrane, Kastenwinde und Blockwindwerk. Werft Reed. Hafen 1938, Heft 7.

in den Maschinen- und Führerhäusern der Umschlagsgeräte neben der Allgemeinbeleuchtung auch noch Handlampen für Überholungsarbeiten nötig sind, ist selbstverständlich.

Die Innenbeleuchtung in Speichern, Kaischuppen, Pack- und Versteigerungshallen stellt vor allem die Bedingung, daß das Umschlagsgut genau zu erkennen ist, was sich nicht nur auf seine äußere Beschaffenheit (Getreide, Fische, Früchte, Baumwolle u. dgl.) erstrecken soll, sondern auch auf die gute Erkennbarkeit der Marken (Buchstaben und Zahlen) an den einzelnen Frachtstücken. Da, wo gewogen, besichtigt und geschrieben oder gelesen werden soll (Frachtbriefe, Konnossemente u. ä.), muß besonders gutes Licht vorhanden sein. Die in Innenräumen vorkommenden Flächenhelligkeiten bewegen sich etwa zwischen 1 und

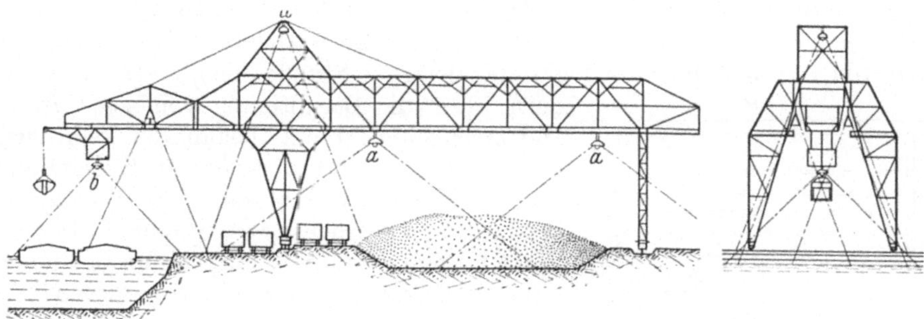

Abb. 31. Beleuchtungsanlage an einer Verladebrücke.

15 Lux. In den zahlreichen Hamburger Stückgutkaischuppen hat sich mit gleichmäßig verteilten Glühlampen von 60—100 Watt bei Aufhängehöhen von 5—8 m eine für den gewöhnlichen Umschlagsbetrieb gut ausreichende Bodenhelligkeit zwischen 5 und 10 Lux erzielen lassen, wobei der Gesamtlichtstromverbrauch etwa 1 W/qm Schuppenfläche beträgt[1]. Die äußeren Laderampen und Einfahrten an den Schuppen sind ebenfalls zu beleuchten, auch eine besondere Beleuchtung für die Kontrollgänge der Wächter, u. U. der Zollbeamten, während der Nacht sollte nirgends fehlen. Die vorteilhafteste Lichtspannung ist auch im Hafen 220 V, weil sie in einfacher Schaltung aus dem gleichen Netz mit höherer Kraftspannung (2 × 220 V Gleichstrom, 220/380 V Drehstrom) entnommen werden kann.

β) Heizung und Kühlung.

Die Raumheizung findet an zwei Stellen im Umschlagsbetrieb ihre nötige Anwendung. Zunächst müssen im Winter die Führerhäuschen der Hebezeuge erwärmt werden; soweit dies nicht durch die Abwärme der Dampfmaschinen und der elektrischen Regelwiderstände sich von selbst ergibt, also bei hydraulischen Hebezeugen und allen Führerkabinen, welche von der Maschinenanlage getrennt sind, muß eine Heizung vorgesehen werden. Am wirtschaftlichsten geschieht das durch einen kleinen Kohlenofen (Koks- oder Glühstoff), größeren Ansprüchen dient eine elektrische Heizung, u. U. genügt eine Heizplatte zum Warmhalten der Füße des Kranführers. Bei hydraulischen Hebezeugen muß bei Frostgefahr, sofern das Druckwasser nicht erwärmt oder mit frostfreien Zusätzen versehen ist, ebenfalls geheizt werden. Bedeutend gegenüber diesen kleinen Hilfsmitteln ist die Aufgabe, ganze Kaischuppen und Speicher zu erwärmen oder zu kühlen. Bei Hafenspeichern tritt wie bei auch sonst in Stadt und Land vorhandenen Lagerhäusern für Lebensmittel die Notwendigkeit auf, entsprechend dem Lagergut (Fleisch, Fische, Eier u. ä.) verschieden tief zu kühlen und kühl zu halten. Da diese Kühlung sich nur auf das Lagern, allenfalls auf die Beförderung in Kühl-

---

[1] Wundram: Hafenbeleuchtung. Licht u. Lampe 1928, Heft 2.

wagen, nicht aber auf den Umschlagsvorgang erstreckt, können wir ihre Anlagen hier füglich übergehen. Dagegen gibt es Einfuhrlebensmittel, die auch während des Umschlages im Hafen warm oder kühl gehalten werden müssen. Einfach ist die Kühlung bei Fleisch und Fisch, die im eingefrorenen Zustand oder mit Eis vermischt verfrachtet und umgeschlagen werden. Schwieriger ist die Erwärmung der Räume, in denen die gegen Kälte empfindlichen sog. Südfrüchte (Apfelsinen, Zitronen, Bananen, Weintrauben u. ä.) umgeschlagen, versteigert, verpackt und besichtigt werden sollen. Diese Früchte müssen nicht nur vor Frost bewahrt werden, sondern sie sollen auch gewisse Mindesttemperaturen (bei Bananen z. B. 12° C) nicht unterschreiten. Die Aufgabe, große Umschlagsschuppen im Hafen zu heizen, erfordert nicht nur die Aufbringung riesiger Wärmemengen, die bei Räumen von 30 000—75 000 m³ und Wärmegraden von 6—12° C bei Außentemperaturen von —15° C unter Voraussetzung einer ausreichenden Wärmeisolierung Werte von 1—1,3 Millionen Kilogrammkalorien je Stunde (kcal/h) erreichen, sondern auch die Bewältigung von sonst in der Heizungstechnik nicht bekannten Schwierigkeiten. Da der Flurverkehr im Kaischuppen nicht behindert werden kann und Boden- und Wandflächen möglichst zum Stapeln freibleiben müssen, können die Heizkörper nur an Pfeilern oder an der Decke untergebracht werden. Das

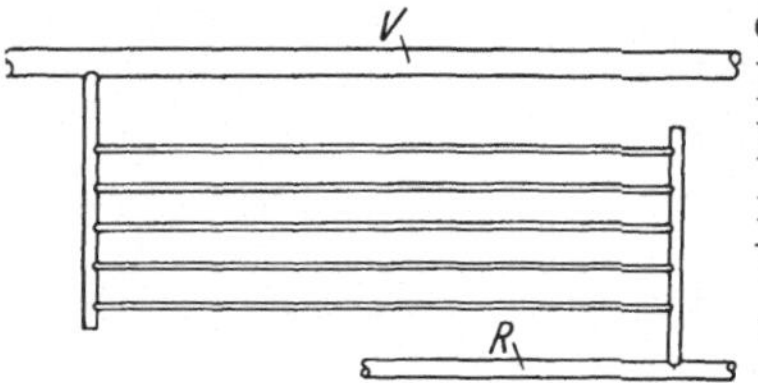
Abb. 32. Heizrohrregister (Grundriß).

Verhältnis der Längen der Schuppen (150 bis 300 m) zu ihren Raumhöhen (5—8 m) ergibt wenig günstige Gefälle für den Umlauf der Heizmittel in den Rohren, sofern man Dampf- oder Warmwasserheizung verwendet, da die Kesselanlagen ja nur an den Enden der Schuppen liegen können. Bei den neun heizbaren Kaischuppen für Fruchtumschlag im Hamburger Hafen haben sich an der Decke in etwa 5 m Höhe aufgehängte Rohrleitungen als Heizkörper am besten bewährt; sie werden mit Niederdruckdampf beheizt, ihre strahlende Oberfläche ist bei den neuesten Anlagen durch eine in Abb. 32 dargestellte waagerecht liegende Registerform verbessert worden. Bei Niederdruckdampfheizung, die in Hafenschuppen, wenn außer Betrieb, am besten gegen Frostschäden gesichert ist, kann man mit einer Wärmeabgabe von stündlich 1100 kcal/m² Rohroberfläche rechnen.

Die in Hamburg üblichen Holzschuppen erweisen sich als gut wärmedämmend und vermeiden den Übelstand der Schwitzwasserbildung, der sich in einem in Beton ausgeführten Fruchtschuppen so stark und schädlich bemerkbar machte, daß nicht nur eine künstliche Lüftung vorgesehen werden mußte, sondern auch häufig die Fensterklappen zum Abführen des sich aus den erwärmten Früchten bildenden Wasserdampfes benutzt werden mußten.

Einige Häfen verwenden für ihre Fruchtschuppen eine Luftheizung, indem man erwärmte Luft durch große Rohre mit verteilten Austrittsöffnungen in den Schuppenraum drückt. In einer ganz neuen Schuppenanlage für den Bananenumschlag im Hafen von Dieppe hat man die Heizung mittelst Rohre oder Heizkörper ganz aufgegeben und sie durch Luftumwälzung an einzelnen Punkten bewirkt. Es handelt sich hier um einen zweigeschossigen in Eisenbeton errichteten Kaischuppen von 200 × 23,5 m Ausmaß. Für den Schuppen kommen zwei Heizkessel von 250 000 und 150 000 kcal Stundenleistung in Anwendung, die getrennt oder zusammen eines oder beide Geschosse beheizen. Im Obergeschoß sind neun Luftumwälzer (Abb. 33), im Erdgeschoß acht von je 12 000 kcal Leistung passend verteilt aufgestellt. In ihnen wird die Luft, welche von Flügellüftern in den Raum geblasen wird, in einem Rohrsystem durch entsprechend temperiertes Wasser entweder erwärmt oder abgekühlt; das Warmwasser ergeben die eben erwähnten Heizungskessel, die Kühlflüssigkeit erzeugt, eine Ammoniak-Kältemaschine von 130 000 kcal Stundenleistung. Die Einstellung der

Wärme- oder Kühlleistung geschieht durch 17 im Schuppen verteilte Kontaktthermometer selbsttätig. Auf diese Weise kann die für die Bananen geeignete Temperatur in den passenden Grenzen nach oben und unten innegehalten werden. Die Bananeneinfuhr hat sich in den Häfen der gemäßigten Zone während der letzten beiden Jahrzehnte bedeutend entwickelt, so daß die Aufwendungen

Abb. 33. Inneres des Obergeschosses eines Bananenschuppens für Heizung oder Kühlung (Dieppe).

für ihren Umschlag, wozu auch die besonderen Fördergeräte (S. 77) gehören, verständlich werden. In der kalten Jahreszeit werden die Bananen in geheizten Sonderwagen der Eisenbahn weiterbefördert.

Daß in einem Hafen, der sich um das Wohl seiner Gefolgschaft kümmert, heizbare Aufenthaltsräume und Reinigungseinrichtungen mit warmen Wasser (z. B. Brausebäder) für die Hafenarbeiter vorhanden sind, sollte heute selbstverständlich sein.

2. Stückgutumschlag.

a) Lastfassende Mittel, Ort und Wege des Umschlages.

Stückgut ist das zum Umschlag gelangende Gut, das verpackt oder unverpackt in einzelnen Stücken angefaßt werden muß, damit das Umschlagsgerät es nehmen und befördern kann, es kann dabei je nach Tragfähigkeit des Gerätes in vielen Stücken gleichzeitig umgeschlagen werden. Von den vielfältigen Ein- und Ausfuhrgütern der Häfen geht uns daher beim Stückgut nur die Art an, in der es verpackt oder lose vom Fördermittel gefaßt werden kann. Verpackte Güter sind am bequemsten zu behandeln; Kisten, Kästen, Verschläge, Säcke, Ballen, Bündel, Fässer, Tonnen u. ä. sind die üblichen Verpackungsarten, sie können als Behälter (container) und Kisten für Wagen und Maschinen manchmal erhebliche Abmessungen und Gewichte annehmen. Unverpackt kommen als Stückgut vor Metalle in Barren, Schienen, Stabeisen, Rohre, Bleche, derbe Maschinenteile, Lokomotiven, Kessel, Steine und Hölzer in allen Formen, lebende Tiere, Häute usw.; sogar Früchte kommen unverpackt zum Versand und Umschlag, nämlich Bananen in Büscheln. Die Einzelgewichte alle dieser Teile sind höchst verschieden, von der leichten Kiste oder dem Bananenbüschel steigen sie bei schweren Maschinen und Fahrzeugen bis zu 100 t und mehr an. Vom Gut ausgehend wenden wir uns der Betrachtung der Mittel zu, die das Umschlagsgut in Verbindung mit dem Umschlagsgerät bringen.

Besondere lastfassende Mittel sind erforderlich, wenn das Gut in der am häufigsten vorkommenden Art an einem Kranhaken befördert werden soll, während die seltenere Art des Umschlages mit Förderbändern, Aufzugsbühnen u. ä. nur ein Auflegen der Güter von Hand erfordert, wie es auch beim Beladen von Karren und Wagen meistens der Fall ist. Das Inverbindungbringen der Güter mit dem Kranhaken heißt Anschlagen, es verlangt Umsicht und Sorgfalt und sollte nur zuverlässigen, unterrichteten Leuten überlassen werden. Die üblichste Form des Anbindens ist das Umschlingen der Kisten, Ballen, Maschinenteile u. ä. mittels Kette, Seil oder Tau. In besonderen Fällen werden Ketten und Seile mit Haken versehen, welche z. B. die Ränder von Fässern oder Blechplatten umklammern. Für Steine und Baumstämme werden vorzugsweise zangenartige Klemmen benutzt, übrigens manchmal auch in abgeänderter Form für Kisten und Ballen. (Vgl. Abb. 50.) Netze und Laken sind am Platze, wenn sonst die Güter, wie z. B. nasse Häute, Knochen, Gefrierfleisch, Postbeutel u. ä. nicht leicht zu fassen sind. Ladekästen werden benutzt bei Ziegelsteinen, Metallbarren, Bananenbüschel; u. U. sind sie mit Rädern zum Fahren versehen. Beim Umschlag von Fahrzeugen (Kraftwagen, Lokomotiven) werden teilweise besondere Gehänge zum Fassen der Räder und Achsen angewendet. Lebende Tiere werden in Verschlägen von und an Bord geschafft. So gibt es noch eine Reihe weiterer Mittel zum Fassen des Umschlaggutes, immer aber kommt es darauf an, das Anschlagen gefahrlos für Mensch und Gut vorzunehmen, selbstverständlich auch mit der gebotenen Geschwindigkeit, denn die Leistung des Stückgutumschlages im Hafen ist im hohen Maße abhängig von der Arbeit des Anschlagens an Bord und am Ufer. Gewisse Bestrebungen zur Beschleunigung des Umschlagsgeschäftes gehen dahin, das an Land gesetzte Gut nicht erst aus dem Anschlagsgeschirr (Schlinge, Ladekasten oder -pritsche) auszupacken, sondern es abgehängt vom Kranhaken ohne Veränderung gleich weiter zum Stapelplatz oder nächsten Umschlagsort zu schaffen. In einigen Häfen Nordamerikas geht die Rationalisierung der lastaufnehmenden Mittel soweit, daß man die Anhänger von Schuppenkraftkarren schon im Schiffsraum beladet, sie mit dem Kran an Land setzt, wo sie der Schlepper zum Stapel oder zum weiteren Verladeplatz fährt. Am weitesten ist die Ersparnis an Arbeit für das Aus- und Umpacken ja im sog. Behälterverkehr gediehen, der das Frachtgut vom Absender zum Empfänger, ohne daß es im einzelnen angefaßt wird, versendet. Die mit Hakenösen für den Krananschlag versehenen großen Behälter kommen öfter im Hafenumschlag vor. Ist das einzelne Stückgut schwerer, als es das vorhandene Hebezeug tragen kann, so hilft man sich manchmal dadurch, daß man einen benachbarten Kran zur Hilfe nimmt und nun mit zwei durch eine Traverse verbundenen Lasthaken hebt. Dies Verfahren sollte aber nur auf seltene Ausnahmen beschränkt bleiben, da es allergrößte Vorsicht verlangt.

Beim Stückgut sind im Hafen verschiedene Orte und Wege des Umschlages zu betrachten. Es ist zu unterscheiden, ob sich der Umschlag unmittelbar zwischen Seeschiff und Binnenschiff vollzieht, oder ob er den Weg über das Ufer benutzt; in diesem Fall ist weiter zu unterscheiden, ob zwischen Schiff (See- oder Binnenschiff) und Landbeförderungsmittel (Eisenbahn oder Lastkraftwagen) das Gut sogleich verladen wird oder erst, nachdem es in Kaischuppen, Güterhallen, Speichern u. ä. eine Zwischenbehandlung erfahren hat, zur Weiterverfrachtung auf dem Land- oder Wasserwege gelangt. Zu der einfacheren Form des Umschlages von Schiff zu Schiff ist zu bemerken, daß sie sich auf offener Reede, im Strom oder im Hafenbecken abspielen kann; oft wird sogar, wenn das Schiff am Ufer liegt, auch auf der Wasserseite dieses Schiffes umgeschlagen, fast immer in Seeschiffhäfen mit entwickeltem Binnenwasserstraßennetz. Beim wasserseitigen Schiffsumschlag spielen die Bordhebezeuge die größte Rolle, in Häfen wird daneben gern das schwimmende Umschlagsgerät benutzt. Der Uferumschlag unter Benutzung von Speichern und Schuppen stellt die vielseitigste Form des Stückgutumschlages dar, weswegen hier auch die größte Mannigfaltigkeit der Umschlagsgeräte herrscht. Abb. 34 gibt eine grundsätzliche Darstellung der Orte und Wege des Stückgut-Kaiumschlages bei der Einfuhr.

Die Kaischuppen, auch Werft- oder Güterhallen genannt, haben die Aufgabe, die zur Ein- oder Ausfuhr bestimmten Güter nach Empfänger, Bestimmungsort, u. U. nach Art und Menge zu sortieren, es sind sozusagen überdachte Sortiertische, die auf der einen Seite die Wasserfahrzeuge, auf der anderen Seite die landfesten Beförde

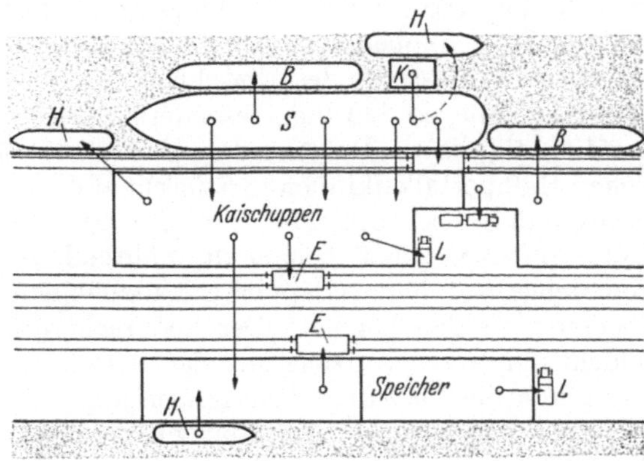

Abb. 34. Ort und Wege des Stückgutkaiumschlages (Einfuhr).
S Seeschiff, *B* Binnenschiff, *H* Hafenschiff, *K* Schwimmkran, *E* Eisenbahn, *L* Lastkraftwagen.

rungsmittel bedienen. Einige Kaischuppen sind besonders der Sammlung, andere der Verteilung der Umschlagsgüter gewidmet. Mechanische Geräte werden im Schuppen zum Verfahren (Flurförderung) und Stapeln der Umschlagsgüter benutzt. Das Stapeln in den Kaischuppen dient nicht oder doch nur sehr kurzfristig der Lagerung der Güter, die im allgemeinen den Schuppen, nachdem sie geordnet sind, wobei Gelegenheit zur Probeentnahme, Verwiegung, Verzollung, Umpackung u. ä. geboten wird, zur Weiterbeförderung schnellstens wieder verlassen sollen. Kaischuppen können in Holz, Eisenbeton oder Eisen ein- oder mehrgeschossig errichtet sein, in Sonderfällen sind sie mit einer Kühl oder Heizanlage versehen. Umschlagstechnisch interessiert besonders an den

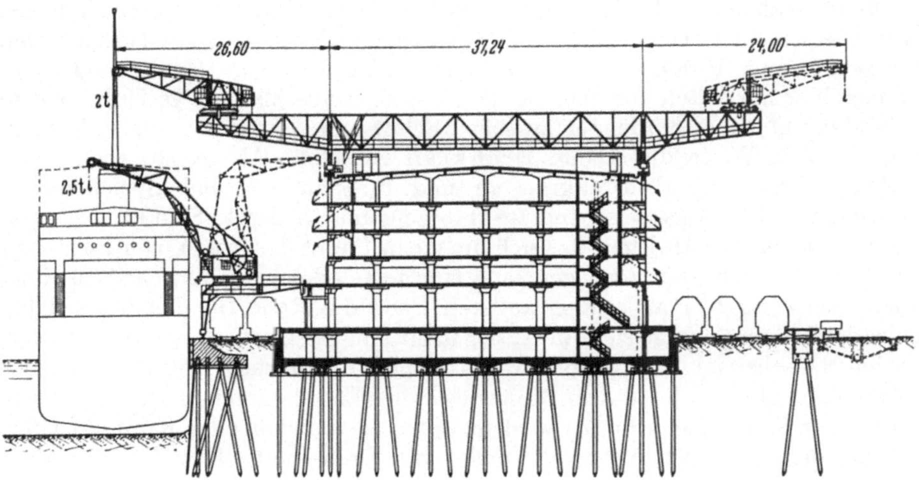

Abb. 35. Gesamtquerschnitt eines Schuppenspeichers (Stettin).

Schuppen, ob ihr Fußboden ganz oder teilweise in Rampenhöhe zur Beladung der Landfahrzeuge oder ob er ebenerdig liegt; wir kommen bei der Flurförderung darauf zurück (S. 78).

Zur längeren Lagerung im Hafen sind Speicher oder Lagerhäuser in Benutzung, sie sind ebenfalls für wasserseitigen oder landseitigen Umschlag ein gerichtet, wenn auch der unmittelbare Verkehr zwischen Seeschiff und Speicher im Stückgutumschlag fast nirgends vorkommt. Zur Lagerung von verderblichen Waren, wie Fleisch, Fische, Früchte u. ä. kommen Kühlspeicher in Frage. Oft sind die Lagerspeicher in umschlagstechnischer Hinsicht mehr oder weniger eng mit den Kaischuppen verbunden. In Stettin z. B. ist bei einem sog. Schuppenspeicher das Geschäft des Umschlags und der Lagerung in einem Bauwerk zusammengefaßt, so daß hier besonders vielseitige und weitreichende Umschlagsgeräte nötig waren. Die Anordnung (Abb. 35) läßt erkennen, daß neben gewöhnlichen Halbportalkaikränen (8 Stück) auf dem Dach des Gebäudes noch Verladebrücken (3 Stück) vorhanden sind. Für den üblichen Schiffsumschlag werden die Güter im Erdgeschoß behandelt, während sie als Lagergut durch die gleichen Hebezeuge auf herausklappbare Ladebühnen der einzelnen Speichergeschosse abgesetzt werden können. Der Senkrechtverkehr innerhalb des Speichers geschieht durch vier Aufzüge und Sackrutschen. Der Schuppenspeicher in Stettin war durch die Platzfrage bedingt, im allgemeinen hält man in den Häfen Kaischuppen und Speicher für Stückgutumschlag auseinander, wenn auch vielfach die Speicher (z. B. Bremen, Buenos Aires, vgl. Abb. 72) nur durch eine schmale Straße getrennt sich hinter den Kaischuppen und gleichlaufend mit ihnen erheben, so daß Umschlag und Speicherung zwischen beiden Gebäudegruppen mit gemeinsamen Geräten vorgenommen werden kann. Sind die Speicher gänzlich von dem Kaiumschlag getrennt (z. B. Hamburg), so müssen sie eigene Hebezeuge zur Annahme und Abgabe des Stückgutes erhalten, zu denen noch die Geräte für die Senkrechtförderung in den meist hohen Gebäuden als notwendig hinzukommen. Der Umschlag des Stückgutes bei der manchmal in den Häfen ansässigen Verarbeitungs- oder Veredlungsindustrie benutzt ähnliche Mittel und Wege wie der reine Frachtumschlag.

b) Stückgutumschlagsgeräte.

a) Drehkräne, Allgemeines, Wippausleger.

Die im Hafenumschlag benötigten mechanischen Einrichtungen (Umschlagsgeräte) bedienen sich beim Stückgut fast ausschließlich des aussetzend arbeitenden Hebezeuges mit Hubseil und Lasthaken; stetige Förderer (Förderband u. ä.) kommen hier nur selten vor. Die bei jedem Schiffsumschlag nötige Hubarbeit in Verbindung mit dem Förderweg zwischen Schiff und Ufer wird in der allgemein brauchbarsten Weise durch den Drehkran geleistet. Als feststehender oder fahrbarer Uferkran, als Drehkran an und in Schuppen und Speichern, als Schwimmkran ist er das meistbenutzte Hebezeug für Stückgut. Sein Kennzeichen ist der schwenkbare Ausleger, der sich um einen Punkt des festen oder fahrbaren Stützgerüstes dreht, der Ausleger kann eine feste oder veränderliche Ausladung haben, meist trägt er an seinem äußeren Ende die Rolle für das Lastseil, bei Schwerlastkränen bewegt sich im Ausleger oft eine Laufkatze als Lastseilträger. Die im Hafenbetrieb angewendeten vielseitigen Ausführungen des Drehkranes beziehen sich alle auf die in Abb. 36 grundsätzlich angedeuteten vier Hauptbauarten: der Säulendrehkran (*a*) wird meistens als feststehender Kran am Ufer, an Gebäuden und auf Schiffen verwendet, der Drehscheibenkran (*b*) ist die am häufigsten verwendete Bauart für alle Zwecke; bei Schwerlastkränen bewegt sich entweder die Drehsäule innerhalb des Stützgerüstes (*c*) oder die Säule ist feststehend ausgebildet, über die der drehbare Kranteil als Glocke herübergestülpt ist (*d*). Es kommen auch Drehscheibenkräne als landfeste oder schwimmende Schwerhebezeuge vor, doch ist die jetzt bevorzugte Form die des Glockenkranes

Die Gerüstformen der festen und fahrbaren Drehkräne sind ebenfalls sehr verschiedenartig. Ist keine große Hubhöhe erforderlich, so setzt man die Drehkräne auf einen niedrigen Gleiswagen (Rollkräne). Auch die regelspurigen freizügigen

Gleiskräne gehören in diese Gruppe. Will man den Platz unter den Kränen zum Arbeiten frei behalten, so ordnet man die Kräne auf torartigen Gerüsten an (Portal- oder Torkräne), die entweder freistehend als Volltorkräne oder in Anlehnung an Gebäude als Halbportalkräne bezeichnet werden (vgl. z. B. Abb. 42 und 44).

Der Halbportalkran ist in allen mit Kränen versehenen Häfen das am meisten benutzte Hebezeug, allein der Hafen von Hamburg besitzt rd. 580 Kaikräne dieser Form. Ähnliche Gerüstformen werden benutzt, wenn der Drehkran an schrägen Dächern oder Uferböschungen seinen Arbeitsplatz erhalten soll. Die Schwerlastkräne haben meist turmähnliche innere oder äußere Stützgerüste beachtlicher Höhe. Der Begriff des Schwerlastkranes ist gegenüber den übrigen Hafenkränen nicht scharf abgegrenzt. Der übliche Uferkran ist für Stückgutbetrieb mit Tragkräften von 1—6 t versehen, nur seltener werden diese im Rahmen der gleichen Verwendung auf 10 bis 20 t gesteigert. Die Tragkräfte der Uferdrehkräne für Schüttgutbetrieb liegen durchweg viel höher (vgl. S. 92), etwa zwischen 4 und 15 t, teils sogar bis 20 t. Meist wird man Kräne unter 30 t nicht als Schwerlastkräne bezeichnen; nach oben hin ist die Grenze der Tragkraft für Hafenumschlagsbetriebe etwa 100—150 t, während für Bau- und Ausrüstungszwecke in den Häfen Drehkräne bis

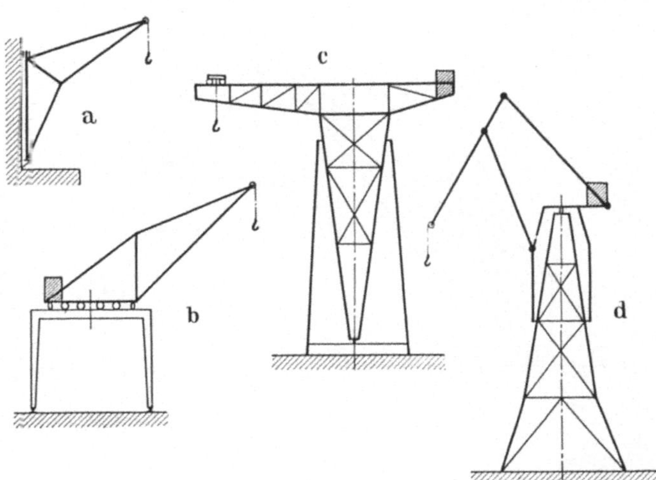

Abb. 36. Bauarten von Hafenkränen.

a Säulendrehkran, *b* Drehscheibenkran, *c* Kran mit Drehgerüst innerhalb des Stützgerüstes, *d* Kran mit Drehgerüst (Glocke) über dem Stützgerüst.

400 t Tragkraft vorkommen. Für die Leistungsfähigkeit spielt bei Drehkränen die Ausladung eine besondere Rolle. Sie ist im letzten Jahrzehnt besonders gesteigert worden — es gibt z. Zt. Kaidrehkräne mit über 35 m Ausladung —, wohingegen im großen ganzen in Tragkräften und Arbeitsgeschwindigkeiten nicht viel geändert wurde. Einen gewissen Anreiz zur Vergrößerung der Ausladung brachte die Einführung des sog. Wippauslegers.

Verstellbare Ausleger waren bei Drehkränen schon lange bekannt, diese Verstellbarkeit wurde indessen nicht viel benutzt, allenfalls in längeren Zeitabschnitten je nach Bedingung der örtlichen Umschlagsverhältnisse an Bord und am Ufer. Die Vorrichtungen zum Verstellen waren demgemäß nicht schnell und handlich bedienbar, ein Vorstellen unter Last war bei diesen Vorrichtungen meist nicht vorgesehen. Englische Häfen kannten allerdings schon lange vor dem Kriege Kräne mit schnell unter Last verstellbarem Ausleger (Luffing cranes), die zwar umschlagstechnisch Vorteile, dem deutschen Kranbau jedoch keinen Anreiz zur Einführung boten. Erst seit 1925 fanden sich deutsche Häfen (zuerst Bremen) bereit, nachdem die deutsche Kranindustrie Konstruktionsverbesserungen angebracht hatte, Versuche mit Wippkränen zu machen, die so gut ausfielen, daß heute fast kein Hafenkran mehr ohne Wippausleger bestellt wird, ja zahlreiche ältere Kräne mit festem oder mühsam verstellbarem Ausleger in Wippkräne umgebaut wurden. Die an einen zeitgemäßen Wippkran zu stellenden Anforderungen sind folgende: Der Ausleger muß von einer höchsten bis zur kleinsten Ausladung unter voller Last schnell, sicher und stoßfrei bewegt werden können. Die Wippbewegung soll die Last auf einem waagerechten oder doch nahezu waagerechten Weg führen, damit durch sie keine zusätzlichen Hubkräfte benötigt werden. Die Wippvorrichtung soll in sich so ausgeglichen sein, daß die Bewegungskräfte möglichst klein und über den Wippweg gleichmäßig verteilt ausfallen. Die Wippbewegung soll nicht durch Seilzüge, wie vielfach in England, sondern kraftschlüssig durch starre Gebilde betätigt werden, sie muß von den anderen Kranbewegungen unabhängig sein. Da man ohne Seilumlenkung bei den meisten Wippauslegern nicht auskommt, ist auf die Schonung der Seile konstruktiv große Aufmerksamkeit zu verwenden. Diese vielseitigen Forderungen brachten zahlreiche Gestaltungen der Ausleger- und Kranformen hervor, an der sich besonders der deutsche Kranbau vollzählig und führend beteiligte. Von der verwirrenden Vielseitigkeit sind glücklicherweise heute nur einige Formen übrig geblieben, von denen die für den Hafen-

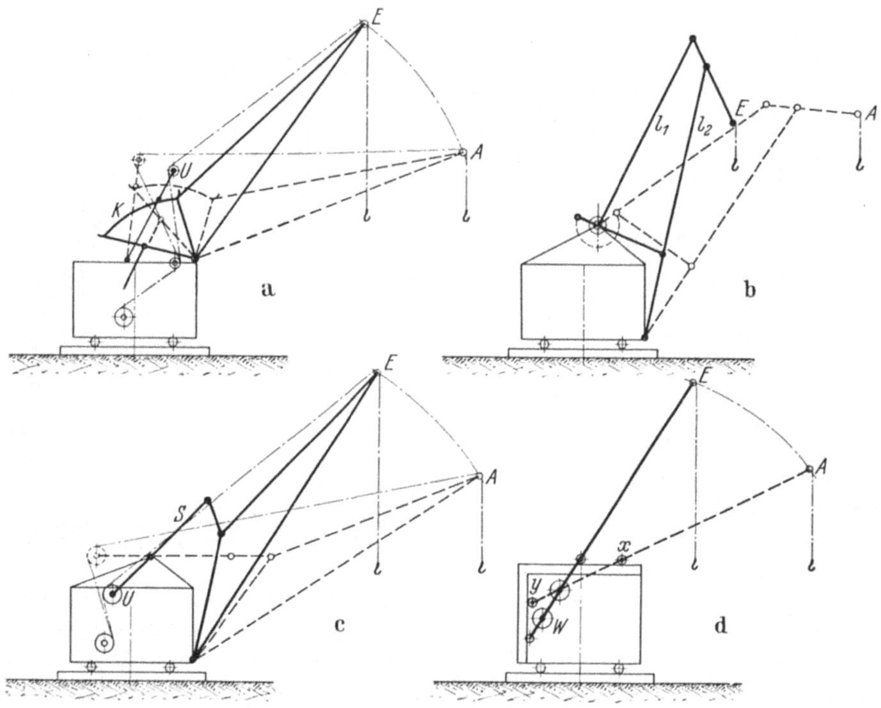

Abb. 37. Bauarten deutscher Hafenwippkräne.
a Kurvenkran, *b* Doppellenkerkran, *c* Schwinghebelkran, *d* Ellipsenlenkerkran.

betrieb üblichen deutschen Arten in den Abb. 37 *a—d* kurz skizziert sind, ohne daß auf Einzelheiten eingegangen werden kann. Abb. 37 *a* kennzeichnet den **Kurvenlenkerkran** (Kampnagel u. Demag), der wegen seiner verhältnismäßig einfachen Gestaltung sich auch gut für den Umbau starrer Ausleger als Wippausleger eignet. Die Horizontalführung wird durch eine Seilumlenkrolle (U) erwirkt, die durch eine den Verhältnissen angepaßte Kurvenbahn (K) gesteuert wird. Abb. 37 *b* bezeichnet einen **Doppellenkerkran** (Demag, Ardelt u. a.), dessen Schnabelrolle von der Höchstausladung (A) bis zum eingezogenen Zustand (E) durch die Anordnung der beiden Lenker (l_1 u. l_2) die gleiche Höhe beibehält, damit tut dies natürlich ohne weiteres auch die Last. Abb. 37 *c* stellt einen **Schwinghebelwippkran** dar (MAN), der Lasthöhenausgleich wird hier durch eine mit dem Schwinghebel (S) in Verbindung stehende Seilumlenkrolle U erreicht. Der Antrieb der Wippbewegung bei all diesen Kränen kann durch Zahnstangen, Zahnsegmente, Kurbelstangen oder Schraubspindeln besorgt werden. Bei dem Wippkran in Abb. 37 d bewegt sich die Schnabelrolle von $A-E$ auf einem Ellipsenbogen, veranlaßt durch die Führung der beiden Auslegerstützrollen x und y auf geraden Bahnen, der Ausleger ist ein Ellipsenlenker, er trägt das Windwerk (W) gleichzeitig als Gegengewicht auf dem rückwärtigen Hebelarm (Kampnagel).

Die Vorteile der Wippkräne liegen darin, daß sie ihr Arbeitsfeld nicht auf eine Kreislinie wie bei festen oder verstellbaren Auslegern beschränken, sondern dafür eine breite Ringfläche zur Verfügung haben, deren kleinster Radius etwa $\frac{1}{2}-\frac{1}{4}$ der Höchstausladung ist. Innerhalb dieser Fläche kann die Auslegerspitze jeder Linie folgen (Abb. 38), so daß sie weitgehend jedem Hindernis an Bord und am Ufer ausweichen kann. Nicht nur Decksaufbauten und Masten, sondern auch benachbarte Kräne und Gebäude an Land behinderten die Drehung der

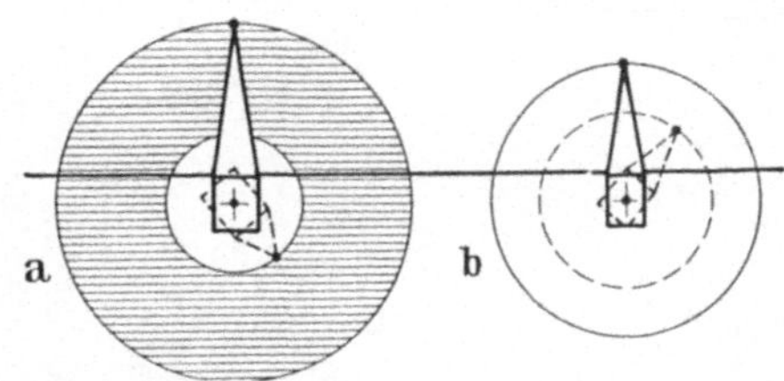

Abb. 38. Arbeitsbereich eines Kranes: a mit Wippausleger, b mit verstellbarem Ausleger.

Kräne mit festem oder schwer verstellbarem Ausleger, so daß diese sperrigen Kräne nicht in dem Maße an Ladeluken und Arbeitsplätzen zusammengedrängt werden konnten, wie das manchmal die Eile des Umschlagsgeschäftes empfahl. Abb. 39 läßt die gedrängte Anbringungsmöglichkeit von Wippkränen an einem Seeschiff erkennen. Aber auch beim unbehinderten Schwenken eines Drehkranes ist die Verfügung über eine breite Arbeitsfläche beim Aufnehmen und Absetzen der Last von großem Vorteil, besonders wenn ein Kran mehrere Eisenbahnwagen oder Kahnluken zu bedienen hat. Der im Kaibetrieb übliche Drehkran vermag mit Wippauslegern (Einziehge-

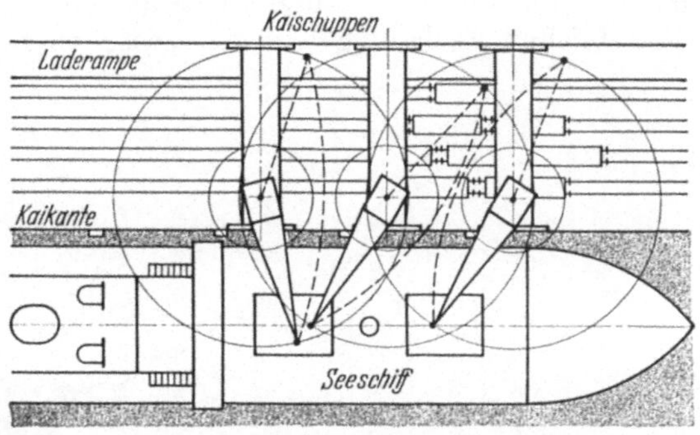

Abb. 39. Gedrängtes Arbeiten von Wippkränen (6—18 m Ausladung) an Seeschiffsluken.

schwindigkeit etwa 1 m/sec) im Stückgutumschlag bis zu 40% mehr zu leisten als der ältere Kran mit festem oder nur von Zeit zu Zeit verstellbarem Ausleger, so daß sich die gewisse Mehrausgabe für die Wippvorrichtung immer lohnt, auch für feststehende oder schwimmende Schwerlastkräne.

β) Kaidrehkräne.

Das sehr umfangreiche Gebiet der Stückgutdrehkräne teilen wir in die Gruppen Kaikräne, Schwerlastkräne und Schwimmkräne ein. Unter Kaikränen verstehen wir die feststehenden oder fahrbaren Hebezeuge, die in oder ohne Verbindung mit einem Schuppen den wasserseitigen Umschlag des gewöhnlichen Stückgutes vom Ufer aus besorgen; auch die Kräne, die neben einem Drehausleger noch weitere Arbeitsmöglichkeiten besitzen wie die Doppelkräne gehören hierher, desgl. die in und an Gebäuden befestigten Drehkräne für den Schiffsumschlag. Am häufigsten ist der Kaikran an der Wasserseite der Kaischuppen aufgestellt; ob als Rollkran, Voll- oder Halbportalkran oder gar als Dachkran entscheiden die Platzverhältnisse. Bei der in europäischen Hafen meist angewandten Kaibauweise (s. S. 10) ist fast überall soviel Platz vorhanden, daß zwischen der wasserseitigen Schuppenlängswand und der Uferkante ein oder mehrere Gleise, Ladestraße und Laderampe untergebracht werden können, die teilweise von Voll- oder gänzlich von Halbportalkränen überspannt werden. In Bremen z. B. gibt es Halbportale, welche vier Gleise und eine 5 m breite Rampe mit zusammen 22,7 m überspannen, während an anderen Orten der Uferplatz so beschränkt ist, daß die Kräne auf das Dach der Umschlags- und Lagergebäude verwiesen werden müssen, so z. B. der in Abb. 40 gezeigte Kran im Binnenhafen Mainz.

Abb. 40. Dachkran in einem Binnenhafen, 1,2 t, 25 m. Mohr u. Federhaff (Mainz).

Die Ausladung der Kräne muß so gewählt werden, daß sie einerseits die Laderampe, Gleise oder den sonstigen Arbeitsplatz vor dem Schuppen ausreichend bestreicht, andrerseits auch das Schiff. Hier ist es am vorteilhaftesten, die Luken mit dem Ausleger gut erreichen zu können, wenn auch hin und wieder die Gepflogenheit herrscht, die Last nur von Deck aufzunehmen bzw. sie dort abzusetzen und das Weitere dem Schiffsladegeschirr zu überlassen. Die üblichen Ausladungen liegen zwischen 10 und 25 m. In Sonderfällen, etwa

Abb. 41. Ellipsenlenkerwippkran, 10—17,5 m (4 t), 35 m (2 t). Kampnagel (Rotterdam).

wenn man von einem nicht befestigten, flachgeböschten Flußufer Binnenkähne beladen muß, oder wenn man mit Wippausleger über ein Seeschiff hinweg Flußschiffe bearbeiten will (Abb. 41) kommen auch Ausladungen bis 35 und 38 m bei Drehkränen vor. Will man aber, ohne daß eine große Ausladung über Wasser

Abb. 42. Brückenkran mit Schwinghebel-Wippausleger, 4 t, 16 m. MAN (Aschaffenburg).

gefordert wird, landeinwärts dem Kran eine große Reichweite geben, so muß man den Drehkran auf einem weitgespannten Portal fahrbar machen (Brückenkran). Abb. 42 zeigt einen solchen Kran mit 16 m Wippausleger und 15 m Fahrstrecke auf dem Portal im Hafen von Aschaffenburg.

Bei dem Begriff „Ausladung" hat man zu unterscheiden zwischen dem Maß, das den Abstand zwischen Drehpunkt des Kranes und seinem Lastseil angibt — es ist die übliche vom Kranbau bestimmte Angabe —, und dem Maß für die nutzbare Ausladung über die Kaikante hinaus. Der Unterschied zwischen beiden ist manchmal beträchtlich, da wie Abb. 43 zeigt, nicht nur die vom Kranbauer bestimmte Lage des Drehpunktes (Königszapfen), sondern auch die aus Betriebsgründen nötigen Abstände zwischen den vorderen Portalstützen und der Kaikante und die vor der Kaimauer liegenden Scheuerpfähle und Fender, u. U. auch die Formen des Schiffes unter Wasser, die praktisch an Bord verfügbare Reichweite er

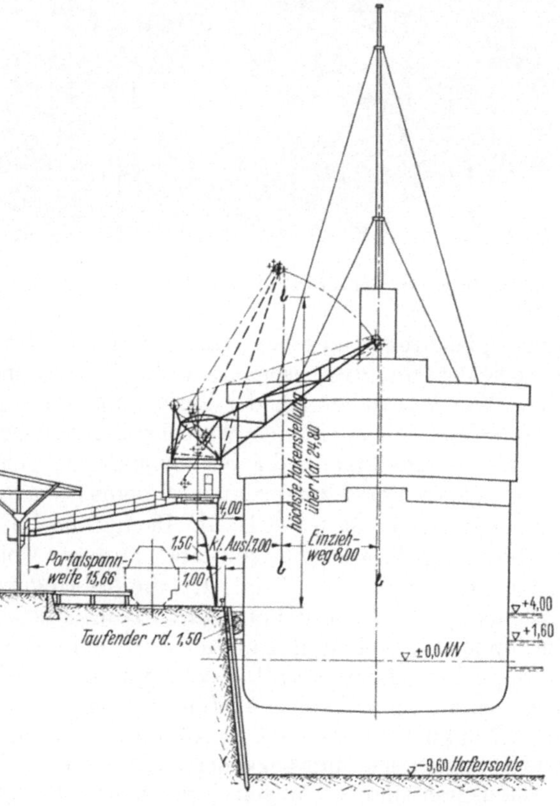

Abb. 43. Reichweitenverhältnisse eines Kaidrehkranes.

heblich (um 3—6 m) schmälern. Hand in Hand mit der Bestrebung, die Kranausladungen zu vergrößern, geht die Notwendigkeit, den Kranführerstand zu erhöhen, um bei hochliegenden Schiffen den Überblick über das bei den neuzeitlichen Wippkränen weitgestreckte Arbeitsfeld nicht zu verlieren. Daß bei den großen Ausladungen der Wippkräne (mit Ausnahme der Doppellenkerkräne) die Schnabelrolle im eingezogenen Zustand ganz erhebliche, früher nicht gekannte Höhen (bis 30 m und mehr) annimmt, wird mit Unrecht als Übelstand bedauert, das befürchtete Pendeln der Last — ein langes Pendel schwingt langsamer als ein kurzes — wird durch einen geschickten Kranführer aufgefangen.

Abb. 44. Doppelwippkran, 2×4 t, 5,7—16,7 m. Demag (Hamburg).

Die Tragkräfte des Stückgutkaikranes liegen zwischen 1 und 6 t, als Regel kann 3 t gelten; auch diese Kraft wird selten ausgenutzt, die mittlere Last liegt in fast allen Häfen etwas über 1 t. Die schnelle Verfahrbarkeit der Kaikräne und der große Arbeitsbereich ihrer Wippausleger wird dazu dienen, die Anzahl der auf eine Kaistrecke oder Schiffslänge bezogenen Kräne wirtschaftlicher als bisher bestimmen zu können, denn es darf nicht übersehen werden, daß der Stückgutkaikran nicht nur hinsichtlich der Tragkraft, sondern auch gerade in seiner Benutzungsdauer recht schlecht ausgenützt wird (vgl. Kap. III S. 167).

Das Bestreben, zur beschleunigten Abfertigung der Seeschiffe mehrere Kranhaken gleichzeitig an einer Luke arbeiten zu lassen, führte zur Einrichtung der Doppelkräne, die besonders vielfach in Hamburg angewendet worden sind. Diese Kräne bestehen aus der Vereinigung eines Drehkranes mit einer oder sogar zwei Laufkatzen an einem entsprechenden Ausleger (vgl. Abb. 66), so daß bis zu drei Haken eine Luke bedienen können ohne sich auf ihrem Förderweg zu stören. Neben dieser Form kommt auch die eines Kranes mit zwei Laufkatzenauslegern ohne Drehkran vor, so z. B. als Dachkräne im Hafen von Rotterdam.

Die Doppelkräne mit Laufkatzenausleger sind durch die Vorteile des Wippkranes, der nach Abb. 39 ja auch die Anbringung mehrerer Kranhaken an einer Ladeluke gestattet, überholt, zumal Laufkatzenausleger bei hochbordigen Schiffen hinderlich sind. Will man die Vorzüge des Wippkranes auf einem Krangerüst verdoppeln, so kommt ein Doppelwippkran in Frage, von dem Abb. 44 eine durch ihre Gestaltung auffällige Ausführung zeigt. Es handelt sich um 2 × 4 t-Krane mit 5,7 m kleinster und 16,7 m größter Ausladung, die Königszapfen beider Kräne sind auf dem Portal nur 4 m voneinander entfernt. Neben der vollwandigen Schweißkonstruktion sind sie wegen ihrer hohen Hubgeschwindigkeit bemerkenswert.

Über Antriebsarten und Steuerungen ist das für Kräne Wichtige bereits oben gesagt worden. Die übliche Arbeitsgeschwindigkeit des normalen Kaikranes liegt zwischen 0,5 und 1 m/sec bei mittlerer Last und zwischen 1,2 und 3 m/sec bei leerem Haken. Damit werden im Mittel 10—35 t/h Stückgut umgeschlagen, wobei die kleineren Werte auf ältere Kräne und sperriges Gut, die höheren auf einen flotten Wippkranbetrieb entfallen.

γ) Schwerlastkräne.

Wir verstehen an dieser Stelle unter Schwerlastkränen die landfesten Stückgutkräne bis etwa 150 t Tragkraft, da für ausgesprochene Hafenumschlagszwecke schwereren Kräne bislang nicht beschafft worden sind. Daß in größeren Häfen noch schwerere Kräne landfest oder schwimmend für Schiffbau- oder Hafenbauzwecke benutzt werden und hin und wieder im Schwergutumschlag aushelfen, macht sie damit noch nicht zu Umschlagsgeräten. Landfeste Schwerlastkräne kommen in Handelshäfen nur vereinzelt vor, sind auch in der Nachkriegszeit sehr selten neu beschafft worden, weil ihnen der Schwimmkran aus später zu er-

Abb. 45. Schwerlastwippkran, 40 t, 10—25 m. Demag (Hamburg).

örternden Gründen die Daseinsberechtigung stark abspricht. Wir können uns daher hier kurz fassen.

Die Schwerlastkräne sind tunlich im Hafen an den Kaistrecken so verteilt, daß die Schiffe ungehindert Zufahrt zu ihnen haben, um zwischen Bord und Eisenbahn das Schwergut umzuschlagen, meist handelt es sich um schwere Maschinenteile, Kessel, Walzen, Generatoren, Turbinen, Lokomotiven, schwere Gleisfahrzeuge u. ä. Tragkräfte und Ausladungen kommen etwa in den Größen von 30 bis 150 t und 12—22 m vor, wobei durchweg den höheren Tragkräften die größeren Ausladungen entsprechen. Die Arbeitsgeschwindigkeiten sind natürlich viel geringer als bei normalen Kränen. (Heben 100 t etwa 4 m/min, Wippen 10 m/min; Vierteldrehung/min.)

Neuerdings werden an Stelle des früher üblichen Hammerkranes die Schwerlastkräne auch mit Wippausleger ausgeführt und zwar entweder als Glocken- oder Drehscheibenkran. Zwar war beim Hammerkran die nutzbare Ausladung auch bequem veränderlich, indem die Laufkatze am waagerechten Ausleger herein- oder hinausgefahren werden konnte, immerhin mußte dieser Ausleger so hoch gebaut werden, daß er Schiffsaufbauten und Masten nicht berührte. Der Vorteil des leichten

Ausweichens beim Wippausleger läßt damit auch die Krangerüste nicht mehr so hoch werden. Der in der Abb. 45 gezeigte 40 t-Schwerlastkran im Hamburger Hafen gestattete durch seine Ausbildung als Wippkran die Höhe des Hakengeschirrs über Kaikante auf 20 m zu beschränken, nachdem Vergleichsrechnungen ergeben hatten, daß er als Hammerkran, um Seeschiffe ungehindert zu bedienen, 32 m Nutzhöhe hätte erhalten müssen. Die Wippbewegung dieses Krans zwischen 10,2 m kleinster und 25 m größter Ausladung vollzieht sich in 40 Sekunden. Das Hubwerk hat ein Wechselgetriebe, um Lasten bis 12,5 t mit der dreifachen Volllastgeschwindigkeit, die bei 40 t 5,5 m i. d. Minute beträgt, heben zu können. Die hier gewählte Doppellenkerbauart eignet sich wegen ihrer gleichbleibenden Schnabelrollenhöhe gut für Schwerlastkräne, da hier das stets mehrsträngig in Seilflaschen angewendete Hubseil auf diese Weise beim Wippen keine zusätzliche Seilbewegung und damit Abnutzung erfordert. Dieser Kran ist übrigens im Jahre 1938 nach zehnjähriger Betriebszeit den Hafenanforderungen entsprechend an einen anderen Platz im Hamburger Hafen mit Hilfe von Schwerlastschwimmkränen umgesetzt worden. Zu den im folgenden Abschnitt behandelten Vorteilen der Schwimmkräne kann jetzt schon dieser Vorzug von ihnen vorweg erwähnt werden, daß sie sich fast immer bei Neuaufstellung oder Umstellung von Kränen im Hafen mit Nutzen verwenden lassen.

δ) Schwimmkräne.

Schwimmkräne haben den Vorteil vor landfesten Kränen, daß sie für das gesamte Hafengebiet freizügig sind und für ihre Umschlagsarbeit keiner teuren Kaianlagen bedürfen. Das besagt nun nicht, daß sie uneingeschränkt für den Stückgutumschlag in Frage kämen, denn praktisch können sie weder Schuppen noch Eisenbahn bedienen, was für Stückgut unerläßlich ist, noch können sie zur Beschleunigung der Schiffsabfertigung in solchen Mengen an einem Schiff angesetzt werden wie Kaikräne. Sie kommen für Stückgut auch nur da in Frage, wo dieses ohne die Sortierarbeit im sammelnden oder verteilenden Kaischuppen unmittelbar zwi-

Abb. 46. Schwimmkran 30 t, 12 m. Kampnagel (Hamburg).

schen Binnen- und Seeschiff umgeschlagen werden kann. Andrerseits haben sie ihre große Bedeutung für Schwergüter, die schwere Hebezeuge erfordern. Landfeste Schwerlastkräne können aus wirtschaftlichen Gründen nicht so reichlich im Hafen vorhanden sein, daß nicht die nötige Verholarbeit der zu beladenden Schiffe für diese eine unbequeme Verlustquelle an Zeit und Geld bedeutete. Es ist viel wirtschaftlicher, einen wenn auch noch so teuren Schwerlastschwimmkran im Hafen bereit zu halten, der den Seeschiffen bei ihrem sonstigen Lösch- und Ladegeschäft die Schwergüter an Bord gibt oder abnimmt, als die schweren Seeschiffe zu dem manchmal recht weit entfernten Kai-Schwerlastkran zu verholen, was in jedem Fall für den Hafen- und Umschlagsbetrieb eine Störung bedeutet. Der Schwerlastschwimmkran gewinnt daher zusehends eine stärkere Bedeutung, während die mittleren und kleineren Tragkräfte (etwa 3—15 t) für das Stückgut nicht so wichtig sind. Schwimmkräne dieser Tragkraft haben ihr Hauptanwendungsgebiet im Schüttgutumschlag zwischen Seeschiff und Kahn (s. S. 107).

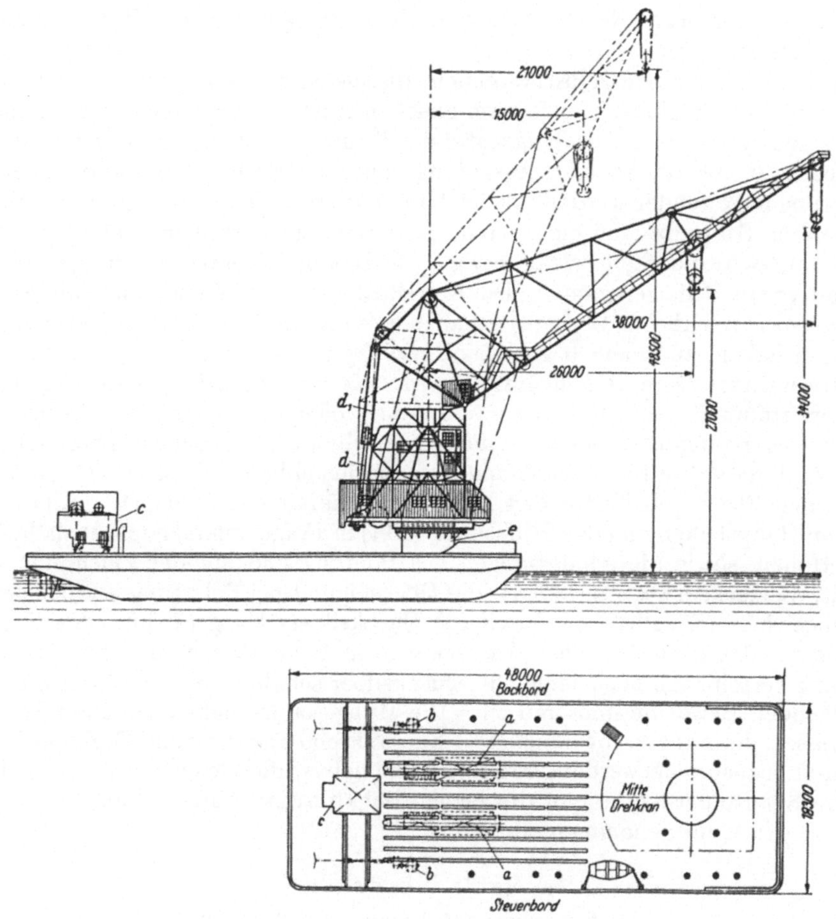

Abb. 47. Schwimmkran, 120 t, 26 m. MAN (Dünkirchen).
a Hauptmaschinen, b Schraubenantrieb, c Gegengewicht, d—d₁ Wippvorrichtung, e feste Drehsäule.

Die Schwimmkräne mittlerer und kleinerer Tragkraft (3—15 t) sind durchweg Drehscheibenkräne (10—35 m Ausladung) auf einem schiffsähnlichen Schwimmkörper, auf dem sie in manchen Ausführungen sogar noch verfahrbar angeordnet sind; Schwerlastschwimmkräne (30—150 t, Ausladungen von 10—40 m) benutzen einen mehr vierkantigen Ponton, für den Kran kommt neben der Drehscheibenauch die Glockenform vor. Schwimmkräne werden entweder geschleppt oder sind selbstfahrend. Für den Stückgutumschlag ist das Letztere vorzuziehen, weil bei ihm nicht schichtenlanges Arbeiten am selben Platz vorkommt, sondern oft hier und dort Einzelgüter an verschiedene Schiffe abgegeben werden müssen, wobei die Fahrzeit zwischen den einzelnen Plätzen wohl in Ansatz zu bringen ist. Aus dem gleichen Grunde sollte auch ein zeitgemäßer Schwimmkran soviel Decksladeplatz aufweisen, um mehrere Güter auf einer Fahrt mitnehmen und umschlagen zu können. Als Antrieb kommt Dampf oder ein Dieselmotor in Frage mit unmittelbarer oder mit elektrischer Kraftübertragung, gelegentlich haben Schwimmkräne, die nur an Kaistrecken benutzt werden, keine eigene Kraftquelle, sondern erhalten ihren Strom durch Anschlußkabel vom Lande her. Neben der Schraubenbewegung hat sich neuerdings auch der „Voith-Schneiderpropeller" (vgl. S. 148) eingeführt, was besonders in engen Häfen der Manövrierfähigkeit außerordentlich nützt.

Schwimmkräne mit einem Ausleger, der sich nicht drehen läßt, sind hin und wieder noch in Betrieb (vgl. Abb. 16), für einen schnellen Stückgutumschlag sind sie nicht zeitgemäß. Neuere Stückgutschwimmkräne haben selbstverständlich einen Wippausleger.

Abb. 46 zeigt einen selbstfahrenden, dieselelektrischen Schwerlastschwimmkran von 30 t Tragkraft, der in zwei gleichen Ausführungen für den Hamburger Hafen geliefert wurde. Die Tragkräfte des Wippauslegers bewegen sich zwischen 30 t bei 12 m und 10 t bei 25 m Ausladung. Für die Hubsteuerung ist die Leonardschaltung angewendet worden. Jeder Kran enthält 2 Dieselmotoren von 120 PS, die je eine Schraube und einen Hauptgenerator auf derselben Welle betreiben. Die Fahrgeschwindigkeit beträgt etwa 5—6 Knoten, bei starken Winden wird ein Schlepper zur Hilfe genommen. Die Einrichtungen zum Wippen und zum Selbstfahren sowie reichlicher Decksplatz haben diese Kräne, die gemeinsam schon 50 t gehoben haben, zu einem begehrten Umschlagsgerät gemacht.

Schwimmkräne sehr hoher Tragkraft und Ausladung haben entweder sehr weiträumige Schwimmkörper notwendig oder eine Einrichtung zum Ausgleich des Krängungsmomentes durch verschiebbare Gegengewichte. Der in Abb. 47 dargestellte 120 t-Schwimmkran mit einziehbarem Ausleger ist von einer deutschen Firma (MAN) für den Hafen von Dünkirchen geliefert worden. Die für den Haupthaken und den Hilfshaken (40 t) in Frage kommenden Ausladungen und Höhen, sowie die Abmessungen des Pontons sind auf der Zeichnung vermerkt. Bemerkenswert ist, daß das die Querneigung bei Belastung ausgleichende Gegengewicht (c) selbsttätig durch ein Quecksilberschaltgerät hin oder her bewegt wird; das nach Art einer Wasserwaage in den senkrechten Rohren je nach Neigung verschieden hoch stehende Quecksilber schaltet an Kontakten die entsprechenden Bewegungsmotoren ein. Die Hubgeschwindigkeit bei 120 t beträgt 0,02 m/sec, die Fahrgeschwindigkeit 4 kn, während für die volle Drehung 8—10 Minuten beansprucht werden. Der Gesamtantrieb ist dieselelektrisch (2×250 PS), für die Kransteuerung kommt die Leonardschaltung in Anwendung. Es können 180 t Decklast mitgenommen werden.

ε) Verladebrücken.

Ist der Drehkran das bevorzugte Hebezeug zum Kaiumschlag von Stückgut, so ist es für Schüttgut die Verladebrücke, die beim Stückgut eine bescheidenere Rolle spielt. Sie ist daher eingehender im Hauptabschnitt über Schüttgutumschlagsgeräte behandelt worden (S. 94), so daß wir uns hier ganz kurz fassen können. Sie kommt für den Stückgutumschlag in Frage, der keines Kaischuppens bedarf und Stapelung im Freien gestattet, etwa für Holzblöcke, Steine, Faßgut, andrerseits für solche Stückgüter, die von der im Hafen ansässigen oder an Wasserwegen gelegenen Industrie zur Verladung gelangen, etwa für die Erzeugnisse der Papier- und Holzschliffabriken, Glashütten, Kabelwerke, Maschinenfabriken u. dgl. Es herrscht in der Stückgutverladebrücke durchweg die Laufkatze vor, die bei leichteren Ausführungen 1—5 t, bei schweren Brücken 10—20 t Tragkraft entwickelt, die wasserseitige Ausladung überschreitet selten 20 m, die Stützweite kaum 50 m. So ist die Stückgutverladebrücke durchaus die kleinere Schwester der Schüttgutbrücke. Die oft vorkommenden kleinen Traglasten von 0,5—2 t lassen eine Einschienenlaufkatze mit oder ohne Führerstand als vorteilhaft erscheinen. Die Verwendung nur einer Fahrschiene gestattet dem Traggerüst die Verfolgung gekrümmter und gar geneigter Förderstrecken, so daß diese Art Umschlagsgerät sich leichter schwierigen Verhältnissen am Ufer und an Gebäuden anpaßt als eine starre Verladebrücke mit Zweischienenkatze. Das Fördergerüst mit leichter Einschienenkatze nähert sich oft der Bauform der Elektrohängebahn, die im geschlossenen Kreislauf zwischen Schiffsladeplatz, Industriehalle, Kaischuppen, Lagerplatz u. dgl. in geeigneten Fällen ein leistungsfähiges Hafenumschlagsgerät ist.

ζ) Winden, Schuppenkräne, Aufzüge.

Bei manchen Umschlagsvorgängen ist nur eine Hubbewegung nötig, ohne daß die waagerechte Beförderung durch Fahren oder Schwenken beansprucht wird, so z. B. bei der Förderung zwischen den einzelnen Geschossen von Speichern und Schuppen, beim Übereinanderstapeln von gleichartigem Gut (Ballen, Säcke), beim Umschlag zwischen hochbordigem Seeschiff und niederem Kahn. In den meisten dieser einfachen Fälle genügt eine fest eingebaute oder fahrbare Seilwinde mit Tragkraft bis etwa 1 t. Man findet sie an fast allen Hafenspeichern, wo sie meist elektrisch, seltener hydraulisch betrieben an den Außenseiten die Ladeluken bedient. Wenn hierbei der hydraulischen Speicherwinde, wie sie in einer Anzahl von über 300 Stück bei der Hamburger Freihafen-Lagerhausgesellschaft nach 40—50 Jahren noch immer ihre Dienste verrichtet, etwas näher Erwähnung geschieht, so dies mit dem ausgesprochenen Werturteil der bislang noch nicht übertroffenen Betriebseignung, die sich, abgesehen von ihrer Betriebssicherheit und unverwüstlichen Steuerung, in der Erfüllung der Forderung ausdrückt, daß die vor die Speicherluken beförderte Last nach dem Hereinziehen auf den Speicherboden sofort, ohne zurückzupendeln, abgesenkt werden muß. Diese fast fallähnliche Beschleunigung kann nur die ohne Schwungmomente arbeitende hydraulische Kolbenwinde erzielen. Die schon seit zwei Jahrzehnten mit elektrischen Winden aller Arten und Steuerungen gemachten Versuche haben bislang noch nichts Besseres ergeben. Die Winden selbst sind Tauchkolben-Flaschenzugwinden für 750 kg Last bei 0,4—0,5 m/sec Geschwindigkeit mit einem Vollastwirkungsgrad von 70 %. Die Steuerung, geschieht durch Verstellen von Schiebern, die das Druckwasser vor oder hinter den Kolben eintreten lassen. Das Steuergestänge geht an sämtlichen Bodenluken vorbei und kann von jedermann wegen der einfachen Handhabung bedient werden. Auch die elektrischen Winden haben meist eine einfache durch Gestänge oder Seil betätigte Steuerung, welche bei durchlaufendem Motor die Seiltrommel kuppelt oder bremst.

In Kaischuppen und Uferlagerhallen wird die fahrbare Winde benutzt, wenn es gilt, hohe Stapel von Ballen und Säcken anzulegen. In diesem Falle wird im tragenden Gebälk des Schuppens eine Blockrolle eingehängt, durch die von der Windentrommel das Hubseil zur Last geführt wird. Die Winde mit Elektromotor oder Verbrennungsmotor wird mit samt der Blockrolle je nach Weiterrücken des Stapels versetzt. Sind nicht sehr hohe Stapel (etwa bis 5 m) zu bedienen, so kann der Haltepunkt der oberen Blockrolle gleich mit an der Winde befestigt werden, man erhält so die fahrbare Stapelwinde. Ausladung und Tragkraft einer solchen Vorrichtung können wegen der notwendigen Standsicherheit bei leichter Beweglichkeit natürlich nur gering sein, etwa 1,5—0,7 m für 300 bis 600 kg, was für gewöhnliches Einzelstückgut genügt.

Sollen an einem Schiff oder einem am Wasser gelegenen Gebäude Hebearbeiten zum Umschlag ausgeführt werden, ohne daß Schiff oder Gebäude Winden besäße oder in Betrieb hätte, so kommt eine schwimmende Winde (Donkey genannt) in Frage, die auf einer Schute durch eine Dampfmaschine oder Verbrennungsmotor betrieben wird. Als behelfsmäßige Vorstufe des Schwimmkranes besitzt sie keinen Ausleger und muß ihre Blockrolle irgendwo am Schiff oder Gebäude befestigen.

Eine Windenart, die sich in der Nachkriegszeit ganz außerordentlich entwikkelt hat und fast überall zum Heben verwendet wird, ist der sog. Elektroflaschenzug (E-Zug). Eine Seiltrommel in einem Gehänge (Abb. 48) trägt dicht an- oder eingebaut Elektromotor mit Getriebe und Steuerung. Dadurch, daß dieser E-Zug fest an einem Aufhängepunkt oder fahrbar an einer Laufschiene angebracht werden kann, bietet er verschiedene Vorteile; daß er keine Bodenfläche in Anspruch nimmt und überall mit Leichtigkeit angebracht werden kann, sind nicht die geringsten Vorzüge. Mit Tragkräften von 0,1—5 t bei Hubgeschwindigkeiten

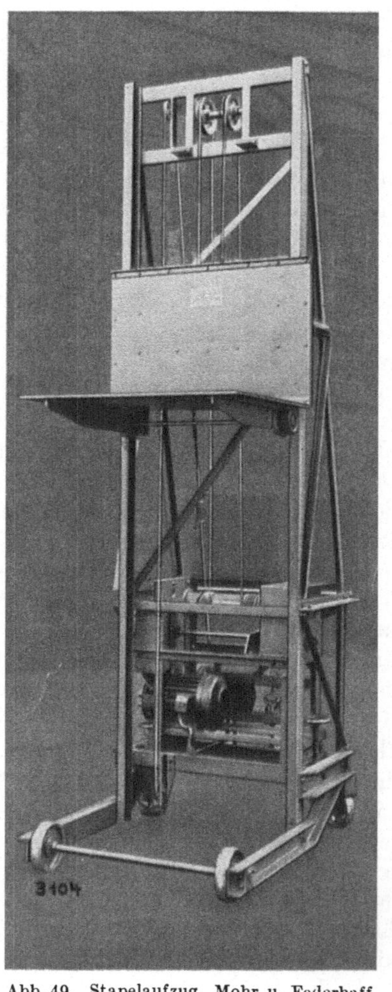

Abb. 48. Elektroflaschenzug mit Druckknopfsteuerung. Demag.

Abb. 49. Stapelaufzug. Mohr u. Federhaff.

von 2—0,2 m/sec hat er auch im Hafen zunehmend Verwendung gefunden. Bei höheren Ansprüchen kann der E-Zug selbstfahrend mit Führersitz in Elektrohängebahnen verwendet werden. Als weitere mechanische Stapelhilfe für Speicher und Schuppen kommen aufzugsartige Geräte vor, die mit Tragkräften von 200 bis 500 kg Hubhöhen von 2—3,5 m bewältigen, ihr Antrieb kann von Hand oder elektrisch geschehen, ein Beispiel eines solchen Gerätes zeigt Abb. 49. Diese Stapler und auch die Stapelwinden haben allerdings gewisse Beschränkungen: ihre Hubkraft ist für schwereres Stückgut nicht ausreichend und ihr Arbeitsbereich ist zu beschränkt, da sie mit der Last nicht schwenken und fahren können. Nachdem man mit den durch Akkumulatoren betriebenen Elektrokarren (S. 79) gute Erfahrungen gemacht und der Wippausleger sich eingeführt hatte, wurde ein auf dem Schuppenboden freizügig fahrender Stapelkran entwickelt, der aus einem Fahrgestell bestand, welches eine Speicherbatterie trug und nebst dem Führerstand die Winden zum Lastheben und Auslegereinziehen, ein Paar der gummibereiften elektrisch angetriebenen Tragräder war steuerbar (Abb. 50), so daß der Kran auch innerhalb eines vollgestapelten Schuppens eine gute Wendigkeit erreicht. Die Tragkräfte liegen zwischen 0,5 und 2,5 t, die dazu gehörigen Ausladungen etwa bei 6—3 m. Diese Schuppenkräne haben sich beim Flurfördern und Stapeln von schwerem Stückgut (Maschinenteile, Papierballen usw.) gut bewährt. Ein ähnliches Gerät, welches der Kraftwagenbau anregte, nämlich den Autokran, können Häfen mit spärlicher Kranausrüstung manchmal mit Nutzen verwenden, zumal er überall auch auf große Entfernungen leicht hinfahren kann. Bei der gebotenen Leichtigkeit ist seine Standsicherheit natürlich nur klein, 3 t bei 3 m Ausladung dürfte das für einen Autokran im Hafenbetrieb höchst Erreichbare sein. Der Autokran hat einen schwenkbaren Ausleger, während die bisher bekannten Schuppenkräne den Ausleger zwar wippen, aber nicht schwenken können.

Wo nicht Drehkräne oder die eben erwähnten Schuppenkräne Landfahrzeuge, die im oder am Schuppen und Speicher verkehren, bedienen können, werden nötigenfalls auch Laufkatzenkräne angewendet, die etwa 1—5 t tragen können. Abb. 67 zeigt einen Laufkatzenkran, der zur Bedienung der landseitigen Eisenbahngleise eines zweigeschossigen Fruchtumschlagsschuppen bestimmt ist; dieser Schuppen hat übrigens auch 4 Aufzüge. Viele Kaischuppen, besonders im Auslande, sind dazu eingerichtet,

Abb. 50. Stapelkran (mit Papierballengreifer) Lauchhammer.

daß Eisenbahn und Straßenfuhrwerk in sie hereinfahren können. Will man hier für schwereres Gut Laufkatzen als Umschlagshilfe verwenden, so kommt die als Laufkran bekannte Ausführung in Frage, d. h. eine über den Gleisen auf zwei Stützreihen fahrende Brücke mit Hubkatze bis zu 3 und 5 t Tragkraft.

Das vollkommenste Mittel der Senkrechtförderung zwischen den einzelnen Geschossen der Schuppen, Kühlhäuser und Speicher ist der Lastenaufzug, der mit üblichen Tragkräften von 1—5 t meistens elektrisch betrieben mit oder ohne Führerbegleitung für Druckknopf- oder Seilsteuerung gebaut wird. Zeitgemäße Aufzüge haben auch für Hafenumschlagszwecke Treibscheibenantrieb und Feineinstellung, um bei verschiedener Last immer bündig mit der Flurhöhe des Geschosses anzuhalten. Sollen Schuppenobergeschosse auch für Lastkraftwagen (z. B. in Marseille und Chikago) zugängig gemacht werden, so kommen schwerere Aufzüge (10—15 t Tragkraft) in Anwendung. Meist sind die Aufzüge zu mehreren im Innern der Schuppen und Speicher angeordnet, aber auch an den Außenseiten findet man sie, sogar wenn diese unmittelbar am Wasser liegen, so daß ein Umschlag zwischen Aufzug und Schiff stattfinden kann. (Vgl. Abb. 2.)

η) Bordhebezeuge.

Wir können Schiffshebezeuge nicht aus dem Rahmen unserer Betrachtung auslassen, weil sie als mechanische Umschlagsgeräte ihre Arbeit vorzugsweise im Hafen verrichten. Nicht überall halten Häfen den Schiffen Hebezeuge zur Bedienung vor, vielfach ziehen die Schiffe es vor, auch im Hafen mit eigenem Geschirr zu löschen und zu laden, was ja unumgänglich ist, wenn Seeschiffe auf offener Reede dies Geschäft besorgen müssen. Es gibt fast keinen Hafen, in dem nicht Bordhebezeuge maßgebend am Umschlag beteiligt wären; Hebezeuge an Bord sind mit der Frachtschiffahrt entstanden. Zwei Arten von Bordhebezeugen sind zu unterscheiden; die ältere aber verbreitetste Form ist die Schiffswinde, welche einen Lademast als schwenkbaren Ausleger benutzt, etwas neuer ist die des Borddrehkranes. Abb. 51 links zeigt, wie man mit Hilfe von zwei Schiffswinden Güter zwischen Schiff und Kai umschlagen kann, natürlich auch in glei-

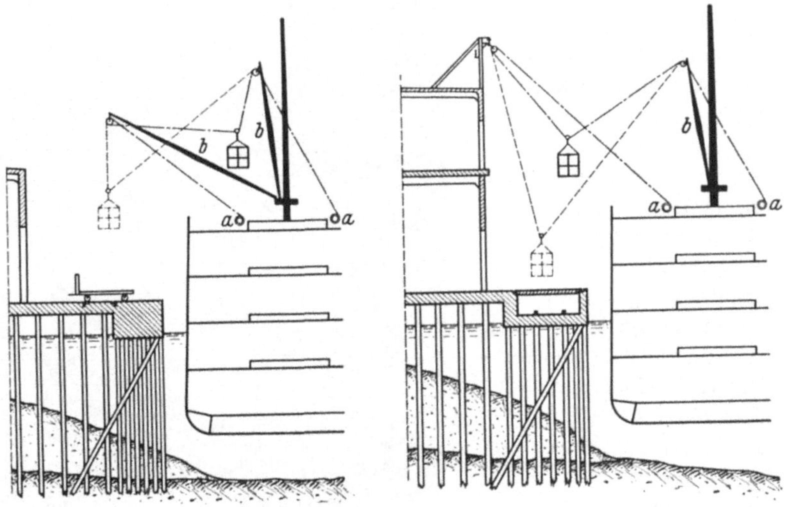

Abb. 51. Kaiumschlag mit Schiffswinden: *a* Winden, *b* Ladebäume.

cher Weise zwischen Schiff und Kahn, wie es sehr oft in den Häfen vorkommt. Die einfachere Art der Schiffswindenarbeit benutzt eine Winde und einen Ladebaum, der mit Seilen geschwenkt wird, die Ausladung hierbei über Bord ist natürlich beschränkt (rd. 3—6 m). Die Häfen der V. St. v. A. und einige von ihrer Umschlagstechnik beeinflußten anderen Häfen bieten dem Stückgutumschlag durchweg keine Kranhilfe an, erleichtern aber dem Schiff die Umschlagsarbeit dadurch, daß sie auf fast allen Kaischuppen Dachgerüste errichten, an denen eine Blockrolle befestigt werden kann, so daß unabhängig vom Wasserstand und Kaibreite mittels zweier Schiffswinden ein Lösch- oder Ladegang betrieben werden kann. (Abb. 51 rechts.) Diese Umschlagsweise (Burtoning), die auch auf Kaistrecken ohne Schuppen durch geeignete Gerüste ermöglicht wird, ist durchaus leistungsfähig. Sie wird durch die amerikanische Pierbauweise begründet; ohne sie zu kritisieren, wird sie nur hier erwähnt, weil sie beweist, daß die Schiffswinden mit unter den Hafenumschlagsgeräten zu betrachten sind.

Die noch am meisten benutzte Schiffswinde (Winsch) ist die dampfbetriebene mit Seiltrommel und Spillkopf, die meist mit Tragkräften von 2—6 t zu mehreren ihren Platz zwischen Lademasten und Ladeluken findet. Sie ist unverwüstlich, einfach und billig, entwickelt ein hohes Anzugsmoment und starke Beschleunigung. Geschwindigkeit oder Tragkraft können durch Einschalten von Flaschenzügen noch herauf- bzw. herabgesetzt werden. Sie arbeitet zwar nicht sehr wirtschaftlich, ihre Geräusche und Rohrleitungen stören auf einem anspruchsvolleren

Frachtschiff, das auch Fahrgäste befördert, aber der Hauptgrund, neuerdings elektrische Schiffswinden zu bevorzugen, liegt darin, daß die immer mehr aufkommende Motorschiffahrt keinen Dampf mehr vorhält und daß überhaupt zeitgemäße Seeschiffe die Hilfsmaschinen immer mehr elektrisieren. Es war nicht leicht, die guten hebezeugtechnischen Eigenschaften des Dampfbetriebes durch den elektrischen zu ersetzen, obwohl die Entwickelung schon um die Jahrhundertwende einsetzte, erst das letzte Jahrzehnt hat der elektrischen Schiffswinde volle Anerkennung gebracht. Fast alle Steuerungen sind bei ihr

Abb. 52. Elektrische Schiffsladewinde, 2/5 t. Atlas-Werke.

anzutreffen: durchlaufender Elektromotor mit mechanischer Steuerung älterer oder neuerer Art, Gleichstromreihenschlußmotor in den verschiedenen Schaltungen, ganz neuerdings mit dem Auftreten von Drehstrom an Bord auch Drehstromsteuerungen; auch die sehr ergiebigen aber kostspieligen Schaltungen mit Steuerdynamo (Leonardschaltung, Zu- und Gegenschaltung) kommen vor[1]. Bei Trag-

Abb. 53. Schwerlast-Ladebaum eines Seeschiffes.

kräften bis zu 5 t Seilzug an der Trommel werden mit ausreichender Beschleunigung Geschwindigkeiten von etwa 0,5 m bei Vollast und rd. 2 m bei Leerhaken erzielt. Abb. 52 zeigt eine elektrische Schiffswinde (Atlas-Werke), mit Seiltrommel und Spillkopf für 2 bzw. 5 t Seilzug (Vorgelegeumschaltung, Widerstandssteuerung). Auf englischen Schiffen findet sogar die modernisierte hydraulische Winde ihre Anwendung. Neben der Modernisierung der Schiffswinden haben auch die zugehörigen Ladebäume an Bord (durchweg sind 2—4 Bäume an einem Mast

---

[1] Wundram: Einiges über die Entwicklung der elektrischen Schiffsladewinden. Werft Reed. Hafen 1933, Heft 19.

angebracht) eine Erweiterung ihrer Tragfähigkeit erhalten, meist beträgt diese 5 oder 10 t, viele Schiffe haben schon Bäume bis zu 50 t Tragkraft, in besonderen Fällen sogar bis zu 120 t erhalten, um für den Umschlag von schwerem Stückgut von Hafenanlagen unabhängig zu sein. In Abb. 53 erkennt man das schwere Ladegeschirr eines Hansadampfers beim Ausfuhrumschlag deutscher Lokomotiven. Für die Bewältigung solcher Aufgaben müssen natürlich auch die Winden entsprechend stärker sein.

Während die Überseefrachtfahrt von Anbeginn des Bordhebezeuges nicht entraten konnte, hat sich die Binnenschiffahrt gegen Anbringung von Hebezeugen an Bord immer sehr gesträubt; die Kostenfrage, die Gewichtsbelastung der Kähne, die Möglichkeit, sich mit einfacheren Mitteln zu behelfen, haben den Flußschiffer das Bordhebezeug als entbehrlich ansehen lassen, nur in wenigen Fällen trifft man leichte mit Verbrennungsmotoren betriebene Winden an. Die durch die Motorisierung zunehmende Beschleunigung der Binnenschiffahrt wird auch hier den Anreiz, das Umschlagsgeschäft an allen Orten durch eigenes Gerät zu beschleunigen, verstärken. Das Hauptanwendungsgebiet des Schiffswinden-

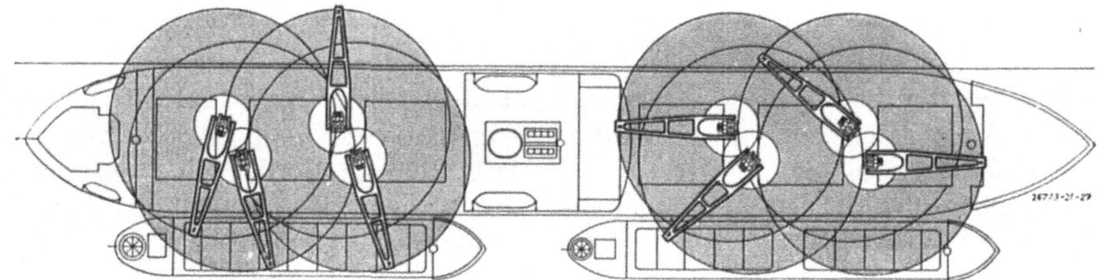

Abb. 54. Ladebetrieb mit acht Bordwippkranen. Demag.

umschlages ist das Stückgut, Schüttgut wird nur selten (mit Kübeln oder Ladekästen) bearbeitet. Erst die Entwicklung der Schiffskräne hat hier die Voraussetzung zur Anwendung der Zweiseilgreifer geschaffen.

Nicht ganz so alt wie die Dampfwinden sind die Dampfkräne an Bord, aber ebenso alt wie die Einführungsversuche für elektrische Winden sind die für elektrische Drehkräne. Der Dampfdrehkran an Bord hat allerdings der Dampfwinde, geschweige denn der elektrischen, niemals nennenswerten Abbruch getan, seine Sperrigkeit, sein Platzbedarf und sein viel höheres Gewicht haben ihn nur selten Berechtigung zur Anwendung gegeben. Größere Beliebtheit erzielte der Bordkran erst mit der Einführung des Wippauslegers verbunden mit elektrischem Antrieb[1]. Die Vorteile des Wippauslegers sind an Bord um so höher zu veranschlagen, als ein Schiffskran mit unverstellbarem Ausleger praktisch nicht von der Kreislinie seines Arbeitsgebietes abweichen kann, was schließlich dem fahrbaren Kaikran ja noch möglich ist. Die Bordwippkräne haben eine ringförmige Arbeitsfläche von meist 6—9 m Breite bei Ausladungen bis zu 14 m und Tragkräften von 2—6 t. Sie können nicht nur zwei Ladeluken, sondern auch genügend Platz außenbords zum Umschlag auf den Kai oder ein anderes Schiff bestreichen. Abb. 54 läßt einen Schiffsladebetrieb mit 8 Bordwippkränen erkennen, der mit dieser Ausstattung sämtliche Luken und noch genügend Flächen außenbords bestreichen kann. Weitere Vorteile eines zeitgemäßen Bordwippkranes sind seine platzsparende Bauweise — es kommen nur Drehsäulenkräne mit Windwerken in Blockbauweise in Anwendung, die nur wenig Decksfläche in Anspruch nehmen — und die sichere, bequeme und schnelle Arbeitsweise. Um diese zu erreichen, sind beim Bordwippkran selbstverständlich auch alle neueren Errungenschaften der elektrischen und mechanischen Steuerung angewendet; bei mechanischer Steuerung ist es möglich, die Bewegung des Hebens, Schwenkens und Wippens

---

[1] Wundram: Neuere Bordhebezeuge. Werft Reed. Hafen 1936, Heft 20.

von einem durchlaufenden Elektromotor mittels Schaltgetriebe zu betätigen. Die Abb. 55 läßt uns neuzeitliche Bordwippkräne mit 3 t Tragfähigkeit und 4 bis 9,5 m Ausladung auf einem großen Seeschiff bei der Arbeit sehen. Typisch für

Abb. 55. Elektrische Bordwippkräne, 3 t, 4—9,5 m. Kampnagel.

diese Kräne ist die fest in das Deck eingesetzte Drehsäule, um die sich Hub-, Schwenk- und Wippwerk anordnen, dem Kranführer einen mehr oder weniger

Abb. 56. Bordwippkranc für Greiferbetrieb. Demag.

erhöhten Bedienungsstand freilassend. Um Gewichts- und Platzersparnis an den Bordkränen möglichst weit zu treiben, hat man neben der selbstverständlichen Herstellung mittels elektrischer Schweißung die sonst übliche Form des Auslegers, die ein räumliches Fachwerk darstellt, durch eine mehr flächenhafte Gestaltung aus Rohren oder gebogenen Blechen ersetzt und die Wippvorrichtung nicht aus starren schwereren Bauteilen, sondern durch Seile gebildet, was für deutsche Landkräne im allgemeinen verpönt ist. So gelingt es, Bordwippkräne bei mindestens gleicher Leistungsfähigkeit ebenso leicht wie Schiffswinden mit ihrem Anteil an Masten und Ladebäumen auszuführen. Mit der Erleichterung, die der Wippkran ganz allgemein dem Umschlag gewährt, ist auch die Anwendung des Greiferumschlages, der für Bordmittel eine fast unbekannte Erscheinung war, den Schiffen in Häfen ohne Kräne ermöglicht. Besonders wenn an verschiedenen, meist schlecht ausgerüsteten Anlaufhäfen hier und dort kleinere Partien an Schüttgut abgegeben oder aufgenommen werden sollen, ist der Bordgreiferkran von Nutzen. Das deutsche Motorschiff Mülheim-Ruhr hat z. B. vier solcher Bordwippkrane für Mehrseilgreiferbetrieb (3 t bei 14 m) erhalten. (Abb. 56.)

<h3 style="text-align:center">ϑ) Dauerförderer.</h3>

Die bisher besprochenen absatzweise bzw. aussetzend arbeitenden Umschlagsgeräte sind fast in allen Fällen dem Stückgutbetrieb am besten angepaßt, weil Stückgut fast nie so wie Schüttgut in einem ununterbrochenen Strom gefördert werden kann. Die Stauarbeit in den Schiffen, das Stapeln, Sortieren, Verwiegen u. ä. am Ufer erfordert doch stets Pausen, so daß das Stückgut für Dauerförderer selten geeignet ist. Immerhin gibt es Fälle, in denen ein massenhaft ab-

Abb. 57. Bandförderer zwischen Schiff und Eisenbahn. Stöhr.

zufertigendes Stückgut gleicher Packung oder gleichen Gewichtes auf stetigen Förderern mit Vorteil umgeschlagen werden könnte, etwa gleichartige Packungen von Früchten oder Konserven, Sackgut, Kanister und Fässer mit Öl u. ä. Auch die unverpackte Banane, die in Sonderschiffen zu Zehntausenden von Büscheln in europäischen und nordamerikanischen Häfen eingeführt wird, macht geradezu Dauerförderer zu ihrem Umschlag nötig.

Das im Schüttgutumschlag stark verwendete Förderband kann auch dem Stückgut dienen, wenngleich hier Abmessungen und Leistungen nicht so weit gesteigert sind. Es kommen Bandbreiten von 0,5—1 m und Fördergeschwindigkeiten von 0,3—1,0 m/sec in Betracht. Beim Stückgut wird nur das fahrbare

Förderband verwendet, das in Längen bis zu 15 m waagerecht oder in Steigungen bis 30° (bei Sackgut) die Förderung am Ufer oder zwischen Ufer und Schiff vor-

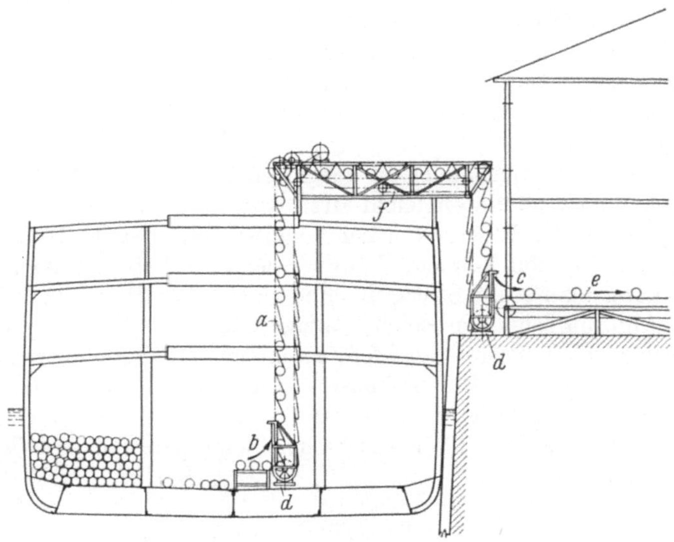

Abb. 53. Taschenbandförderer für Bananenentladung.
a Gliederkette mit Taschenband, b Aufgabe, c Abnahme, d Turas, e Förderband,
f Ausgleichsschlaufe.

nimmt. (Abb. 57.) Eine ganz besondere Rolle spielt der Bandförderer beim Bananenumschlag. Da hier das lose Gut aus dem Schiffsinnern senkrecht durch die Luken nach oben geschafft werden muß, so ist das glatte Band unzulänglich. Eine endlose doppelte Gliederkette a, die von einem Gerüst am Ufer oder auf dem Schiff in den Schiffsladeraum hineinhängt (Abb. 58), trägt an Stangen Taschen aus starker Leinewand (Segeltuch), die sich in kurzen Abständen folgen. In den aufsteigenden Teil des Taschenbandes, das durch einen schweren Turas d am unteren Ende gespannt erhalten wird, werden die Büschel bei b eingelegt, beim Niedersteigen des Bandes am Ufer werden sie durch eine geeignete Vorrichtung bei c sanft ausgeschüttet und nun auf gewöhnlichen glatten Förderbändern e zur weiteren Verladestelle gebracht.

Abb. 59. Rollenförderer in Wendelform für Schiffsbeladung.

Die Längeneinstellung des Taschenbandes, das sich den wechselnden Wasserständen oder Höhenlagen des Schiffes anpassen muß, geschieht durch die verstellbare Bandschlaufe bei f. Die Entwicklung des Taschenbandes zu einem leistungsfähigen, betriebssicheren und in seiner Reichweite gut anpassungsfähigen Umschlaggerät hat schon vor dem Kriege begonnen, heute können je Band und Stunde 1000—2000 Büschel umgeschlagen werden; unter anderen verfügen Hamburg, Bremen, Rotterdam, London und New York über leistungsfähige Bananenbandförderer.

Eine Abart des Förderbandes ist der sogenannte Rollenförderer, ein Gerüst mit aneinander gereihten leicht drehbaren Walzen, über die Kisten und Kasten bequem, unter Umständen bei Neigung von etwa 1 : 10 selbsttätig abwärts, befördert werden können. Wird diese Rollenbahn in Wendelform ausgeführt, so kann man sogar Stückgut ohne Antriebskraft senkrecht nach unten befördern. Abb. 59 zeigt eine solche Anlage zum Verladen von Ölkanistern in einem amerikanischen Petroleumhafen, an einem Arbeitstag vermag sie 20 bis 25000 Kisten zu verladen. Die einfachste Form eines Stückgutdauerförderers ist die Rutsche, die in gerade geneigter oder gewendelter Form (Wendelrutsche), Säcke oder leichtes Kistengut in Speichern, Schuppen und Schiffen von oben nach unten befördert.

ι) Flurförderung.

Während die Umschlagsgeräte neben der unerläßlichen Hubbewegung auch gewisse Strecken in horizontaler Richtung fördern, bleibt es im weit überwiegenden Maße der Menschenkraft überlassen, die Flurförderung am Kai und besonders im Schuppen und Speicher zu übernehmen. Wir verstehen darunter die Beförderung der Stückgüter auf dem Flur der Schuppen oder Kaistraßen, zwischen den Stapelplätzen und den Anschlagsstellen der Hebezeuge oder gar dem Schiffsraum selbst, soweit er auf Laufplanken für das Gefährt zu erreichen ist. Das übliche in fast allen Häfen gleichartige Gerät ist die Einmann-Stechkarre (Sackkarre) für Lasten bis zu 150 kg; für schwerere oder größere Stückgüter kommen auch drei- und vierrädrige Rollgestelle, die mitunter dem Gut ganz besonders angepaßt sind, zur Anwendung, sie werden dann von mehreren Leuten bedient. Die Leistung der menschlichen Arbeitskraft mit solchen nicht mechanisierten Flurförderern liegt im Kaibetriebe etwa zwischen 1—2 t je Mann und Stunde; sie ist von der Art des Umschlaggutes, vom Förderweg, vom Klima und den sonstigen Arbeitsbedingungen des Hafenarbeiters abhängig. Auf keinen Fall ist sie sozial und wirtschaftlich so befriedigend, daß man nicht schon vor dem Kriege darüber nachgedacht hätte, die Flurförderung zu mechanisieren, nachdem schon früher gewisse Einrichtungen beim Schiffsbeladen oder -entladen den Karrenschiebern die Arbeit zu erleichtern versucht hatten. Zahlreiche Vorschläge und auch einige Probeausführungen wurden z. B. gemacht mit dem Zwecke, die Güter in den Schuppen durch Hängebahnen (Einschienenkatzen), die an der Decke oder dem Gebälk hingen, zu befördern, wobei als Vorzug gerühmt wurde, daß der ohnehin beengte Schuppenfußboden freibliebe und die zum Stapeln nötige Hubarbeit gleich mit erledigt werden könnte. Es hat sich aber dies Hängebahnsystem in den Schuppen, von seltenen Ausnahmen abgesehen, nicht durchsetzen können, meist forderte es kostspielige Verstärkung der Tragkonstruktionen, ohne doch die Vielseitigkeit der Wege zu ermöglichen, die nun einmal der Sortier- und Stapelbetrieb im Schuppen erforderte.

Die besonders in ausländischen Häfen oft anzutreffende Schuppenbauweise mit ebenerdiger Einfahrtsmöglichkeit für Eisenbahn und Straßenfuhrwerk (darunter in wachsendem Maße der Lastkraftwagen) hat zwar den Vorteil, einen beträchtlichen Teil der Flurförderungswege zu ersparen, da sonst diese Fahrzeuge an den Außenrampen der Schuppen, wie es in Deutschland üblich ist, abgefertigt werden müssen[1], allein nach deutschen Begriffen sind die Nachteile größer: Es geht nicht nur durch die Fahrwege von der Bodenfläche des Schuppens ein beträchtlicher Teil ($\frac{1}{4}-\frac{1}{3}$) für die Güterstapelung verloren, sondern es bringt auch der Fuhrwerksverkehr für Menschen und Güter im Schuppen Beeinträchtigungen, unter denen die vermehrte Auf- und Abladearbeit auf Wagenhöhe nicht die geringste ist, die

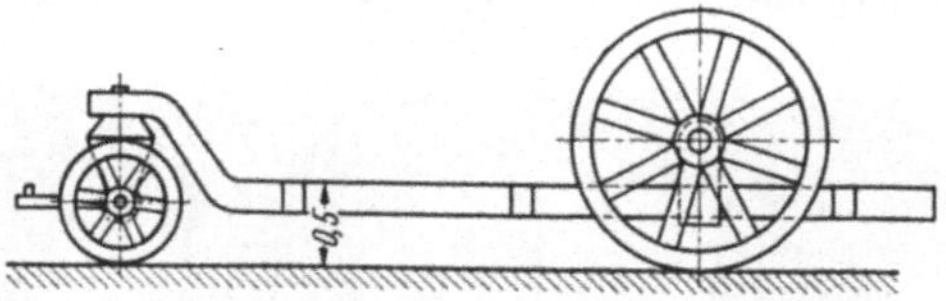

Abb. 60. Tieflade-Lastwagen, 2 t (Antwerpen).

wieder Sondervorrichtungen erfordert. In Antwerpen z. B. hat die Ebenerdigkeit der Kaischuppen seit Generationen das Hafenfuhrwerk mit niedriger Ladebühne (etwa 50 cm Höhe) entwickelt (Abb. 60); auch für die in anderen Häfen unter gleichen Bedingungen verkehrenden Lastkraftwagen wird die Niederflur-Plattform nötig werden. Förderbänder und Rollenförderer können in manchen Fällen den Flurtransport übernehmen, sind allerdings, wenn viele verschiedene Güter und Wege in Frage kommen, unpraktisch.

Das beste Mittel für die Mechanisierung der Flurförderung ist bislang noch die Kraftkarre, ein drei- oder vierrädriges Gefährt, das mit Strom oder einem Verbrennungsmotor betrieben wird, entweder als Zugmaschine mit 2—4 Anhängern oder als einzelner Plattformwagen. Als solcher vermag er Lasten von 1—3 t mit Geschwindigkeiten bis 20 km/h zu befördern, seine Ladeplattform ist etwa 50—60 cm hoch, so daß die Hubarbeit erträglich bleibt. Seine Wendigkeit ist durch die Steuerung der Radsätze (Krümmungshalbmesser der inneren Spur rd. 1,3 m, der äußere rd. 2,5 m) so gut, daß er die Güterstapel im Schuppen

Abb. 61. Elektrokarren im Kaischuppenbetrieb.

mit geringsten Platzansprüchen erreichen kann (Abb. 61). Die Kraftkarre ist an allen Hafenplätzen für den Stückgutumschlag im Gebrauch, meist in der Form der mit Speicherbatterie betriebenen Elektrokarre, die zwar den durch Ladeeinrichtungen verteuerten Strom benötigt, aber feuersicherer, geräusch- und geruchloser als mit Benzinbetrieb arbeitet. Die Kraftkarre verlangt zur vorteilhaften Ausnützung natürlich einen gewissen Mindestbetrag an Stückgütern, die auf gleichen und zwar längeren Wegstrecken zu befördern sind, vermag dann aber die 3—8fache Arbeitsleistung eines einzelnen Karrenschiebers zu erreichen. Bei größerer Sortierarbeit im Schuppenumschlag sinkt die Leistung der Elektrokarre, die dann ja auf ihrem Wege an vielen Stapeln haltmachen muß, stark ab:

---

[1] Wundram: Hafen und Kraftwagenverkehr. Jb. hafenbautechn. Ges. 1938, Bd. XVII.

immerhin kann man in solchen Fällen mit ihrem Einsatz die Schuppenmannschaften noch auf die Hälfte verringern. Nach Wunsch können auch Elektrokarren mit Hubplattformen oder Kränen (bis 3 t) geliefert werden, welche dann gleich das Geschäft des Stapelns (bis 2 m) mit übernehmen, in geeigneten Fällen sind auch sie wirtschaftlich. Abb. 62 zeigt eine solche Elektrohubkarre beim Stapeln schwerer Kisten mit der dazu nötigen Vorrichtung der Stapelklötze. Wenn schon handbetriebene Karren in Schuppen mit Holzfußböden eine befestigte Karrbahn empfehlen, so ist das natürlich bei den schwereren mechanischen Karren erst recht angebracht.

Abb. 62. Elektrohubkarre. AEG.

$\varkappa$) Wiegeeinrichtungen.

Beim Hafenumschlag ist die Feststellung der Gewichtsmengen sehr oft notwendig, sei es daß nach ihnen die Gebühren für Fracht, Zoll oder Kranhilfe berechnet werden, sei es daß nach ihnen der Kaufpreis bestimmt wird, sei es, daß man nach den Mengen seine Handelsverfügungen einrichten will und sei es endlich, daß bei Schwergut in Zweifelsfällen die vom Versender angegebene Gewichtsangabe nachgeprüft werden soll, um bei der Belastung der Hebezeuge keine unliebsamen Überraschungen zu erleben. Da die Wägung von Stückgut und Schüttgut, verpackt oder unverpackt, in den verschiedensten Gewichtsgrößen, in Schuppen und Speichern, auf Ladestraßen und Gleisen, in und an Umschlagsgeräten vorgenommen werden muß, so ergibt sich schon hieraus eine große Mannigfaltigkeit der Wiegeeinrichtungen. Bedenkt man ferner noch, daß die Mehrzahl der Waagen eichfähig sein muß, daß man von vielen eine Aufzeichnung des Wiegeergebnisses verlangt und was an sonstigen Wünschen noch zu erfüllen ist, so ist wohl zu verstehen, daß wir hier dies im Hafenumschlag so umfangreiche Gebiet nur in rohen Umrissen andeuten können. Von einer Waage im Hafenbetrieb verlangt man, daß sie bei gleichbleibender Genauigkeit sich schnell bedienen läßt und unempfindlich gegen Behandlung und Witterungseinflüsse ist. Alle Arten, wie Federwaagen, Balkenwaagen (Hebelwaagen) und Neigungswaagen kommen zur Anwendung. Die Federwaagen sind zwar nicht eichfähig, aber als unempfindlich zur transportablen Verwendung, z. B. beim Einschalten zwischen Kranhaken und der zu wägenden Last gut verwendbar. Die Hebelwaagen kommen als Dezimal- (bzw. Zentesimal-)Waagen oder öfter noch als Laufgewichtswaagen vor, bei denen ein am Waagebalken verschiebbares Gewicht die Gleichgewichtslage herstellt. Die Balkenwaagen sind neuerdings in ihrer Bedienung vereinfacht, indem auf verschieden abgestufte Längen des Waagebalkens durch eine einfache Betätigung der Reihe nach Gewichte abgesenkt werden können (Schaltwaagen). Schließlich ist auch die Neigungswaage (Wirkungsweise der Briefwaage) in und ohne Verbindung mit der Schaltwaage im Hafenumschlag in Gebrauch. Die Dezimalwaage vereinigt mit eichfähiger Genauigkeit eine gewisse Unempfindlichkeit, die sie als tragbare Waage und auf schwimmenden Umschlagsgeräten (z. B. Getreideheber) vielfach erscheinen läßt. Die Schaltneigungswaage (Abb. 63) hat sich wegen ihrer schnellen, halb selbsttätigen Einstellung im letzten Jahrzehnt auch im Hafen manchen Freund erworben, sie wird meist in Tragkräften von 1—3 t hergestellt. Die Laufgewichtswaage läßt sich neben den kleineren und mittleren Ausführungen für Schuppen- und Speicherbetrieb auch sehr gut für große Gewichte von 30—80 t etwa bei Brückenwaagen auf Ladestraßen und Gleisen und bei Kranwaagen und Wiegebunkern für Greiferbetrieb verwenden; sie gestattet auch die Aufzeichnung der einzelnen Wägungen im sogenannten Kartendruckapparat und sogar die Zusammenzählung mehrerer Wägungen in Addierwerken. Auch die Laufgewichtswaage kann in geeigneter Form als Kranwaage zwischen Lasthaken und Wiegegut gehängt werden. Bei den neuzeitlichen Zeigerwaagen muß im Hafen auf gute Ablesbarkeit Wert gelegt werden, weil nicht nur vereidigte Wieger, sondern auch ungelernte Arbeiter mit ihnen zu tun haben, die geraden und kreisförmigen

Abb. 63. Schaltneigungswaage im Schuppenbetrieb. Eßmann.

Skalen sind demgemäß ausgebildet. Waagen müssen in jedem Fall gut beleuchtet sein.

Die bisher besprochenen Waagen eignen sich als feste oder bewegliche Waagen, wenn wir die Fuhrwerkswaagen ausnehmen, vorzugsweise für den Stückgutbetrieb und zwar zur Wägung vor oder nach vollzogener Arbeit des Umschlagsgerätes; die Wägung von Stückgut im Kranhaken mit Feder- oder Laufgewichtswaage können wir als Ausnahmefall hier außer Betracht lassen. Will man Schüttgut verwiegen — die Feststellung der Mengen nach Raummaß ist seltener geworden —, so ist man gezwungen zur Erzielung größerer Leistungen, den Wägevorgang in das Umschlagsgerät zu verlegen und gleichzeitig mit dem Umschlag vorzunehmen. Dazu gehören Kranwagen für Greifer und Kübel, Waagen an Bunkern und Behältern für Kohle, Erz und Getreide. Bei den mit Seilen arbeitenden Umschlagsgeräten (Drehkräne, Laufkatzen) kann man den Druck, den ein unter Last abgelenktes Seil erzeugt, zur Waagenbetätigung verwenden, die Einrichtung ist verhältnismäßig einfach, aber nicht eichfähig und daher beschränkt verwendbar (Seilablenkwaagen). Genaue Messungen gestattet der je nach Last verschiedene Seilzug, seine Größe ist aber mechanisch schwieriger zu erfassen, so daß nur eine Firma sich mit ihrer Entwicklung befaßt hat (Seilzugwaage von Eßmann). Sie wird für Laufkatzen und Drehkräne mit festem und Wippausleger gebaut. Die einfachere Form für einen festen Ausleger sei hier beschrieben (Abb. 64). Der Seilzug *1* wird durch die mit kleinem Spielraum

senkrecht bewegliche Schnabelrolle *2* durch das Hebelarmsystem *3—5* auf die
Laufgewichtswaage *6* im Krankenhaus übertragen. Der Horizonztalschub *7*
auf die Schnabelrolle *2* wird durch den Parallel-Lenker *8* aufgehoben und die
verschiedene Seillänge durch eine Tariervorrichtung (*9* und *10*) ausgeglichen. Die
Wägungen geschehen schnell, eichfähig und vollautomatisch, sie können in einem
besonderen Wiegeschrank *6* einzeln aufgezeichnet und zusammenaddiert werden.
Sehr oft muß das einkommende oder ausgehende Gut im Hafen auf Eisenbahn-
oder Lastkraftwagen verwogen werden; die dazu nötigen Gleis- bzw. Fuhrwerks-

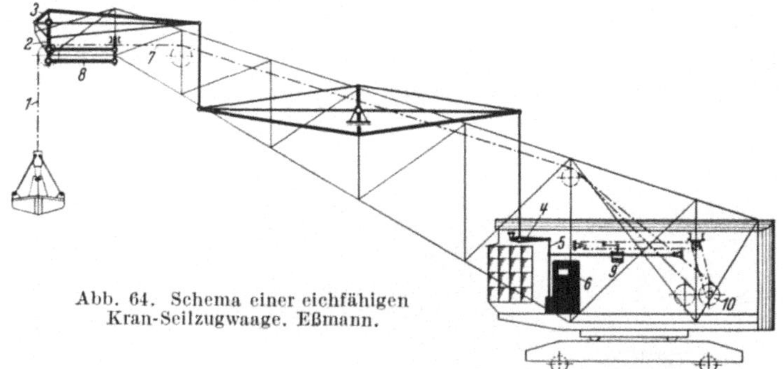

Abb. 64. Schema einer eichfähigen
Kran-Seilzugwaage. Eßmann.

waagen (meist mit Kartendruckapparat) haben entsprechende Abmessungen,
so z. B. für Lastkraftwagenzüge bis 25 m Länge bei 50 t Tragkraft.

Für die Wägung von Erz und Kohle in Wiegebunkern kommen Laufgewichtswaagen großen Fassungsvermögens (50—80 t) in Frage. Besonders für die Verwiegung von Getreide und ähnlich
kleinkörnigem Schüttgut haben sich
automatische Waagen entwikkelt. Sie messen immer nur bestimmte Mengen, etwa 100 oder
2000 kg, ab, deren Zustrom in ihren
Behälter sie bei Erreichung des Soll-
gewichtes automatisch durch Klappen absperren. Bei Gleichgewichtslage wird das Kippgefäß der Waage
freigegeben, entleert sich und schwingt
wieder in die Anfangsstellung zurück,
wobei die Zuflußklappen wieder geöffnet werden. Die jeweilige Wägung
wird durch ein Zählwerk aufgezeichnet bzw. addiert. In kleineren Abmessungen (bis 100 kg) können solche Waagen auch zum Füllen von
Säcken benutzt werden (Absack-

Abb. 65. Vollautomatische Waage für Schüttgut.
C. Reuther u. Reisert m. b. H.

waagen). Vollautomatische Waagen
sind zwar teuerer als handbetätigte
Dezimal- und Laufgewichtswaagen, ersparen aber bei gleicher Zuverlässigkeit
und größerer Schnelligkeit die ständige Anwesenheit vereidigter Wieger und
sind unempfindlich gegen äußere Einflüsse. Abb. 65 zeigt eine vielverwendete automatische Waage (Bauart „Chronos“) für den Getreideumschlag in
Speichern und auf schwimmenden Umschlagsanlagen. Sie arbeitet nach dem
System der gleicharmigen Balkenwaage. Hat der Wiegebehälter sein be-
stimmtes Gewicht (in diesem Fall 3000 kg) erhalten, so schüttet er die verwo-
gene, in einem Zählwerk vermerkte Menge durch Kippen aus. Hierbei wie beim

Zurückschwingen entstehen starke und störende Schläge, die in neueren Ausführungen der Herstellerin durch Ölbremszylinder aufgefangen werden. Wenn Reste von Partien gewogen werden sollen, welche keine ganze Wiegebehälterfüllung ausmachen, so kann dies durch eine miteingebaute Laufgewichtswaage geschehen. Bei rauhen Betrieben werden die Waagen unter Staubabsaugung ganz in Gehäusen abgedeckt. Automatische Waagen ähnlicher Art werden auch für Kohlen nnd andere Schüttgüter verwendet.

c) Umschlagsanlagen für Stückgut.

Die voraufgehenden Abschnitte haben gezeigt, was alles an mechanischer Ausrüstung für den Stückgutumschlag zur Verwendung kommt, Bauarten und Leistungen der einzelnen Geräte sind dabei besprochen worden. Da aber fast nie die Arbeit eines einzelnen Gerätes den Umschlagsvorgang erschöpft, sondern meist mehrere Geräte zusammen arbeiten müssen, um das Gut von einem Beförderungsmittel in das andere zu bringen, so bedarf es noch der Übersicht über den Zusammenhang der mechanischen Geräte in den Stückgutumschlagsanlagen. Unter Hinweis auf die bereits auf S. 57 gebrachte Abb. 34, die Ort und Wege des Umschlages für die aus einem Seeschiff zu löschende Stückgut angibt, nehmen wir an, daß der größte Teil der Ladung mittels der Kaikräne (unter Umständen auch nur mit Hilfe der Bordhebezeuge) in den Kaischuppen gelangt, wo das Gut mit Hand- oder Kraftkarren, in selteneren Fällen mit Förderbändern oder Hängebahnen, zu den Stapeln gebracht wird, um es nach Empfängern zu ordnen. Die Anlage der Stapel nimmt der Lademeister des Schuppens nach Prüfung des Ladeplanes, nach dem die Frachtgüter im Schiffe verstaut sind, vor, um die Entladung möglichst arbeitssparend zu gestalten. Das Stapeln kann mit Stapelgeräten, bei schwerem Stückgut mit fahrbaren Schuppenkränen vorgenommen werden. Einiges Gut kann von dem Seeschiff auch auf Binnen- und Hafenschiffe unmittelbar, dann natürlich nur mit Hilfe eigenen Ladegeschirrs oder eines Schwimmkranes übergeladen werden (sogenannter wasserseitiger Umschlag). Unter Binnenschiffen soll hier sowohl der Kahn verstanden werden, welcher das Einfuhrgut auf Kanälen und Flüssen landeinwärts befördert, als auch der seegehende Leichter und das kleine Küstenschiff, welche ebenfalls nur der Versorgung des Hinterlandes dienen. Das Hafenschiff versorgt entweder den eigenen Hafenplatz mit Einfuhrgütern, oder es führt die wasserseitig gelöschten Güter in die Lagerhäuser und Speicher. Eine besondere Art des Hafenschiffes für den Umschlag sind die Eisenbahnwagenfähren (carfloats) in New York[1], wo teils die Be- und Entladung der Bahnwagen auf den Fähren selbst erfolgt. Eine unmittelbare Beladung von Eisenbahnwagen aus einem löschenden Seeschiff kommt meist nur bei einzelnen und besonderen Frachtstücken vor, eher schon findet der umgekehrte Fall statt, daß Eisenbahngut unmittelbar auf Seeschiffe gegeben wird. Hat das Stückgut im Schuppen seine Behandlung (Sortieren, Stapeln, Verwiegen, Verzollen, Umpacken usw.) umschlagstechnisch erfahren, so kann es seine Weiterreise antreten. Es wird mit Kaikränen auf Binnen- und Hafenschiffe abgegeben und falls es den Landweg einschlagen muß, mit Schuppenkränen, die fahrbar oder fest im und am Schuppen angebracht sind, auf die Eisenbahn oder das Straßenfahrzeug, das für den Nah- und Fernverkehr der leistungsfähige Kraftwagen, für den Ortsverkehr selbst in großen Häfen aber überraschend häufig noch das Pferdefuhrwerk ist. Sollen die in den Schuppen abgefertigten Güter vorübergehend oder längere Zeit auf Lager genommen werden, so können sie, wie das in vielen Häfen der Fall ist, vom Kaischuppen unmittelbar auf den nur durch eine Straße oder Gleisanlage getrennten Speicher durch Hebe-

---

[1] Wundram: Nordamerikanische Hafenumschlagstechnik. Werft Reed. Hafen 1931, Heft 6, S. 102.

zeuge übergenommen werden. Andernfalls können sie dort mit Eisenbahn, Lastkraftwagen oder Hafenschiff angebracht werden, von denen sie dann mit den
früher besprochenen Speicherhebezeugen (Winden, Aufzüge u. dgl.) aufgenommen
werden müssen. Vom Speicher aus können sie, wenn über ihre Weiterverfrach-

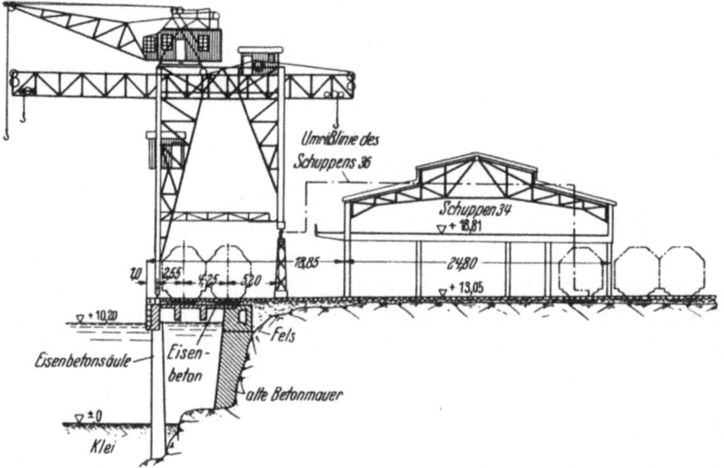

Abb. 66. Stückgutumschlagsanlage mit Doppelkränen (Gothenburg).

tung bestimmt ist, mit Binnenschiffen und Landfahrzeugen wieder abgeholt
werden.

Die in der Abb. 34 gezeigten Wege des Umschlages gelten auch mit entsprechenden Abänderungen für die Güterausfuhr, hier ist die Art der Sammlung der

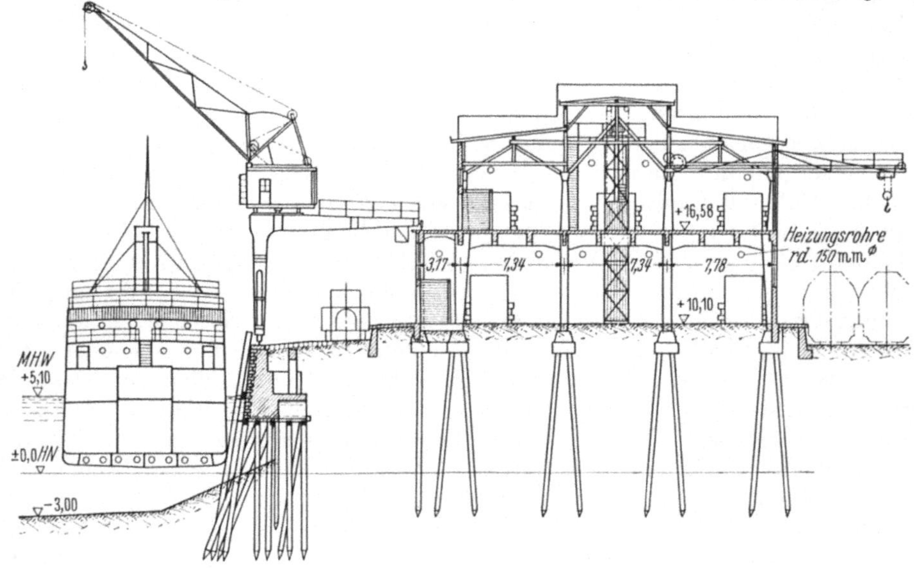

Abb. 67. Fruchtumschlagsanlage. Einfuhr (Hamburg).

zur Beladung der Seeschiffe bestimmten Güter naturgemäß anders als die eben
skizzierte Einfuhrverteilung. In den folgenden Abbildungen sollen kurz einige
Stückgutumschlagsanlagen in verschiedenen Arten und Orten unter Beschrän-
kung auf den mechanischen Vorgang aufgezeigt werden.

Ein Beispiel für eine einfache Stückgutumschlagseinrichtung (Einfuhr) zeigt Abb. 66; es ist die neue Kaischuppenanlage am Stigbergskai im Hafen

von Gothenburg. Das Lösch- und Ladegeschäft besorgen Doppel- und Wippkräne der üblichen Abmessungen. Da der landseitige Verkehr durchweg auf die Eisenbahn zugeschnitten ist, so sind vor und hinter dem Schuppen Eisenbahngleise angeordnet. Der Schuppen hat wie vielfach im Auslande keine Laderampe

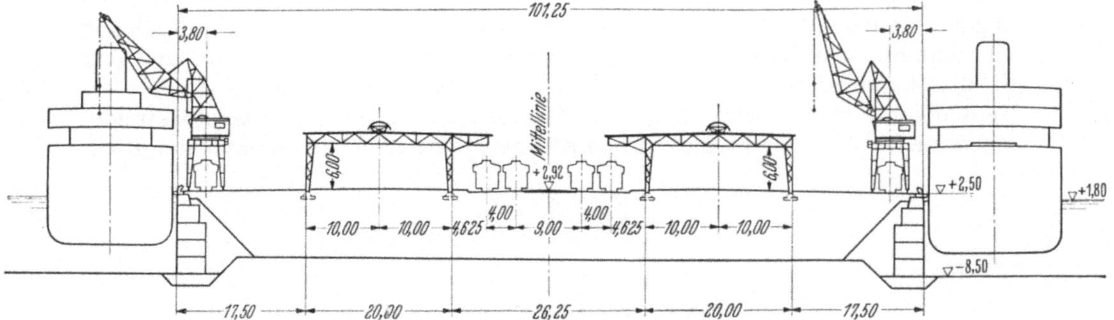

Abb. 68. Stückgutumschlagsanlage mit Wippkränen. Ausfuhr (Dakar).

für die Eisenbahn, sondern ist ebenerdig angelegt. Um aber den direkten Umschlag zwischen Schiff und Eisenbahn zu erleichtern, haben die kaiseitigen Gleise des Nachbarschuppens eine Laderampe erhalten, die von den Kränen bestrichen werden kann. Das Schuppenobergeschoß kann die für dort bestimmten Güter durch die Kräne auf einem balkonartigen Ausbau erhalten und abgeben.

Eine Umschlagsanlage für besondere Stückgüter mit schon umfangreicherer mechanischer Ausrüstung lernen wir in Abb. 67 kennen, es handelt sich um einen Fruchtschuppen am Versmannkai im Hamburger Hafen. Das in Kisten oder Fässern eingeführte Gut (Apfelsinen, Zitronen, Weintrauben, Äpfel u. a. m.) wird mit Kaiwippkränen auf die untere oder obere Laderampe des zweigeschossigen Schuppens abgesetzt, im Schuppen, der mit einer Niederdruckdampfheizung versehen ist, sortiert, gestapelt und versteigert. Die Weiterbeförderung für den Orts- und Inlandsverbrauch geschieht durch Lastkraftwagen und Fuhrwerk, die an der wasserseitigen Rampe, durch Eisenbahnwagen, die an der landseitigen Rampe beladen werden, hier durch besondere Laufkatzenkräne (1 t). Der Verkehr zwischen den beiden Geschossen erfolgt aufwärts durch Aufzüge, abwärts durch Rutschen.

Der aufstrebende französische Kolonialausfuhrhafen Dakar (Westküste Afrika) erhält seine

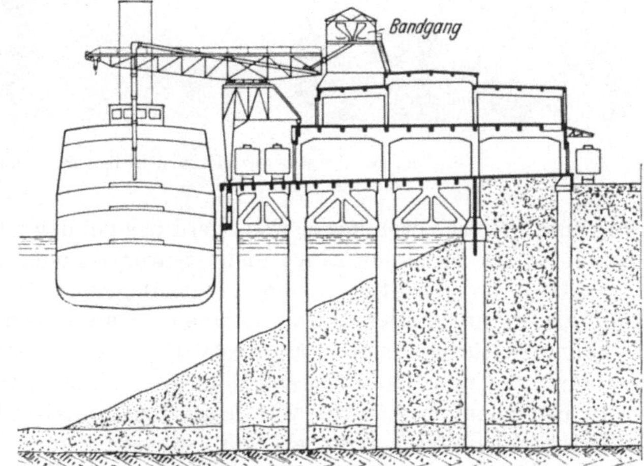

Abb. 69. Stückgutkaischuppen mit Getreideausfuhranlage (Vancouver).

Zufuhren nur mit der Eisenbahn aus Französisch-Westafrika. Seine neueste Kaianlage auf Pier 2 enthält Gleisanlagen, eiserne Schuppen und Portalwippkräne (Abb. 68). Der Schuppenfußboden bildet hier nur an der Landseite eine Eisenbahnladerampe.

Eine bemerkenswerte Verquickung von Stückgut- und Schüttgutumschlagsanlagen in einem Kaischuppen stellt Abb. 69 dar. Es ist der Eisen-

betonschuppen am städtischen Ballantyne-Pier in Vancouver (Kanada), ein
zweigeschossiges Gebäude mit Kaikränen und Gleisen an der Land- und Wasserseite. Da kanadische Häfen wegen der großen Getreideausfuhrmengen fast jeden
Schiffsliegeplatz mit Getreideverladeanlagen versehen, hat man auch hier dem
Stückgutschuppen vom Getreidespeicher her durch Förderbänder die Getreide-
abgabe ermöglicht. Auf seinem Dach laufen in einem geschützten Bandgang
vier Bänder, von denen mittelst Abwurfwagen (vgl. Abb. 89), Förderband und
Schüttrohr im Auslegen jedes der sieben Kräne das Getreide ins Schiff befördert
werden kann. Als Kaikräne sind diese Geräte stark behindert, da beim Getreide-
laden die im Ausleger befindliche Laufkatze praktisch nur in senkrechter Rich-

Abb. 70. Umschlagseinrichtungen eines Binnenhafens (Berlin).

tung zum Pier arbeiten kann, was allerdings bei der nordamerikanischen Gering-
schätzung des Stückgutkranes nicht weiter Wunder nimmt.

Bislang war von Stückgutumschlagsanlagen die Rede, bei denen das Binnenschiff als Zubringer oder Verteiler keine oder nur eine unwesentliche Rolle spielte.
Es können natürlich an allen Kaistrecken, an denen Seeschiffe abgefertigt werden.
mit den gleichen Umschlagsgeräten auch Binnenschiffe abgefertigt werden,
selbst Binnenhäfen (Abb. 70, Westhafen Berlin) haben für den Stückgutumschlag
im wesentlichen keine andersartigen Ausrüstungen als Seehäfen. Hier aber kann
eine störende Zusammendrängung von so viel Binnenschiffen an einem See-
schiffsliegeplatz stattfinden, daß man gelegentlich beim Kaischuppenumschlag
für das Binnenschiff besondere Wasserplätze angelegt hat. Solche Bin-
nenschiffsliegeplätze können hinter dem Kaischuppen und sogar unter ihm angeordnet sein, in welchem Falle die Kähne und Schuten durch Luken im Schuppenboden beladen werden. Üblicher ist allerdings die Form, daß die Binnen-
schiffsplätze unmittelbar am Kaischuppen liegen und die Seeschiffe durch einen
Damm oder Pier davon getrennt am tiefen Wasser Aufnahme finden. Es sind
dann allerdings weitreichende Hebezeuge zu verwenden. Da man im Amster-

damer Hafen besonders das Mißverhältnis zwischen Schuppenlänge und Binnen-
schiffsmenge zu beklagen hatte, ist an der Kaizunge 3 im Coenhafen (Abb. 71)
die eben angedeutete Anordnung gewählt worden. Die eine Schuppenseite ist
mit Kaikränen und Gleisen wie üblich besetzt, die andere von den Seeschiffen
durch einen flachen Binnenschiffskanal getrennt. Der Schuppenumschlag muß

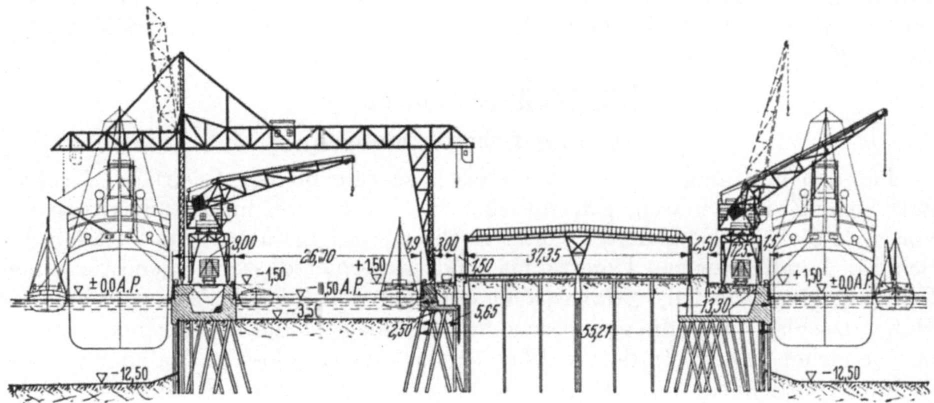

Abb. 71. Stückgutumschlagsanlage mit getrennten Liegeplätzen für See- und Binnenschiffe (Amsterdam).

zwischen Seeschiffen und Binnenschiffen mit Verladebrücken für Stückgut stattfinden, der unmittelbare Umschlag zwischen See- und Binnenschiff durch Voll-
portalkaiwippkräne auf dem Damm, sofern nicht mit dem Schiffsgeschirr Kähne
und Hafenfahrzeuge beladen werden. Es ist hier, allerdings mit erheblichen Mitteln, die nur bei besonderen Verhältnissen sich lohnen, das Möglichste für ungestörten Binnenschiffsumschlag getan[1].

Für die Zuordnung von Kaischuppen und Lagerhäusern im Stückgutumschlag gibt die Skizze in Abb. 72 ein neueres Beispiel, auf der besonders
die Umschlagsgeräte wichtig sind. Es handelt sich um eine Hafenzunge im erweiterten Hafen von Buenos Aires. Halbportalkräne vermitteln nicht nur den
Schiffsumschlag, sondern auch die Weiterbeförderung des Gutes auf Landfahrzeuge und in die Lagerhäuser; Dachkräne und Aufzüge besorgen den Stückgut-

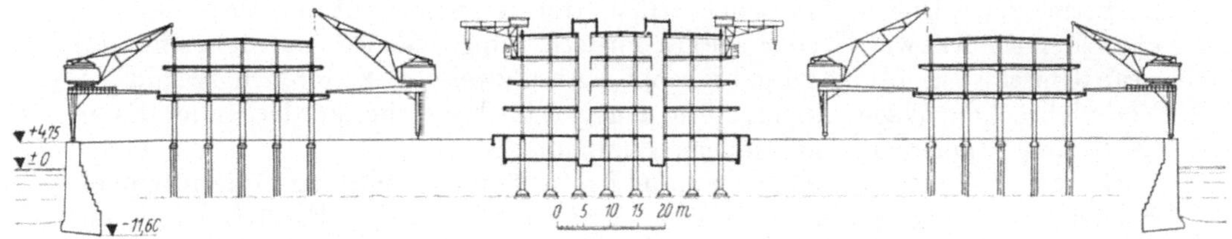

Abb. 72. Umschlag zwischen Kaischuppen und Lagerhäusern (Buenos Aires).

verkehr im und am Speicher. In sehr vielen älteren und neuen Hafenanlagen
sind die Lagerhäuser gleichlaufend und nur durch eine Straße getrennt hinter den
Kaischuppen angebracht und durch gemeinsame Hebezeuge miteinander verbunden. In anderen Häfen ist der Umschlag zwischen Schuppen und Speicher
weniger bequem, da sie örtlich voneinander getrennt sind (London, Hamburg).
Die Lösung, Kaischuppen und Lagerhaus in einem sogenannten Schuppenspeicher
baulich miteinander zu verquicken, ist z. B. in Stettin gefunden worden. Die
mechanische Ausstattung dafür ist auf Seite 57 (Abb. 35) bereits behandelt
worden.

---

[1] Van Heemskerck van Beest: Der I.P.Coenhafen zu Amsterdam und seine Erweiterung. Jb. hafenbautechn. Ges. 1930/31, Bd. XII.

Umschlagsanlagen für massenhaft gleichartiges Stückgut wie Kaffeesäcke, unverpackte Bananen, Baumwollballen, Gefrierfleisch u. ä. benutzen an und in Kaischuppen und Speichern die Zusammenarbeit von Kränen, Förderbändern, Aufzügen und Hängebahnen verschiedenster Art und Leistung. Leider muß hier auf eine bildliche Darstellung aus Platzmangel verzichtet werden. In manchen Häfen sind die Umschlagsschuppen für Stückgut mit mechanischen Einrichtungen für die Abfertigung und den Verkehr von Schiffsfahrgästen eingerichtet (vgl. Abb. 146).

3. Schüttgutumschlag.

a) Begriffsbestimmungen.

Für den in Handels- und Hafenkreisen gebräuchlichen Ausdruck „Massengut" ziehen wir im umschlagstechnischen Sinne die Bezeichnung „Schüttgut" vor, weil die hier behandelten Güter in ihren Fördergeräten beim Beladen der Schiffe, Landfahrzeuge, Lagerräume und Lagerplätze stets irgendwie einen Schüttvorgang erleiden. „Unverpackt und schüttbar" ist das Kennzeichen der Hafenumschlagsgüter, die eine besondere Umschlagstechnik mit eigenen Geräten hervorgerufen haben. In der Schiffahrt nennt man die lose im Raum verstaute Ladung von Schüttgütern Bulkladung. Solche Güter sind Kohlen, Koks, Erze, Salze und zerkleinerte Gesteinsarten (Kali, Salpeter, Phosphat, Kies, Sand u. ä.), Getreide und sonstige Körnerfrüchte, Erdöl mit seinen Abkömmlingen und Rückständen, Schrott, Rundhölzer u. a. Da diese Güter stets in Massen umgeschlagen werden, liegt die Bezeichnung Massengut nahe, aber 40 000 Sack Kaffee, 1000 Fässer Wein, 5000 Kisten Apfelsinen, 3000 t Schienen, Träger und Rohre sind beispielsweise auch massenhaftes, oft in einer Schiffsladung enthaltenes Umschlagsgut, das aber verpackt oder unverpackt eine ganz andere Technik und andere Geräte zum Verladen verlangt, nämlich die des Stückgutumschlages, weil es eben nicht schüttbar ist. Selbstverständlich bleibt die große Menge immer ein Kennzeichen des Schüttgutes; da sich seine Verfrachtung nur in großen Mengen lohnt, ist sein Umschlag naturgemäß auch dann nur wirtschaftlich, wenn große Massen schnell gefördert werden. Neben diesem Anspruch an die Leistung soll das Schüttgut, obwohl man sich an ihm die Mühe und Zeit für die Verpackung erspart hat, doch schonend behandelt werden, um Verluste durch Abrieb, Zertrümmerung, Lecken, Verdampfen, Feuchtwerden u. dgl. möglichst zu vermeiden. Die mechanischen Hilfsmittel des Schüttgutumschlages können entweder absatzweise oder stetig fördern, einige Geräte sind dabei nur für eine Umschlagsrichtung zu gebrauchen. Absatzweise z. B. fördern Drehkräne, Verladebrücken, Wagenkipper, stetig dagegen Becherwerke, Förderbänder, Saugluftförderer (pneumatische Heber), Pumpen.

In nur einer Richtung bei der einmal getroffenen Anordnung fördern Kipper, Becherwerke, pneumatische Heber, Schwerkraftförderer, Förderbänder und Pumpen, obschon die beiden letzteren in geeigneten Fällen umschaltbar gemacht werden können; in allen Umschlagsrichtungen verwendbar sind Drehkräne und Verladebrücken. Beziehen wir die Umschlagsvorgänge lediglich auf das Schiff im Hafen, so kann man einen gewissen Unterschied in der vorzugsweisen Benutzung der Umschlagsgeräte zum Ent- oder Beladen feststellen, Kipper z. B. können Schiffe nur beladen, pneumatische Getreideheber Seeschiffe nur entladen. Von dieser Erscheinung wird in den Häfen Gebrauch gemacht, je nachdem die Schiffe dort mit dem betreffenden Schüttgut ent- oder beladen werden sollen, ja manchmal sind sogar die an und für sich in allen Umschlagsrichtungen arbeitenden Geräte wie Drehkräne und Verladebrücken aus wirtschaftlichen Gründen für den einseitigen Umschlag in ihrer Anordnung festgelegt. Von diesen Unterschieden wird bei der folgenden Betrachtungsweise kein Gebrauch gemacht, sondern es werden zunächst die für Schüttgut in Frage kommenden Einzelgeräte wie Kräne, Verladebrücken, Kipper usw. in ihrer Eigenart behandelt und darauf zusammengehörige Umschlagsanlagen, wie solche für Getreide, Kali, Kohle, Erze u. ä. besprochen.

b) Schüttgutumschlagsgeräte.

α) Lastfassende Mittel.

Die Drehkräne und Verladebrücken benötigen, um das Schüttgut in ihrer absatzweisen Arbeit fassen zu können, besonderer Gefäße wie Kasten, Kübel und Greifer. Ihre Bauformen und Arbeitsweisen sind recht mannigfaltig, wir beschränken uns hier auf die Betrachtung der für den Hafenumschlag wichtigsten Arten. Kästen, die durch Schütten und Schaufeln gefüllt und an Ketten hängend durch Kippen entleert werden, sind mancherorts noch zu finden, in größeren Abmessungen werden diese Kästen zum Kohlenverladen besonders in engl. Häfen (z. B. Cardiff) benutzt; sie werden vertieft neben die Eisenbahngleise gestellt, durch Neigen der Kohlenwagen gefüllt, von starken Kränen in den Laderaum gebracht und dort durch Öffnen der Bodenklappen ohne Sturz entleert. In verbesserter Form werden neuerdings solche von Waggonkippern gefüllte Kübel benutzt, um mit Hilfe von Verladebrücken über den Schiffsluken entleert zu werden (vgl. Abb. 99). Meist werden zum Umschlag kleinerer und mittlerer Schüttgutmengen Kippkübel benutzt, die in ihrem Gehänge, wenn sie gefüllt sind, durch Verriegelung in aufrechter Lage gehalten sich über dem Laderaum nach Lösen des Riegels durch Umkippen entleeren und durch die Schwerpunktsverlagerung nach Entleerung ihre Anfangsstellung wieder einnehmen. Zum leichteren Entleeren haben diese Kübel meist runde Wände, immerhin muß feuchtes Schüttgut manchmal mit Nachhilfe entleert werden. Sofern Kästen und Kübel nicht durch

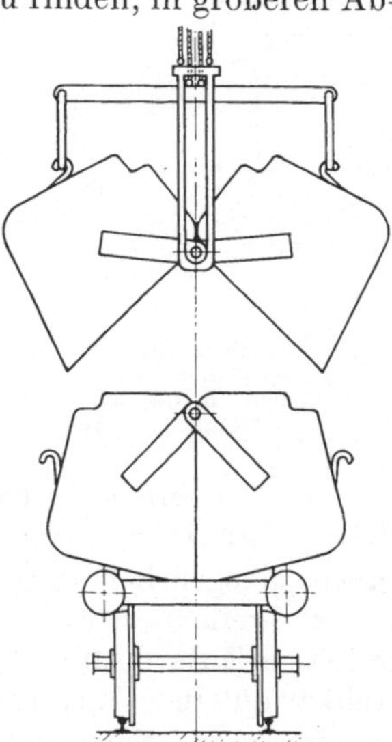

Abb. 73. Klappkübel auf Bahnwagen.

Vollschütten aus Vorratsbunkern oder selbstentladenden Eisenbahnwagen gefüllt werden können, müssen sie von Menschenhand vollgeschaufelt werden. Das ist kostspielig und zeitraubend, da die Leistung der Schaufler bei 4—8 t Kohlen in der Stunde liegt. Ein Kübel, der sich durch das Heraufziehen über die Böschungen der Lagerhalden von selbst füllt, ist der sogenannte Schürfkübel, der aber in europäischen Häfen kaum zu finden ist. Große Bedeutung im Kohlenumschlag haben die geräumigen Klappkübel (6—15 t Inhalt) gefunden, die zu 3—5 auf einen Sonder-Eisenbahnwagen gesetzt im Pendelverkehr zwischen Zeche und Umschlagshafen Kohlen zur Verladung bringen (vgl. S. 107). In Abb. 73 ist schematisch die Anordnung der eisernen meist geschweißten Kübel auf einem Bahnwagen und darüber die Öffnung und Entleerung mittels eines Sondergehänges dargestellt. Die Öffnung der Kübel geschieht durch eine Art Greifersteuerung; zwei Hubseile halten den Kübel, während zwei Zugseile die Kübelhälften voneinander durch Drehung entfernen. Klappkübel werden meist von Drehkränen (bis 20 t Tragkraft) betätigt, im Hafen gebrauchen sie nur zwei Mann (im Kran und am Gehänge je einen) zum Umschlag, die Füllung geschieht auf der Zeche durch Schüttbunker.

Das am allgemeinsten verwendbare lastfassende Mittel im Schüttgutbetrieb ist der Greifer (Selbstgreifer), weil er nicht nur sich in einfacher Weise füllt und entleert, weil er nicht nur in allen Größen verwendbar ist, sondern auch weil er für alle Arten Schüttgüter vom feinsten Salz bis zum grobstückigen Schrott brauchbar ist. Natürlich ist er für sehr unterschiedliche Güter, wie z. B. Erz, Kohle, Getreide, Schrott, zu Sonderformen entwickelt worden, wie auch der Mechanismus seiner Bewegungen zum Öffnen und Schließen die verschiedenartigsten Konstruktionen hervorgerufen hat, so daß der Greiferbau für sich allein ein Kapitel darstellt. Die Wirkungsweise eines Greifers besteht darin, daß sich zwei Schalenhälften, meist in der Form eines Viertelzylinders, auf dem Schüttgut liegend durch die Näherung ihrer Seitenkanten eingrabend füllen. Nach der Hubarbeit entleeren sie sich durch Entfernen der Seitenkanten voneinander. Entleeren ist gleichbedeutend mit Öffnen, Füllen mit Schließen des Greifers. Das Schließen und Öffnen der Greifer kann in grundsätzlich zwei verschiedenen Arten vorgenommen werden. Die meist gebräuchliche Betriebsart verlangt, daß der Greifer unabhängig von der Höhe des Hubes nach dem Willen des Kranführers geöffnet oder geschlossen werden kann, dazu sind zwei Zugorgane mit besonderer Steuerung notwendig (Zweiseilgreifer). Die einfachere, seltener gebrauchte Greiferart, die

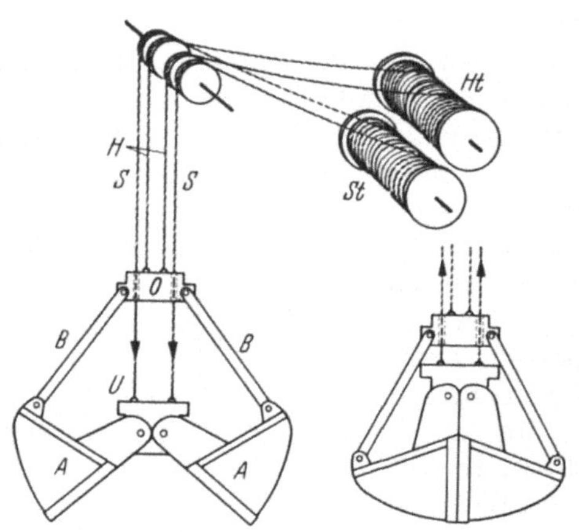

Abb. 74. Wirkungsweise des Zweiseil-Greifers.
A Greiferschalen, *B* Lenkstangen, *O* Oberhaupt, *U* Unterhaupt, *H* Halteseile, *S* Schließseile, *Ht* Haltetrommel, *St* Schließtrommel.

sich nur in einer bestimmten Hubhöhe öffnen läßt, benötigt nur ein Seil (Einseilgreifer); sie ist da am Platze, wo Stückgutkräne, die ja nur ein Zugorgan haben, gelegentlich zum Greiferumschlag benutzt werden sollen, hier bedarf es keiner Greifersteuerung. Die Wirkungsweise des meist verbreiteten Zweiseilgreifers erläutert Abb. 74; die beiden Greiferschalen *A* sind mit ihrer Vorderkante drehbar an einer Traverse (Unterhaupt) *U* gelagert, ihre Rückkanten sind durch Stangen *B* am Oberhaupt *O* befestigt, an welchem auch der ganze Greifer mittels der Halteseile *H* aufgehängt ist. Läßt man den Greifer an den Halteseilen still hängen und zieht durch die Schließseile *S* das Unterhaupt an das Oberhaupt heran, so schließt sich der Greifer (Abb. 74 rechts). Zwischen *O* und *U* ist zur Vergrößerung der Schließkraft meist ein Flaschenzug, seltener Hebel oder Getriebe eingeschaltet. Die voneinander unabhängige Bewegung der Halte- und Schließseile wird durch die verschiedene Steuerung der Haltetrommel (*Ht*) und Schließtrommel (*St*) hervorgerufen (vgl. Greifersteuerungen S. 50). Obwohl nur ein Halte- und ein Schließseil notwendig ist, sind sie der Symmetrie halber doch doppelt angeordnet. Zur Vermeidung der vielen Seile und des nicht immer einfachen Greiferwindwerkes sind

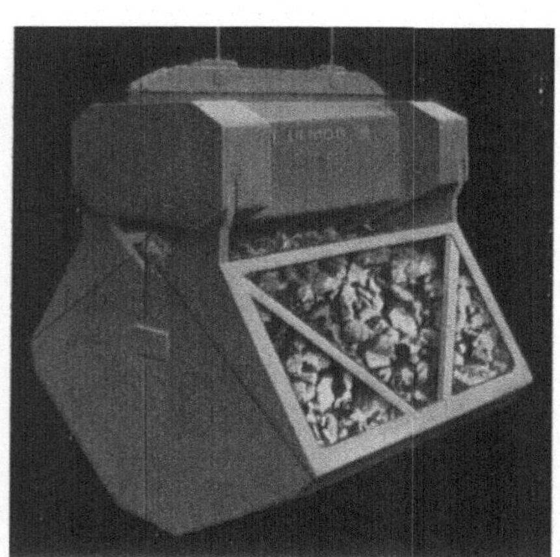

Abb. 75. Motorgreifer. Unruh u. Liebig.

Greifer entwickelt worden, die den Antrieb für das Schließwerk durch einen Elektromotor besorgen, der nebst Getriebe und Gestänge im Oberhaupt untergebracht ist, zu dem vom Kranhaus nur eine elektrische Antriebs- und Steuerleitung hinführt. Abb. 75 zeigt einen solchen Motorgreifer. Es gibt zahlreiche Konstruktionen des Zweiseilgreifers und eingehende Untersuchungen sind an ihm vorgenommen worden. Von einem guten Greifer wird verlangt, daß er sich tief eingräbt, um sich weitgehend zu füllen, daß er sich kräftig und dicht schließt, damit keine Streuverluste auftreten, er soll nicht kopflastig sein, um auch beim Ansetzen an geböschtem Schüttgut nicht umzufallen u. dgl. m. Greifer werden mit 0,5—10 m³ Inhalt gebaut, wobei praktisch das Greifergewicht etwa gleich

dem Gewicht des Inhalts zu setzen ist. Besonders weitklaffende Greifer werden benutzt, um unter Deck in Ecken zu langen und letzte Reste zusammenzuraffen, z. B. Trimmgreifer (Abb. 76) und Hulettgreifer. Für besonders schweres grobstückiges Gut (Erz) wird die Schließkante manchmal mit Zähnen versehen. Ganz abweichend von der Schalenform sind die mehr zangenförmigen Greifer für Schrott oder Rundhölzer gebaut. Der Einseilgreifer vereint in einem Seil Halte- und

Abb. 76. Trimmgreifer. Demag.

Schließvorgang. Im nichtbelastetem Zustande ist er geöffnet, beim Aufsetzen auf das Schüttgut bewirkt das ziehende Seil seine Schließbewegung; im belasteten Zustande bleibt er geschlossen und kann nur geöffnet werden, wenn eine Fangglocke, welche am Kran befestigt ist und im Ausleger hängt, ihm einen Haltepunkt gibt; das nun gesenkte Zugseil gibt seine Öffnung frei, Abb. 77 läßt den Vorgang erkennen. Der Nachteil des Einseilgreifers, nur an einem über dem Füllort gelegenen Punkt sich entleeren zu können, wobei der Sturz das Schüttgut schädigt, und sich auf die meist geringere Tragkraft der Einseilkräne beschränken zu müssen, wird kaum durch den Vorteil der einfachen Verwendung an Stückguthebezeugen aufgewogen, in diesem Falle ist der Motorgreifer besser angebracht. Übrigens kann der Zweiseilgreiferkran auch für Stückgut gebraucht werden, indem man die Seile statt des Greifers mit einem Hakengeschirr verbindet und nur auf Heben und Senken steuert.

Zum Fassen von unverpacktem Eisen (meist Schrott, Gußmasseln und Rohre) auch in Häfen den sonst für diese Zwecke in der Hüttenindustrie benutzten Hebeelektromagneten zu verwenden, hat gelegentlich Vorteile ergeben.

β) Drehkräne.

Der Drehkran ist für Schüttgutumschlag im Betrieb mit Kasten, Kübel und Greifer, sofern

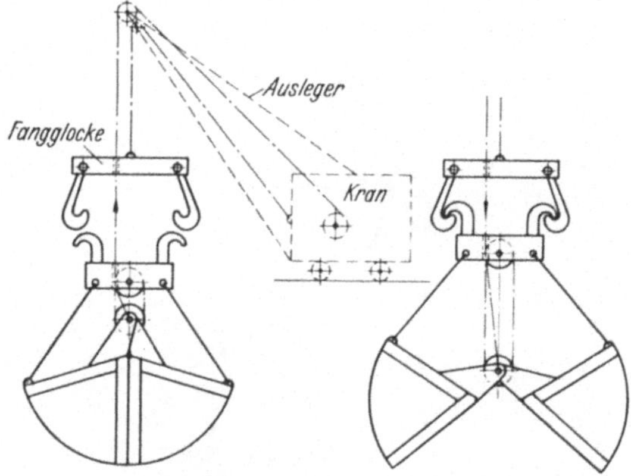

Abb. 77. Wirkungsweise des Einseil-Greifers.

nicht zu große Ansprüche an die Reichweite gestellt werden, wegen seiner Wirtschaftlichkeit in Anschaffung und Betrieb beliebt. Er wird in allen Formen verwendet, landfest, fahrend, schwimmend, ebenerdig, auf Gerüsten und Brücken, in allen Arten des Antriebes und der Auslegerformen. Da die allgemeinen gültigen Angaben über Drehkräne bereits im Abschnitt II B 2 gemacht wurden, können wir uns hier kurz fassen. Der ausgesprochene Schüttgutdrehkran unterscheidet sich vom Stückgutkran dadurch, daß er auf gleiche Nutzlast bezogen, schwerer ausfällt, weil er die lastfassenden Kübel und Greifer, die 30—100% der Nutzlast wiegen, stets mit bewegen muß, weiter dadurch, daß seine Antriebs-

Abb. 78. Greiferwippkran, 5 t, Demag (Karlsruhe).

winde mit der Steuerung verwickelter ist als bei jenem, durchweg sind seine Arbeitsgeschwindigkeiten wegen des Anspruchs hoher Leistung beim Schüttgut auch höher als bei Stückgut, sehr oft benutzt er eine Kranwaage (vgl. Abb. 64), die der Stückgutumschlag selten verlangt. Im allgemeinen ist daher der Schüttgutkran auf gleiche Nutzlast bezogen teurer als der Stückgutdrehkran. Die Ausladung der am Ufer feststehenden oder fahrbaren Greifer- oder Kübelkräne geht bis zu 25 und 30 m, die Tragkräfte, die meist zwischen 5 und 10 t liegen, erreichen bei schweren Kränen 20 t. Die gelegentliche Verwendung von Stückgutkränen zum Schüttgutumschlag kann neben der Anwendung von Einseilgreifern auch z. B. dadurch geschehen, daß man an ihren Haken Becherwerke aufhängt,

Abb. 79. Greiferschwimmkran, 15 t, mit Wippausleger.
Kampnagel (Rotterdam).

die nun bequem aus Schiffsräumen arbeiten können. Von den vielen Schüttgut-
drehkränen können wir an dieser Stelle nur zwei Beispiele neuzeitiger Ausführung bringen. Abb. 78 zeigt einen Greiferwippkran für 5 t Tragkraft bei 6,5—16,5 m
Ausladung in einem Binnenhafen. Bemerkenswert ist das in Blockbauweise aus-

geführte freistehende
Windwerk, das wegen
seiner eingekapselten
Bauart keines weiteren
Schutzes bedarf. Das
Podest auf dem Portal
wird beim Stückgut-
umschlag des Kranes
vor einer entsprechend
hohen Ladeluke ver-
wendet. Auch als
Schwimmkran für
Schüttgutumschlag fin-
det der Drehkran sehr
oft Anwendung. Schütt-

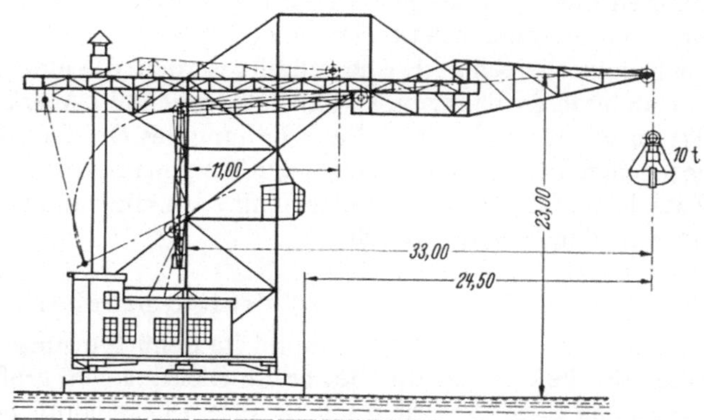

Abb. 80. Greiferschwimmkran, 10 t, mit Auslegerlaufkatze Smit (Rotterdam).

gut verträgt im allgemeinen keine hohen Unkosten für den Umschlag und die Weiterbeförderung, daher ist in einigen Häfen der unmittelbare Umschlag zwischen Seeschiff auf Binnenschiff sehr beliebt. Für Getreide, Kohle, Erz kommen Greiferdreh-
kräne von 3—15 t Tragkraft bei Ausladungen bis zu 20 m in Anwendung. Der
Schwimmkörper ist meist ein nicht selbstfahrendes schiffsähnliches Gefäß, die
Antriebsmaschinen sind zeitgemäße Dampfmaschinen oder Dieselmotoren. Selbstverständlich kommt für neuere Kräne nur der Wippausleger in Frage. Abb. 79
zeigt einen Schwimmgreiferkran (15 t, 18 m Ausladung) mit Dampfbetrieb und
Wippausleger von Kampnagel, wie er besonders für den Hafen von Rotterdam
vielfach geliefert wurde. Ebenfalls sind in diesem Hafen Schwimmkräne der in
Abb. 80 skizzierten Art im Betrieb, die deswegen bemerkenswert sind, weil sie
die bei großer Reichweite (33 m) beträchtliche Einziehstrecke von 22 m nicht durch
eine Auslegerwippbewegung, sondern durch das Zurückziehen einer Ausleger-

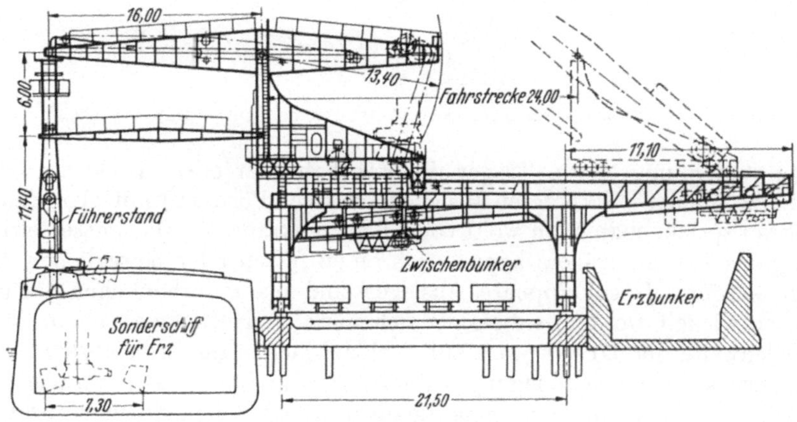

Abb. 81. Stielgreifer, 17 t (nach Hulett) (Cleveland).

laufkatze auf waagerechter Bahn bewerkstelligen, wobei hohe Einziehgeschwin-
digkeiten (2,5 m/sec) erreicht werden.

Eine ganz eigenartige Gestalt des Schüttgutgreifer-Kranes ist in Nordamerika
für Erzumschlag in Gebrauch. Sein Erfinder Hulett fand das Drehen des Kranes
für zu zeitraubend und dem am Seil hängenden Greifer für nicht füllkräftig genug,

Die nach ihm benannten Hulettgreifer sind riesige, schwere Umschlagsgeräte folgender Betriebsweise: Auf einem Eisenbahngleise und Erzbunker überspannenden Portal fährt ein schwerer Kranwagen (Abb. 81), der an einem etwa 16 m langen Wippausleger mit Parallelogrammführung eine starre Säule trägt, die am unteren Ende den riesigen Greifer und darüber in der Säule Antriebsmechanismus und Führerstand enthält. Der über 7 m klaffende bis 17 t fassende Greifer kann auch in waagerechter Ebene gedreht werden, die eine Schale ist unabhängig von der anderen zu bewegen, so daß tatsächlich ein Ausräumen der Erzladung ohne Trimmarbeit möglich ist. Nach Füllung des Greifers fährt der Wagen mit hochgezogenem Stiel (daher auch Stielgreifer genannt) über ein im Portal angebrachtes Zwischengefäß, das den Greiferinhalt aufnimmt und ihn auf die Eisenbahnwagen oder in den Bunker abläßt.

γ) Verladebrücken.

Die Verladebrücke behauptet im Schüttgutumschlag der Binnen- und Seehäfen das Feld, wenn am Ufer breite Gleisanlagen, große Lagerplätze oder beides zusammen bedient werden sollen. Ihre brückenähnlichen Gerüste erstrecken sich senkrecht zur Uferkante landseitig 50—120 m, manchmal noch weiter, indem man ein zweites fahrbares Brückengerüst anfügen kann. Der Name „Verladebrücke" ist eingebürgert für Umschlagsgeräte brückenartiger Gestaltung mit größerer

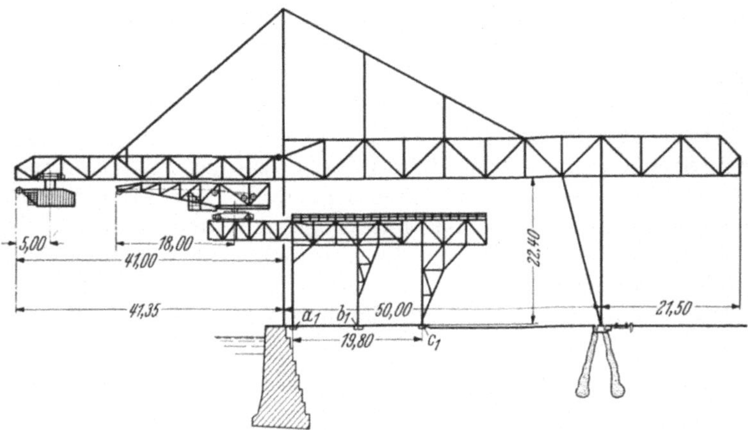

Abb. 82. Verladebrücke und Brückenkran (Antwerpen)

Längenausdehnung, deren Träger die Fahrbahn für einen Drehkran oder eine Laufkatze bildet; bei kürzeren Brückengerüsten (Portalen) mit oben fahrendem Drehkran spricht man auch wohl von „Brückenkränen". Die wasserseitige Ausladung des Brückenträgers kann durch einen festen oder beweglichen Ausleger erzielt werden. Hochklappbare Ausleger sind bis zu erheblichen Längen (bis 58 m) entwickelt worden, sie eignen sich nur für Laufkatzenbetrieb. Will man die Reichweite der Drehkräne auf Verladebrücken durch bewegliche Ausleger verlängern, so kommt ein biegungsfester herausschiebbarer Balkenträger in Frage. Die Abb. 82 zeigt in einem Schema die eben besprochenen Arten in Zusammenarbeit. Es handelt sich um die Ausrüstung eines Schüttgutkais im Antwerpener Hafen. Sechs Verladebrücken mit hochklappbarem Ausleger und 15-t-Laufkatze arbeiten zusammen mit zwei Brückenkränen mit Verschiebeträger und 8-t-Drehkran. Die Brückenkräne können unter allen Brücken ungehindert hindurchfahren.

Drehkräne und Laufkatzen der Verladebrücken werden mit Tragkräften bis zu 30 t ausgestattet, das ergibt natürlich entsprechend schwere Brücken; von ihrer nicht einfachen Berechnung und Gestaltung sei nur erwähnt, daß man vielfach die neuzeitigen Schweißverfahren und hochfesten Baustähle zur Gewichtsersparnis anwendet. Außer den Katzen und Kränen, u. U. mit daranhängenden Wagen-

Abb. 83. Verladebrücke mit Drehkran, 5 t. Mohr u. Federhaff (Mannheim).

kippvorrichtungen, nehmen die vielseitig verwendbaren Verladebrücken auch noch eingebaute Förderbänder. Wiegebunker, Siebvorrichtungen, Schüttröhren und Schüttrinnen je nach Bedarf auf. Die mechanische Einrichtung solcher Brücken ist demnach entsprechend umfangreich, oft sind 10 und mehr Elektromotoren von vielen Hundert kW Leistung eingebaut. Die Geschwindigkeiten des Katz- oder Kranfahrens liegen zwischen 2—6 m/sec; die des Brückenfahrens zwischen 0,3—2 m/sec, die des Hebens zwischen 1 und 1,5 m/sec. Der Fahrantrieb der weit auseinanderliegenden Brückenstützen geschieht neben der mechanischen Übertragung vielfach durch die sog. „elektrische Welle", d. h. an der festen und an der Pendel-Stütze sind die Antriebsmotoren elektrisch gleichlaufend eingerichtet. Unter den Sicherheitsvorrichtungen einer großen Verladebrücke ist besonders die Sturmsicherung wichtig, da durch Sturmverwehung ins Laufen gekommene Brücken nicht selten zusammengebrochen sind. Man kann z. B. durch Windmesser selbsttätig Bremsen und Stillsetzen der Brücke im Gefahrfall erzwingen. Die Frage, ob der Drehkran oder die Laufkatze für die Brücke geeigneter sei, kann nur unter Berücksichtigung

Abb. 84. Drehlaufkatze (10 t) einer Verladebrücke. MAN (Emden).

mehrerer Gesichtspunkte beantwortet werden. Der Drehkran (Abb. 83) hat den Vorteil, zu beiden Seiten der Brücke ein großes Feld bearbeiten zu können, besonders wenn er einen weitreichenden Wippausleger hat. Der Drehkran ist aber schwerer als die Laufkatze gleicher Tragkraft, verlangt breitere Fahrbahn, größere Fahrarbeit oder geringere Geschwindigkeiten. Die darin vorteilhaftere Katze hat allerdings nicht den großen Arbeitsbereich, selbst wenn man sie als Drehlaufkatze mit 5 m Ausladung baut. Will man darüber hinausgehen oder die Tragkräfte noch über 15 t erhöhen, so muß man die Drehfähigkeit der Katze einschränken, um nicht zu schwere Stützen und Träger zu erhalten. Eine voll-

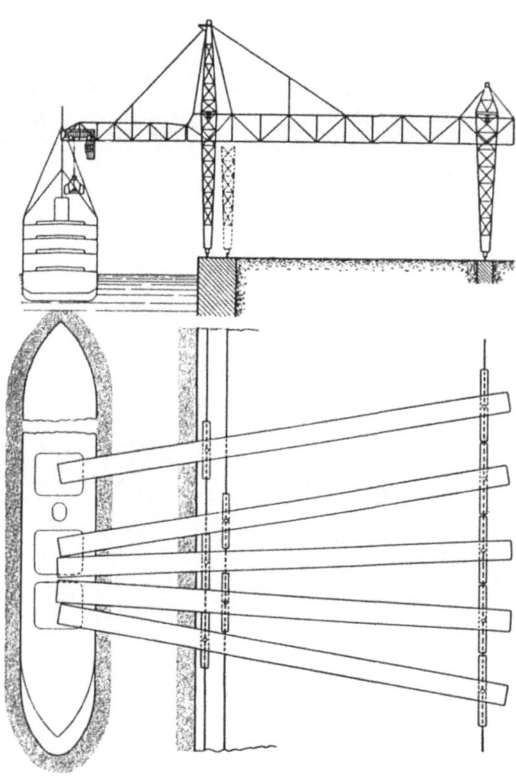

Abb. 85. Schrägstellverladebrücke.

drehbare Laufkatze (10 t) bei der Arbeit zwischen Seeschiff und Flußkähnen zeigt Abb. 84.

Brücken mit großen Tragkräften und Ausladungen erzeugen riesige Stützendrücke, die wenn auch auf mächtige Fahrwerke und Schienen verteilt doch einen festen Untergrund, besonders am Ufer verlangen, u. U. auf einem im Wasser auf Pfählen gegründeten Fahrbahnträger. In der Regel sind die Verladebrücken auf parallelen Schienen verfahrbar, doch kommen bei gekrümmten Ufern auch solche mit radialen Verschiebungen vor. Sehr interessant ist die manchmal ausgeführte Winkelverstellbarkeit der Verladebrücken, um zwei Laufkatzenbahnen schräg aufeinander zurückend an einer Luke arbeiten zu lassen, wie in Abb. 85 erläutert ist. Oft arbeiten Verladebrücken mit anderen Hebezeugen zusammen, sei es, daß am Ufer ein Drehkran oder eine besondere Verladebrücke die beschleunigte Be- oder Entladung von Schiff und Eisenbahn vornimmt, während eine andere Brücke die Verteilung oder Entnahme des Schüttgutes auf dem Lagerplatz besorgt, sei es, daß große Verladebrücken große Ladungen, kleine Brückenkräne Restladungen oder kleinere Schiffe bedienen (vgl. Abb. 82), sei es, daß kürzere, fahrbare Brücken den Uferumschlag besorgen, beim Arbeiten auf dem Lagerplatz aber ihre Kräne und Katzen auf besondere Brückengerüste oder Hochbahnen überführen, die sozusagen ihre Verlängerung bilden. Lange Fahrwege setzen indes die Leistung sehr herab. Laufkatzen kleinerer Tragkraft werden meist als Einschienenkatzen ausgebildet, ihre Gerüstanlagen nähern sich dann sehr dem Wesen der Elektrohängebahnen, wie sie gern zum Hafenumschlag bei Industriewerken benutzt werden. Bei ihnen können gekrümmte und geneigte Förderbahnen (Schrägaufzüge) bestrichen werden.

Seilbahnen in Form des Kabelkranes oder des Schwebeliftes[1] sind selten für

<hr>

[1] Petersen u. Wundram: Eine neue Bauweise von Drahtseilförderanlagen. Fördertechn. 1937, Nr. 26.

den Hafenumschlag ausgeführt worden, so daß wir uns hier auf die Erwähnung ihrer Namen beschränken wollen.

δ) Eisenbahnwagenkipper.

Es liegt nahe, Schüttgüter, die mangels anderer Verbindung nur mit der Eisenbahn in die Ausfuhrhäfen gelangen können, in Selbstentladewagen zu befördern und am Schiffsliegeplatz sich ohne Umschlagsgeräte entladen zu lassen, aber nur selten hat sich hierfür Verwendung gefunden (z. B. in Erzausfuhrhäfen unter Zwischenentladung in Sturzbunker). Für hohe Leistungsansprüche, bei denen selbst Greiferumschlag nicht mehr in Frage kommt, ist nur das Gerät zu gebrauchen, das die beladenen Eisenbahnwagen im ganzen durch Neigen oder Kippen ausschüttet. Diese Eisenbahnwagenkipper, kurz Kipper genannt, schlagen aus offenen Güterwagen Kohlen und Erz, aus gedeckten Getreide um und zwar in

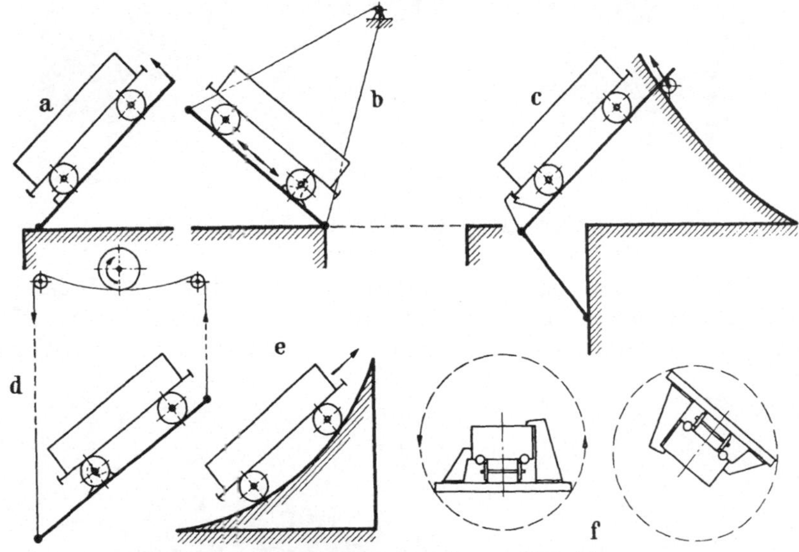

Abb. 86. Grundsätzliche Bewegungsarten von Wagenkippern.
a gewöhnlicher Schrägbühnenkipper, *b* Pendelkipper, *c* Schwingkipper, *d* Krankipper,
e Kurvenkipper, *f* Seitenkipper.

Wagenladungen von 10—120 t, je nach Wagenbauart und -Größe in den einzelnen Ländern. Am weitesten verbreitet ist der Kohlenkipper. Zahlreich sind die Bauarten der Kipper in den Häfen, zumal in den letzten Jahrzehnten zum Verfahren der unmittelbaren Entleerung in die Schiffe noch die mittelbare Verwendung des Kippers zum Speisen stetiger Förderer für die Schiffsbeladung hinzugekommen ist. Die meisten Kipper entleeren die Wagen über die Stirnseite, dabei sind die Wagen in einer sicheren Weise (Achsfanghaken, Radvorlegeklötze, Prellböcke) auf einer Plattform befestigt (Plattformstirnkipper), die durch Neigung um einen Drehpunkt (Abb. 86a), durch Pendeln (*b*) oder Herausschwingen (*c*) den Wagen in die zum Ausschütten nötige Schräglage bringt. Diesen ortsfesten Kippern stehen die Krankipper gegenüber, bei denen ein entsprechend starkes Hebezeug (Drehkran oder Laufkatze) die Plattform durch Seilzüge in die Schräglage bringt (Abb. 86 d). Diese Plattform kann von beliebigen Stellen der Verschiebegleise aufgenommen und nach der Schiffsladeluke durch das Hebezeug, meist eine Verladebrücke, befördert werden. Stirnkipper ohne Plattform ziehen die Wagen an einer Gleiskurve hoch (Abb. 86 e). Seitenkipper werden für sehr schwere Wagen (80—120 t Ladegewicht) bevorzugt, die Wagen werden bei der Entleerung etwa um 150° gedreht (Abb. 86 f), müssen also für diesen Vorgang gebaut sein. Auch diese Kipper haben verschiedene mechanische Bewegungsvor-

richtungen. Als Antrieb kommt seltener die Schwerkraft, öfter die Hydraulik
(England) zur Anwendung, der elektrische Antrieb herrscht aber vor. Die Kipper
können ortsfest, auf Gleisen fahrbar oder auf Drehscheiben drehbar angeordnet
sein. In Häfen, in denen hochbordige Schiffe und wechselnder Wasserstand vorkommen, muß die Kippbühne bei unmittelbarer Schiffsbeladung gehoben werden

Abb. 87. Kohlenkipper für Binnenschiffe. Demag (Duisburg).

können. Die Leistungsfähigkeit der Kipper im Großbetriebe ist abgesehen von
der Größe der Wagenladungen und der Aufnahmebereitschaft der Schiffe stark
abhängig vom ungestörten Zulauf der vollen und Ablauf der leeren Wagen. Zu

Abb. 88. Seitenkipper für Seeschiffsbeladung. Pohlig (Gedingen).

diesem Zweck gehören zum Kipperbetrieb leistungsfähigere Gleisanlagen entweder mit natürlichem entsprechend gesicherten Zu- und Ablauf, oder mit mechanischen Verschiebeeinrichtungen, Seilzuganlagen, Drückmaschinen (neben oder
unter den Gleisen), Kippdrehscheiben (Abb. 103) u. a. m. Es werden öfter Kipp-
leistungen von 30—50 Wagen in der Stunde angegeben, die Durchschnittszahlen
über längere Dauer liegen meist ganz erheblich niedriger (10—25). Verzögerungen
im Umschlag kommen auch vor, wenn die Wagen nicht kippgerecht (Bremserhäuschen nach vorn) stehen oder die Kohlen zusammengebacken oder zusammen-

gefroren sind, was wieder besondere Maßnahmen (Losbrechen, Auftauen u. a.) nötig macht. Im übrigen muß für die Schonung der Kohle beim Kippen durch entsprechende Ausbildung der Schüttrinnen und -rohre möglichst Sorge getragen werden.

Von den vielen Ausführungsformen der Kipper, die teilweise weit vor der Jahrhundertwende in den Häfen erschienen, kann hier nur eine Auswahl von zwei neueren kurz beschrieben werden. Abb. 87 zeigt die übliche, besonders im bedeutendsten Kipperumschlaghafen Duisburg-Ruhrort angewendete Anordnung einer Flußschiffbeladung mit Wagenkippern. Die Kippplattform kann durch eine starke elektromotorisch betriebene Zahnstange wahlweise um eine vordere oder hintere Achse auf etwa 50—60° geneigt werden, durchweg ist sie für deutsche Verhältnisse ausreichend auf 30 t Tragkraft berechnet. Sie kann den Wagen unmittelbar in den Kahn entleeren oder durch Zwischenschaltung eines im Brückengurt fahrenden Bunkers, somit können Kähne inner- und außerhalb des Pfeilers unabhängig von der Wagenstellung beladen werden. Durch die nach links oder rechts mögliche Neigung der Kippbühne braucht keine Rücksicht auf die Stellung der Bremserhäuschen der Kohlenwagen genommen werden. Einen Seitenkipper, wie er sonst in Europa nicht gebräuchlich ist, zeigt Abb. 88, er besorgt im Hafen von Gedingen das Entleeren der 30 t-Wagen, welche polnische Ausfuhrkohle auf Seeschiffe zwar nicht unmittelbar aber unter Zwischenschaltung von Stahlförderband und zellenartiger Niedertragsvorrichtung (S. 100) abgeben. Im praktischen Betriebe sind 19 Wagen stündlich als Spitzenleistung mit dieser Vorrichtung entleert worden.

ε) Bandförderer und Becherwerke.

Die Förderung schüttbarer Güter im stetigen Strome bedient sich verschiedener Mittel. Flüssigkeiten (Petroleum u. ä.) werden durch Pumpen und Rohrleitungen befördert, kleinkörniges Schüttgut, besonders Getreide, bedient sich der Beförderung durch den beschleunigten Luftstrom, für die Förderung senkrecht oder schräg nach unten kommt für alle Schüttgutarten die durch die Schwerkraft hervorgerufene Bewegung in Schüttrinnen, Rutschen, Fallrohren u. ä. in Anwendung. Daneben spielt für den Hafenumschlag die Förderung des Schüttgutes mittels endlosen, um 2 Trommeln laufenden Bandes eine Rolle; Band und Trommel können dabei verschiedene Formen annehmen. Wenn wir zunächst die Waagerechtförderung betrachten, so herrscht hier das schmiegsame Band aus Gummi oder gummiertem Webstoff (Balata u. ä.) vor, es läuft in Breiten bis 1,5 m und Längen bis 150 m um zwei Rollen, wobei mit den anwendbaren Geschwindigkeiten von 2—5 m/sec Leistungen von maximal 400—1000 t/h bewältigt werden können. Steigungen können mit ihm je nach Reibungswinkel des Schüttgutes etwa von 15—25° ausgeführt werden. Die schmiegsamen Bänder können entweder in ebener Fläche oder muldenförmig gekrümmt, wozu die Führungsrollen besonders angeordnet sind, laufen. Muldenbänder können bei gleicher Bandbreite bis 30% mehr als ebene schaffen. Mit gutem Nutzen werden im Hafenumschlag auch die fahrbaren Förderbänder besonders bei Binnenschiffen und Eisenbahnwagen verwendet. Mit elektro- oder benzinmotorischem Antrieb werden sie in Leistungen bis etwa 150 t/h hergestellt. Die fahrbaren und die meisten der festeingebauten Förderbänder entleeren den Schüttgutstrom durch Ausschütten über eine Endrolle. Dabei kann ein Förderband ein anderes beaufschlagen, falls ein Zusammenarbeiten mehrerer Bänder nötig ist. Soll aber bei sehr langen Förderbändern, wie sie besonders im Getreideumschlag vorkommen, das Gut an einer beliebigen Stelle der Förderstrecke entnommen werden, so kommen verfahrbare Abwurfwagen in Frage, deren Grundgedanke in Abb. 89 kurz skizziert ist.

Sind die Bänder aus organischen Stoffen für gewisse Fördergüter (z. B. Erze

7*

und Koks) nicht verschleißfest genug, so wendet man Plattenbänder aus gliederförmig aneinandergereihten Stahlplatten an, die natürlich entsprechend geformte Antriebs- und Umlenkorgane haben müssen. Zum besseren Fassen des
Schüttgutes sind sie oft muldenförmig ausgebildet oder mit Seitenwänden versehen.
Plattenbänder können bei weitem nicht die Geschwindigkeiten der schmiegsamen
Bänder erreichen, sondern höchstens nur 1,2 m/sec. Von den mannigfaltigen in
der Fördertechnik angewendeten Arten interessieren uns hier besonders die zur
Verladung von Kohlen auf Schiffe entwickelten Formen, welche die Aufgabe
haben, die Ladung nicht nur waagerecht zum Schiff zu fördern, sondern sie auch
senkrecht ohne Sturz in die Laderäume zu bringen. In England, dem klassischen
Lande der Kohlenverladung, kannte man schon seit langem das Zusammenarbeiten von Förderbändern mit Niedertragevorrichtungen, wie es in der
kleinen Skizze der Abb. 89 wohl ohne weiteres
verständlich ist. In Deutschland hat in den
letzten Jahren besonders die Firma Pohlig-Köln
ein Stahlplattenband entwickelt, das mit Längs-
und Querwänden sozusagen Zellen (Abb. 91)
bildet, die geneigt bis fast zur Senkrechten die
Kohlen sturzfrei in den Schiffsladeraum bringen
können. Die äußere Ansicht einer solchen Zellenniedertragevorrichtung für schonenden Kohlenumschlag im Hafen Duisburg-Ruhrort zeigt
Abb. 92.

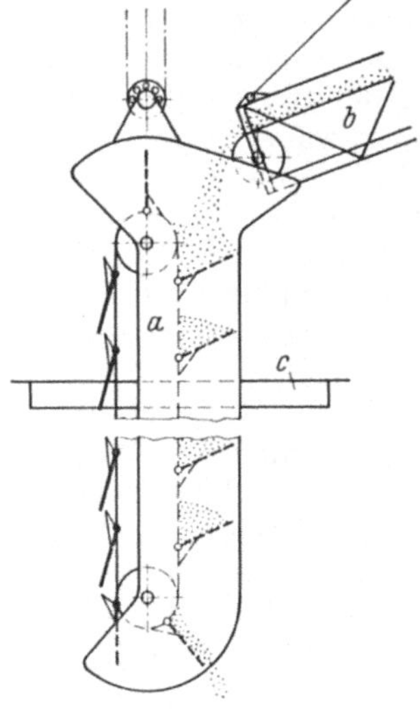

Abb. 90. Niedertragevorrichtung
für Kohlenumschlag.
a Niederträger, b Förderband,
c Schiffsluke.

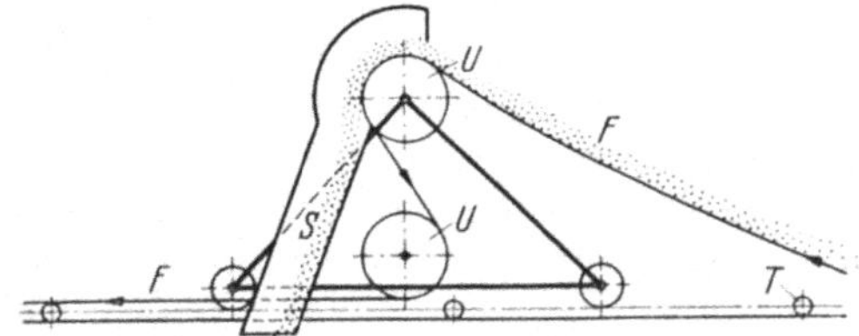

Abb. 89. Wirkungsweise des Abwurfwagens.
F Förderband, U Umlenkrollen und S Schüttrohre des
Abwurfwagens, T Tragerollen des Förderbandes.

Im Getreideumschlag werden neben den Förderbändern auch noch Trogförderer für den waagerechten Förderweg benutzt, allerdings mehr für den Speicherbetrieb als für die Schiffsverladung. Sie befördern in geschlossenen Trögen, daher

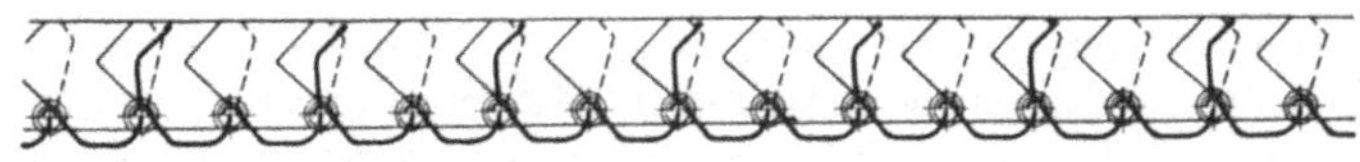

Abb. 91. Stahlzellenband.

ohne Staubentwicklung nach draußen, durch eine gezogene Kette mit oder ohne
Querstege, oder durch eine sich drehende Blechschnecke (archimedische Schraube)
das Körnergut waagerecht oder schwach geneigt auf beschränkte Entfernungen.
    Will man mittels des laufenden Bandes senkrecht oder in Schräglagen fördern,
welche den Rutschwinkel des Schüttgutes übersteigen, so kommt das Becherwerk in Frage, so genannt, weil man die an dem Band (Webstoff oder Gummi)
oder der Gliederkette befestigte Gefäße entsprechender Form und Größe als
Becher bezeichnet. Ihre Form ist abhängig von der Art des Gutes, von der Fördergeschwindigkeit und dem beabsichtigten Entleerungsvorgang. Abb. 93 skizziert die Wirkungsweise, am unteren Ende wird das Gut entweder im geschlossenen

Strom zugeführt oder die Becher müssen, so z. B. bei der Schiffsentladung, aus dem Haufen greifen. Die Becherwerke sind meist von einem dichten Gehäuse umschlossen und entweder im Bauwerk oder im Hebezeug fest eingebaut, sie können

Abb. 92. Uferverladeapparat für Kohlen mit Niedertragevorrichtung in einem Binnenhafen. Pohlig (Duisburg).

aber auch als in sich selbständiges Fördermittel an den Auslegern von Speichern, festen oder schwimmenden Hebezeugen hängend zum Umschlag benutzt werden (Abb. 94). Mit Becherwerken können Förderhöhen bis zu 50 m und Stunden-

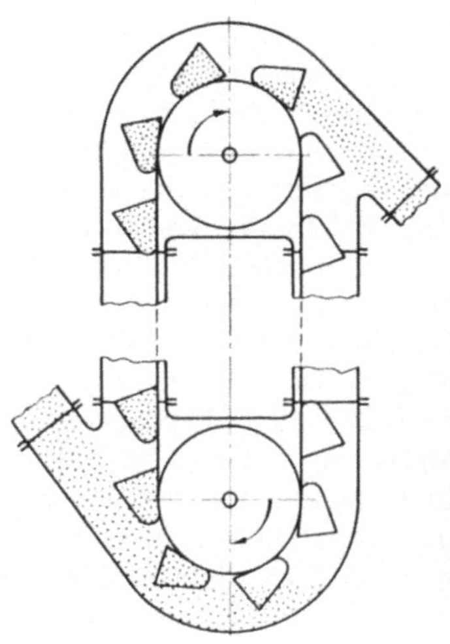

Abb. 93. Wirkungsweise des Becherwerkes.

Abb. 94. Schwimmendes Becherwerk. Miag.

leistungen bis zu 300 und 400 t erreicht werden. Für gute Entladeleistungen aus Schiffsräumen ist unbedingt bei den Becherwerken (Elevatoren) zu beachten, daß sie in den Laderäumen vernünftig angesetzt werden können und daß von ihnen das Schüttgut so erfaßt werden kann, daß nicht zuviel Handarbeit zum Zutrimmen (Zuschaufeln) zusätzlich aufgewendet werden muß. Sollen Becherwerke neben senkrechten und geneigten Strecken auch noch in einem Zuge waagerecht fördern, so müssen die einzelnen Becher pendelnd aufgehängt werden. Solche

Pendelbecherwerke (Conveyor) kommen im Hafenumschlag gelegentlich für Industriewerke vor.

ζ) Saugluftförderer.

Die Förderung im beschleunigten Luftstrom brachte in den neunziger Jahren des vorigen Jahrhunderts dem Schüttgutumschlag eine wertvolle Bereicherung, soweit es sich zum wenigsten um Körnerfrüchte und sonstiges kleingekörntes Gut handelte. Die nötige Strömung der Luft wird entweder durch Unterdruck (Saugluftförderung) oder durch Überdruck (Druckluftförderung) hervorgerufen. Für die Senkrechtförderung, auf die es beim Umschlag am meisten ankommt, ist die Saugluft, für die überwiegende Waagerechtförderung (Streckenförderung 100—200 m) die Druckluft mehr am Platze. Dem Vorgang, der auch pneumatische Förderung genannt wird, liegt die Erscheinung zugrunde, daß von schnell bewegter Luft, ähnlich wie Sand vom Sturme, kleine und nicht zu schwere Teile mitgerissen werden; bei der im Hafen am meisten vorkommenden pneumatischen Förderung von Getreide muß die Luftgeschwindigkeit etwa 30—40 m/sec betragen, sie wird durch starke Kolbenluftpumpen, neuerdings auch rotierende Turbo- und Kapselgebläse erzeugt. Die grundsätzliche Anordnung eines pneumatischen Umschlagsgerätes zeigt Abb. 95. Die Luftpumpe L erzeugt in einem Behälter (Rezipienten R) den nötigen Unterdruck, der in dem Saugrohr S (ein oder mehrere) die erforderliche Strömungsgeschwindigkeit hervorruft. Die Saugöffnungen (Düsen D) müssen natürlich neben dem Getreide auch der Luft Zutritt gestatten. In dem Rezipienten scheidet sich das schwerere Fördergut von der Saugluft infolge Verringerung der Strömungsgeschwindigkeit und fällt zu Boden, wo es durch eine meist drehbare Luftschleuse (A) abgezogen werden kann. Durch besondere Fliehkraftwirkung der Strömungen (im Zyklon Z) oder in Filtern scheidet sich der Staub auch noch für sich aus und kann ebenfalls durch eine besondere Schleuse (B) entnommen werden. Die pneumatischen Getreideheber sind im Laufe der Jahre von Deutschen und Engländern bedeutend entwickelt[1] worden sowohl für landfeste wie für schwimmende Anlagen. Die Bestleistungen betragen je Rohr von 120 bzw. 180 Durchmesser und 20—25 m Förderhöhe 40 t/h bzw. 90 t/h aus dem Vollen bei einem Kraftverbrauch von rd. 1 PSh/t. Im Hafenbetrieb werden allerdings diese Werte nicht erreicht. Pneumatische Förderanlagen werden bis zu kleinen Leistungen von 10 t/h herab gebaut, doch erscheint für den Hafenumschlag eine Stundenleistung unter 30 t wirtschaftlich nicht empfehlenswert. Für den schwimmenden Getreideheber hat sich sozusagen eine Regelform entwickelt[2], die Abb. 96 am Beispiel eines Antwerpener Getreidehebers aufzeigt. Die dampfbetriebene Kolbenpumpe (a und b) wird meist an Bord verwendet, doch führt sich aus wirtschaftlichen Gründen (vgl. S. 38) auch schon der Dieselmotor ein. Die in Landbetrieben erprobten Turbogebläse (schnell rotierende Kapselgebläse oder Schleuderluftpumpen) werden ebenfalls wegen ihrer

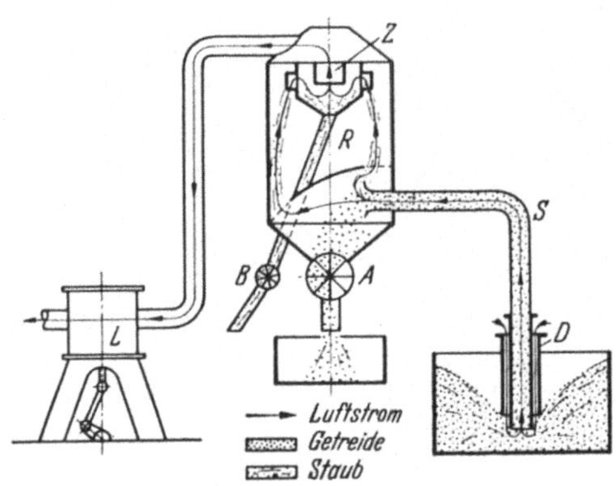

Abb. 95. Grundsätzliche Anordnung der Saugluftförderung. L Luftpumpe, R Rezipient, Z Zyklon, S Saugleitung, D Düse, A Getreideschleuse, B Staubschleuse.

---

[1] Müller: Die Entwicklung der schwimmenden pneumatischen Getreideheber. Jb. hafenbautechn. Ges. 1937, Bd. XVI.

[2] Kinart, de Cavel et Aertssen: Les Elévateurs à grains du port d'Anvers. Ann. Trav. publ. Belg. Okt. 1936, Febr., April, Juni 1937.

betrieblichen Vorteile (Schwingungsfreiheit) den Schwimmheber für sich gewinnen. Der Hauptgrund, den pneumatischen Betrieb trotz seinem theoretisch und praktisch hohen Kraftverbrauch in Europa einzuführen, lag in der Eigenart der partieweise durch Matten oder Holzverschläge in den Laderäumen der Seeschiffe abgetrennten Einfuhr-Getreidemengen, an denen Becherwerk und Greifer weder wirksam noch sicher angesetzt werden konnten. Die Rohr- und Düsenführung (d und e in Abb. 96) erlaubt jeden Winkel auszukehren und jeden Rest zu erfassen. Die hohe Anpassungsfähigkeit des pneumatischen Umschlages ist ein Vorteil, der mit dem fünffachen oder gar höheren Kraftverbrauch gegenüber Becherwerk und Greifer nicht zu teuer erkauft ist. Als weiterer Vorzug des pneu-

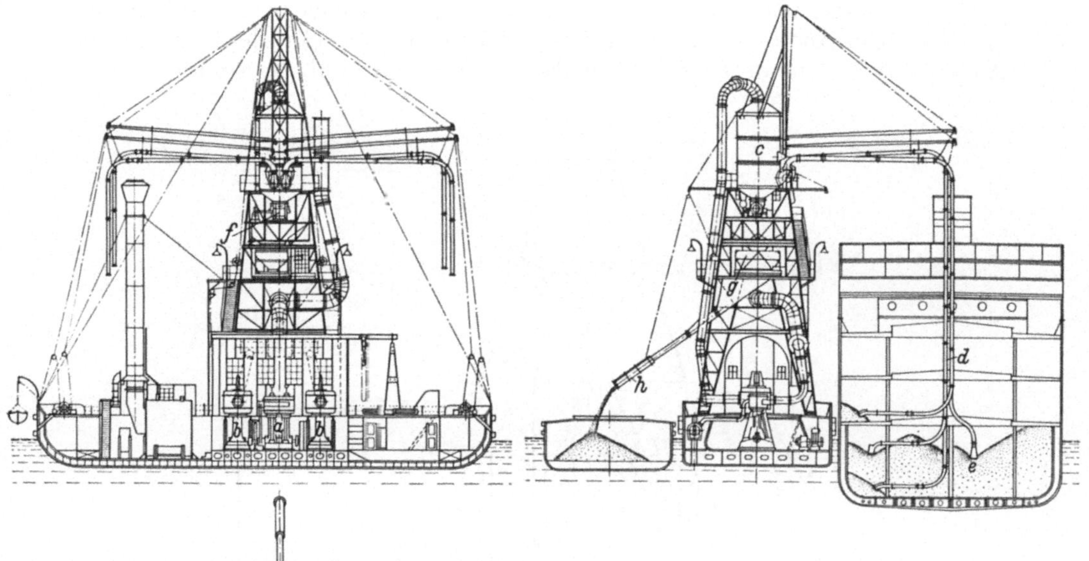

Abb. 96. Schwimmender Getreideheber.
a Antriebsmaschine, *b* Luftpumpen, *c* Rezipient, *d* Saugrohre, *e* Düse, *f* Drehschleuse, *g* Waage, *h* Schüttrohr.

matischen Umschlages muß gewertet werden, daß das Entladen bei jedem Wetter erfolgen kann, praktisch staubfrei ist und dem Getreide nach langer Seefahrt eine vorteilhafte Durchlüftung zuteil werden läßt. Nachdem es im Heber die Luftschleuse f verlassen hat, gelangt es nach Verwiegung (Waage g in Abb. 96) durch Schüttrohre h in das Binnenschiff. Soll der schwimmende Getreideheber nicht in niedrige Kähne, sondern in hochbordige Schiffe oder in Speicherräume umschlagen, so bedarf er eines Becherwerkes, um die nötige Schütthöhe zu erlangen, manchmal wird auch hierbei der Druckluftstrom zum Weiterfördern angewendet. Übrigens wird auch gelegentlich Ölsaat, Salz, Kopra, Kohle im Luftstrom befördert[1].

η) Bunkergeräte.

Während im Getreideumschlag von Schiff zu Schiff die stetigen Förderer, seien sie nun Becherwerk oder pneumatischer Heber, dem aussetzend arbeitenden Schwimmkran überlegen sind, finden die schwimmenden Becherwerke für Kohlenumschlag eine geringere, für Erz kaum eine Anwendungsmöglichkeit. Hier herrscht unbedingt auf dem Wasser der Schwimmgreiferkran mit Tragkräften von 3—15 t vor, sofern nicht überhaupt, wie wir später in den Abschnitten

---

[1] Müller: Der Verwendungsbereich pneumatischer Förderung. Fördertechn. 1938, Nr. 23.

über Kohlen- und Erzumschlagsanlagen sehen werden, das Umschlagsgeschäft von Schiff zu Schiff von den landfesten Verladebrücken mitübernommen wird. Becherwerke für den Kohlentransport finden bei den Geräten eine Anwendung, die dazu bestimmt sind, Kesselkohle an Bord der Dampfer zu schaffen, sofern diese Bunkerkohlenübergabe nicht auch mittels Greifer und Schütttrichter von Verladebrücken und Schwimmkränen besorgt wird, bzw. bei kleinen Dampfschiffen durch einfache Winden und Kohlenkörbe. Die aus stetigen Förderern (Becherwerke und Förderbänder) zusammengesetzten, meist schwimmenden Bunkergeräte sind in größeren Seehäfen oft mehrfach und in verschiedenen Ausführungen meistens geschleppt, seltener selbstfahrend anzutreffen. Als Aufnahmeorgan für die in Schuten oder Leichtern herangeschafften Bunkerkohlen dient in der Regel ein Greifer. Unter den mannigfachen Ausführungen zeigt Abb. 97 die grundsätzliche Anordnung der Zusammenarbeit von Greifer (g) am hochklappbaren Ausleger, Schüttrumpf (f), Waage (w), Becherwerk (b) und Förderband (d). Meist

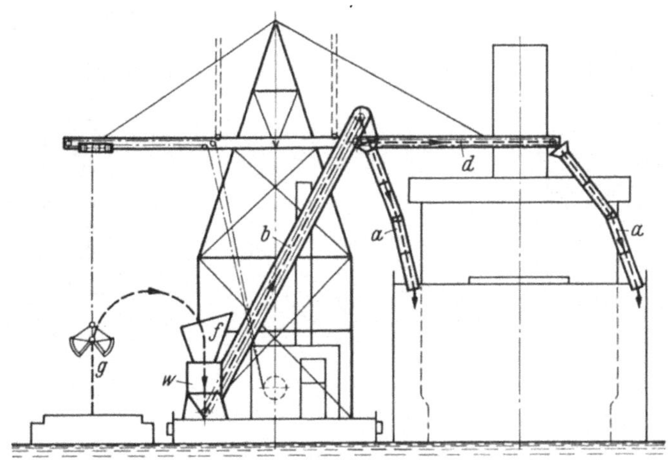

Abb. 97. Grundsätzliches Beispiel für ein schwimmendes Kohlenbunkergerät.
a Schüttrohre, b Becherwerk, d Förderband, f Fülltrichter, w Waage, g Greifer.

sind diese Bunkerapparate so eingerichtet, daß die Bunkerluken an beiden Schiffsseiten durch Schüttrohre (a) gefüllt werden können.

Ist die schwimmende Bekohlung der Dampfer weitab von den Kohlenlagern vorzunehmen, so eignen sich Bunkergeräte, die den Vorrat im eigenen Schiffsrumpf mit sich bringen, besser zur schnellen Bebunkerung. Da die Öffnungen der Kohlenbunker, die teils an Deck, teils als Kohlenpforten an den Seitenwänden der Dampfschiffe liegen, klein sind, so ist der gleichmäßige Zustrom mittels Dauerförderer erwünschter als die sturzweise Füllung aus dem Greifer durch Trichter und Schüttrohr. Die stündlichen Mengenleistungen derartiger Kohlenbunkergeräte sind sehr verschieden und nicht nur abhängig von der Leistungsfähigkeit des Bunkergerätes, sondern auch von den Gegebenheiten der Bunkerräume (gleichzeitige Beschickung von ein oder zwei Bunkerluken, Trimmarbeit u. ä.); sie liegen zwischen 50 und 250 t/h. Leistungsfähige Bunkereinrichtungen sind für viele Häfen ein Werbemittel, denn das Bunkern soll nicht die teure Hafenliegezeit verlängern, meistens wird es daher sogar während der Lösch- und Ladezeit der Schiffe von der freien Wasserseite her vorgenommen. Ein neueres selbstfahrendes (4 Knoten) Bunkerschiff mit eigenem Vorratsraum für 1000 t Kohle zeigt Abb. 98. Der mittschiffs stehende elektr. Greiferwippkran (9 t) kann in seiner Arbeitsringfläche (20,25 m größte und 6 m kleinste Ausladung) nicht nur die beiden Laderäume und den Wiegebunker, sondern auch noch 14 m nutzbar über Bord reichen, um seine Ladung von Land oder Schiff einzunehmen. Zum Bunkern werden die beiden aufklappbaren Förderbänder *e* und *f* mit ihren am Ende hängenden Teleskoprohren über die Bunkerluken eingestellt. Durch

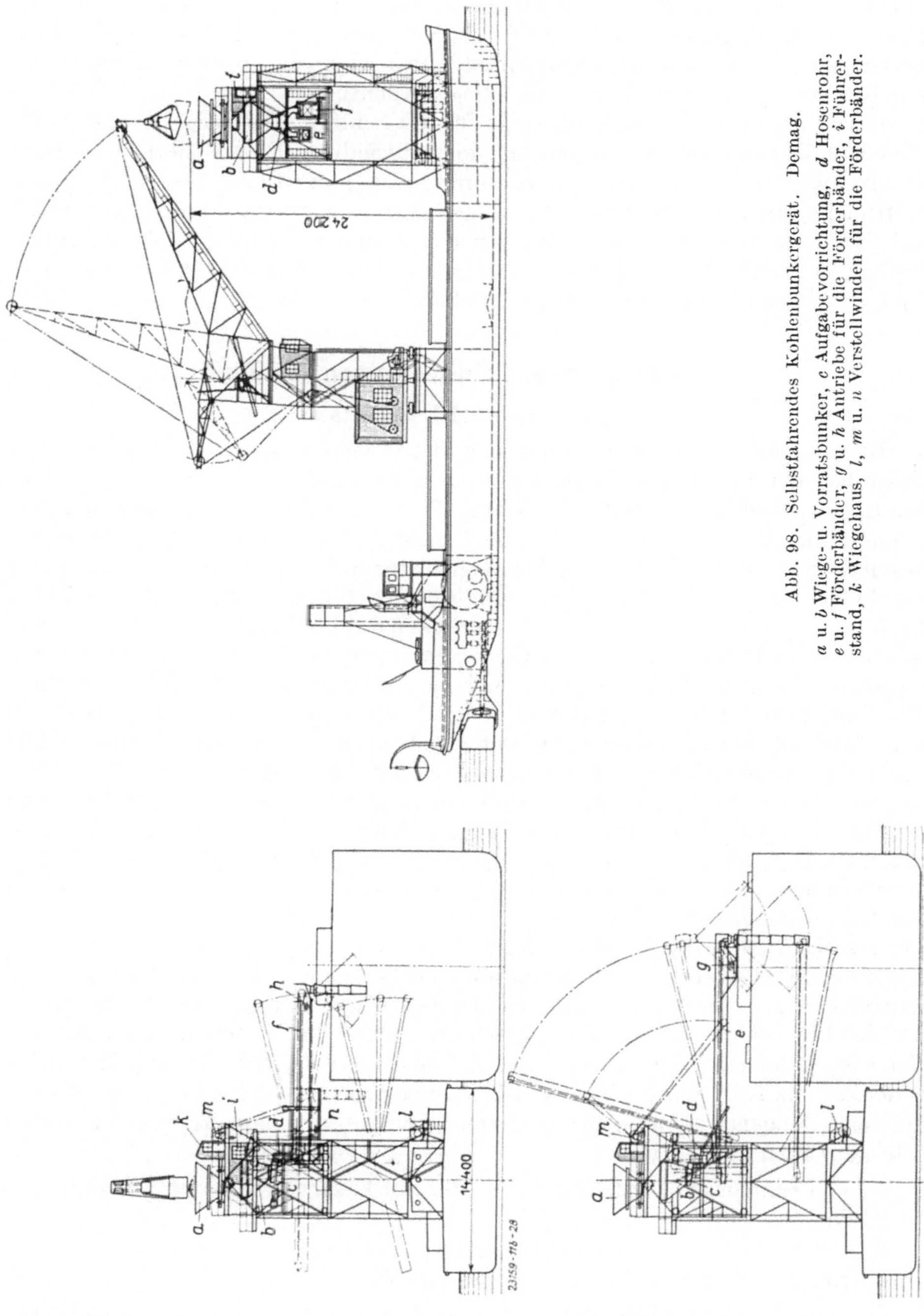

Abb. 98. Selbstfahrendes Kohlenbunkergerät. Demag.

a u. *b* Wiege- u. Vorratsbunker, *e* Aufgabevorrichtung, *d* Hosenrohr, *e* u. *f* Förderbänder, *g* u. *h* Antriebe für die Förderbänder, *i* Führerstand, *k* Wiegehaus, *l*, *m* u. *n* Verstellwinden für die Förderbänder.

die verschiedene Länge der Bänder kann man die Kohlenluken von Schiffen bis zu 18 m Breite in jeder Lage erreichen. Die abzugebenden Kohlen werden in dem Wiegebehälter *b* abgewogen und durch Schieber und Rutschen *d* auf beide oder eins von beiden Bändern geleitet. Steuerung des Bunkervorganges und Wägung ist übersichtlich und einfach, so daß eine Stundenleistung von 100 t Bunkerkohlenabgabe sicher erreicht wird. Ältere Ausführungen von Bunkerschiffen, die aus ihrem selbsttrimmenden Vorratsraum die Kohle über ein längsliegendes Förderband zu einem am Schiffsende angebrachten Ausleger durch ein Becherwerk emporsteigen ließen, von wo sie durch Fallrohre in die Seeschiffbunker gelangte, haben sich wegen der umständlichen Handhabung nicht durchgesetzt. In einigen Häfen dienen ausgemusterte Seeschiffe als Kohlenstation, der Umschlag der Bunkerkohle geschieht dann mit regelrechten leistungsfähigen, an Bord untergebrachten Kränen, z. B. Greiferkräne mit Wiegeeinrichtung.

Heizöl und Treiböl sind heutzutage für die Schiffahrt wichtige Bunkerstoffe, die ebenfalls tunlichst schnell und mit der notwendigen Feuersicherheit an Bord gegeben werden müssen. Die Binnenschiffe nehmen den für sie nötigen Betriebsstoff meist mit natürlichem Zulauf aus landfesten oder verankerten Tankstellen auf. Die Seeschiffe verlangen dagegen die Zuführung ihrer größeren Bunkermengen in Tankleichtern, die mit kraftbetriebenen Pumpen und bewehrten Schläuchen das Öl in die Bunker an Bord drücken. (Vgl. Seite 127.)

c) Anlagen für den Umschlag von Schüttgut.

α) Kohlenumschlagsanlagen.

Beim Umschlag von Kohlen hat sich in den letzten Jahrzehnten neben dem Bestreben der Leistungssteigerung immer mehr die Notwendigkeit gezeigt, das Fördergut pfleglich zu behandeln, da der Wert der Kohle durch Abrieb und Zertrümmerung auf dem Förderweg in nicht mehr zu vernachlässigender Weise vermindert wird. Hohe Leistung bei möglichster Schonung der Kohle ist daher die Aufgabe zeitgemäßer Anlagen. Die Anlagen für Kohlenumschlag benutzen Ufer- oder Schwimmdrehkräne, Verladebrücken mit Laufkatzen oder Drehkränen, fahrbare oder feststehende Eisenbahnwagenkipper, Verladebrücken mit Wagenkippvorrichtungen (Kipperbrücken) und die Verbindungen solcher Anlagen mit Bandförderern verschiedener Art. Die Einschaltung dieser stetigen Förderer in den sonst aussetzend arbeitenden Betrieb dient nicht nur der Waagerechtförderung, soweit sie mit den anderen genannten Mitteln nicht ausreichend betrieben werden kann, sondern auch der Vergleichmäßigung und schonenden Behandlung im Förderstrom. Beim Hafenumschlag der Kohle ist besonders ausgeprägt zu unterscheiden, ob sie ein- oder ausgeführt werden soll, d. h. ob die Schiffe ent- oder beladen werden. Die Binnen- und Seehäfen der großen Ausfuhrgebiete haben nur Schiffsbeladeanlagen[1] für Kohle, während in Einfuhrhäfen Umschlagsgeräte für das Be- und Entladen der Schiffe vorhanden sind, meist mit großen Lageplätzen zum Ausgleich zwischen Einfuhr und Weiterbeförderung. Auch gehören leistungsfähige Gleisanlagen zum Kohlenumschlag, weil fast immer die Kohle mit der Eisenbahn entweder herangeschafft oder abgerollt werden muß. Für die Bemessung der Hebezeugausladungen und der Breite der Schiffsliegeplätze ist zu bedenken, daß oft Schiffe in 2 und 3 Reihen nebeneinander abgefertigt werden müssen. Folgende Umschlagsvorgänge kommen in einem Hafen für Kohle (übrigens auch für Erz) vor:

1. Von Binnenschiff auf Eisenbahn oder auf Lagerplatz und umgekehrt,
2. von Seeschiff   ,,   ,,   ,,   ,,   ,,   ,,   ,,
3. von Seeschiff auf Binnenschiff und umgekehrt,
4. von Eisenbahn auf Lagerplatz und umgekehrt.

In den Kohlenausfuhrhäfen des oberschlesischen und des Ruhr-Zechengebietes ist der Klappkübeldrehkran besonders beliebt. Der Kübelbetrieb verlangt allerdings einen eigenen Wagenpark und damit schnellen Wagenumlauf,

---

[1] Hindmarsh: Methods of Coal Loading for Export Trade, The Dock & Harb. Author London 1939 Nr. 222.

was nur bei unmittelbarer Verbindung zwischen Zeche und Hafen gewährleistet ist. Als Beispiel für eine solche Kohlenumschlagsanlage sei das 600 m lange Hafenbecken in Gleiwitz (Endhafen des neuen Adolf-Hitler-Kanales) angeführt. Es ist mit vier Portalwippkränen der in Abb. 99 skizzierten Bauweise ausgestattet, Größenabmessungen und Leistungen sind ebenfalls der Abbildung zu entnehmen. Neben der großen Leistung wird dem Klappkübelbetrieb ganz allgemeine eine gute Schonung der Kohle nachgerühmt. Im englischen Kohlenausfuhr-Seehafen Goole werden schwimmende Behälter von je 40 t Inhalt zu Schleppzügen von je 20 Stück zusammengestellt und auf dem Wasserwege von der Zeche zum Hafen geflößt, wo sie durch Kranhilfe aus dem Wasser gehoben und durch Kippen in die Seeschiffe entladen werden.

Für den unmittelbaren Kohlenumschlag zwischen Seeschiff und Kahn ist der Drehkran nur in der Form des Schwimmkranes praktisch verwendbar. Rotter-

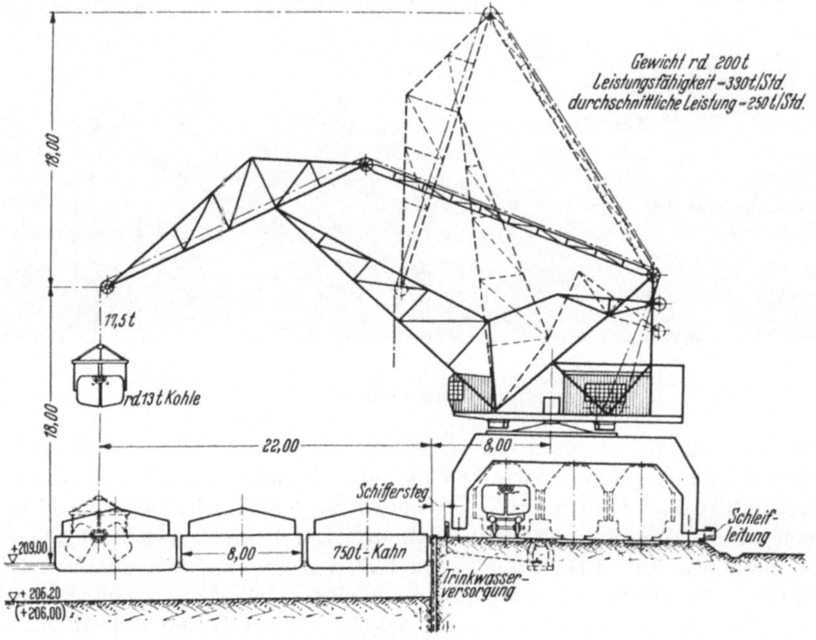

Abb. 99. Umschlagsanlage (Klappkübelkräne) für Kohlenausfuhr. (Gleiwitz.)

dam als der bedeutendste europäische Hafenplatz für den Schüttgutumschlag hat ihn zu großer Bedeutung entwickelt, da in seinen geräumigen Hafenbecken der unmittelbare Austausch zwischen Kohlenausfuhr und Erzeinfuhr stattfindet. Der Rotterdamer Hafen zählt über 100 Schwimmkräne mit Tragkräften von 3—20 t. Am allgemeinsten für den Kohlenumschlag verwendbar ist die Verladebrücke mit Tragkräften von 6—15 t im Greiferlaufkatzenbetrieb. Sie überspannt nicht nur Gleisanlagen und Lagerplätze, sondern auch zwei bis drei Schiffsreihen, wodurch sie auch zum unmittelbaren Schiffsumschlag geeignet wird (vgl. Abb. 84). Ist aus Eisenbahnwagen zu entladen, so sollten die Greifer nicht über 7 t gewählt werden, sonst werden Handlichkeit in der Bedienung und Schonung der Wagen erheblich geschmälert. Sind aber die Wagen (u. U. auch Lastkraftwagen) nur zu beladen, dann spielt die Größe der Greifer keine ausschlaggebende Rolle, weil meist der Ausgleich durch Zwischenbunker und Schüttrinnen stattfinden kann. Wird in den Einfuhrhäfen der Anspruch vom Verbraucher gestellt, die verschiedenen Sorten von Kohle und Koks in bestimmten Korngrößen zu erhalten, so müssen die Verladebrücken zusätzlich mit Brechern und Sieben versehen werden. Wiegeeinrichtungen an Kränen, Laufkatzen oder Zwischenbunkern fehlen bei der Kohleneinfuhr fast niemals. Abb. 100 läßt die Anlagen eines Kohleneinfuhrhafens (Gothenburg), der von Seeschiff auf Eisenbahn, Hafenschiff und Lagerplatz umschlägt, erkennen. Zwei der vier Verladebrücken (4 t, 102 m Gesamtlänge) sind mit Förderbändern ausgerüstet. Für den Kohlenumschlag mit Eisen-

Abb. 100. Umschlagsanlage (Verladebrücke) für Kohleneinfuhr.
MAN (Gothenburg).

bahnwagenkippern bieten die Duisburg-Ruhrorter Häfen das bedeutendste Beispiel, da von der jährlich zwischen 25 und 30 Miot betragenden Ausfuhrmenge der größte Teil mit Hilfe von 23 Schwerkraft-, hydraulischen und elektrischen Kippern auf Rheinkähne verladen wird. Die Landzungen zwischen den Hafenbecken sind, wie Abb. 101 in einem Ausschnitt zeigt, reichlich mit Aufstellungsgleisen für volle und leere Kohlenwagen versehen. Jeder Kipper hat einen kraftbetätigten Zulauf der vollen und Ablauf der leeren Wagen. Die Volldrehscheibe in Abb. 102 stößt den Wagen durch Aufkippen der Gleisplattform auf die Kippbühne. Nach erfolgtem Kippen läuft der Wagen durch die geneigte Bühne auf die Leerdrehscheibe, die ihn durch Anheben der Plattform auf die Leergleise abschiebt. Dreh- und Hubantrieb solcher elektrischen Drehscheiben zeigt Abb. 103. Die Leistung eines

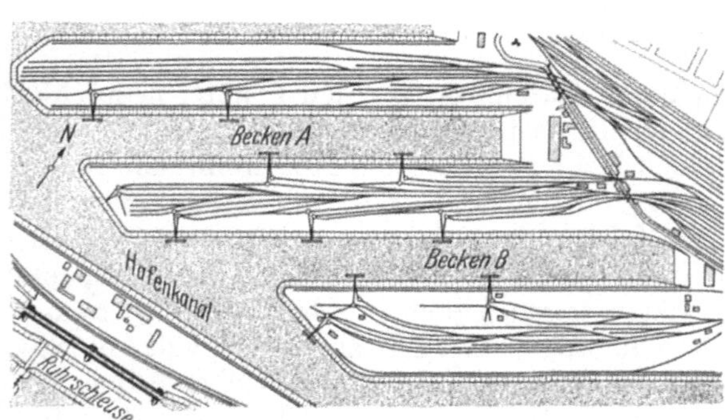

Abb. 101. Anordnung der Kipper in einem Kohlenausfuhr-
Binnenhafen. (Duisburg.)

elektrischen von acht Mann bedienten Kippers beträgt 102 Wagen = rd. 1800 t als Durchschnitt einer achtstündigen Schicht. Zur Seeschiffsbeladung sind in europäischen und nordamerikanischen Häfen ebenfalls zahlreiche Kipper vorhanden. Bei ihnen muß der volle Wagen meist mehrere Meter gehoben werden, um über die Luken der höheren Schiffe zu gelangen. Diese nötige Hubbewegung hat besonders in England zu einer geschickten Lösung der selbsttätigen Wagenzu-

und -abfuhr geführt. Die Prinzipskizze (Abb. 104) der Anordnung in einem englischen Hafen (Immingham) erläutert dies ohne weitere Worte. Durch die schnelle Wagenbedienung und die ungehinderte Aufnahmefähigkeit der großen Seeschiff-

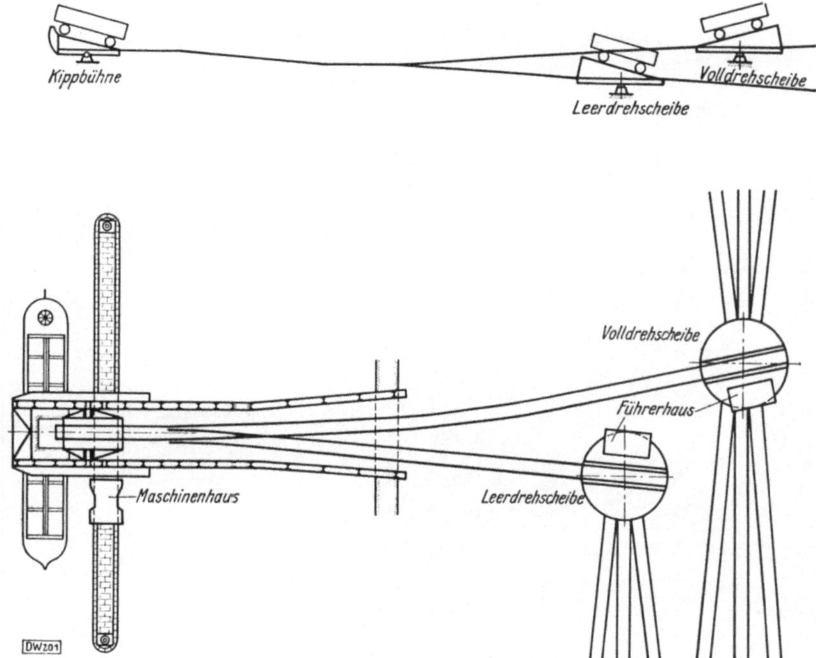

Abb. 102. Anordnung der Gleisanlagen beim Kohlenkipper. (Duisburger-Ruhrorter Häfen A.-G.).

laderäume lassen sich mit solchen Kippern Leistungen von 500—700 t/h erreichen. In einigen amerikanischen Häfen, in den Kohlenwagen bis zu 120 t Ladeinhalt

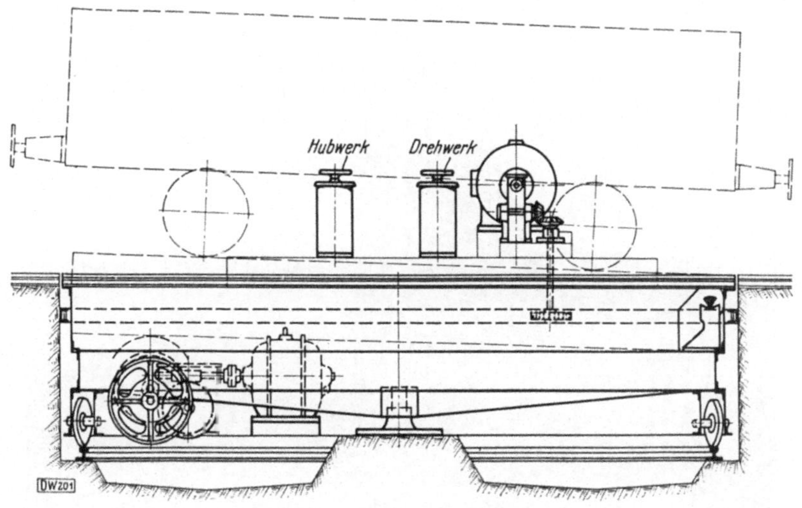

Abb. 103. Kippdrehscheibe für Kohlenkipperbetrieb.
Ruhrort Häfen A.-G. (Duisburg).

über die Seitenkante gekippt werden, werden diese Leistungen erheblich (2000 t/h) übertroffen.

Die durchweg feststehenden Kohlenkipper verlangen schwere Fundamente und zwingen die zu beladenden Schiffe zum öfteren Verholen, zudem benötigen sie, wie auch der Wagenzu- und -ablauf eingerichtet sein möge, recht umfangreiche Gleisanlagen. Das Bestreben, diese Nachteile zu vermeiden oder minde-

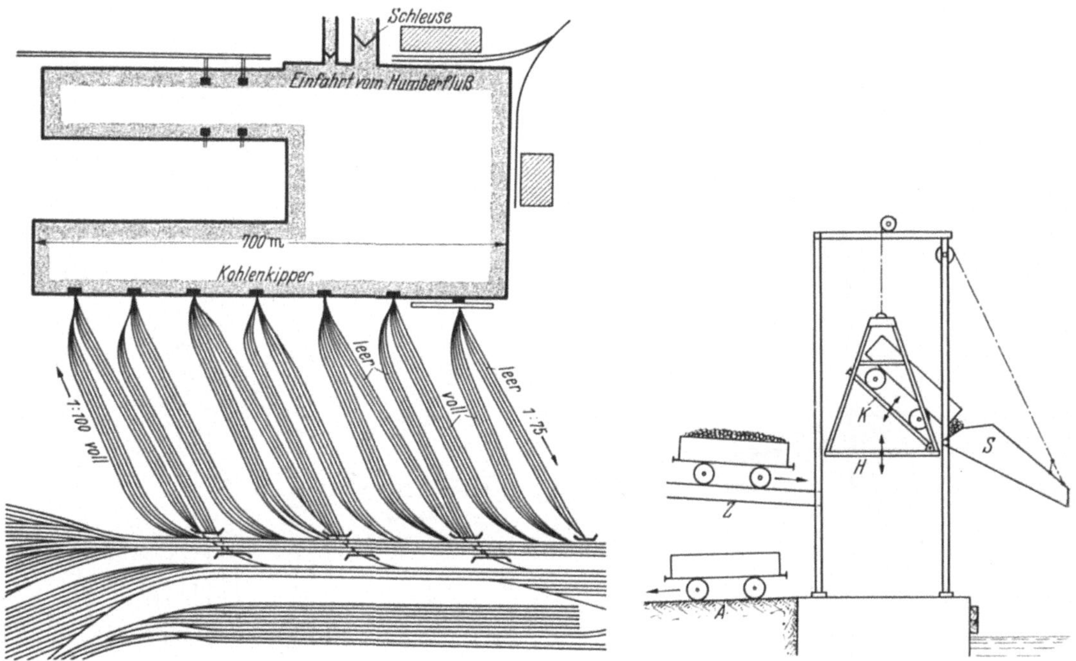

Abb. 104. Grundsätzliche Anordnung des Wagenlaufes bei den Kippern in einem Kohlenausfuhr-Seehafen. *H* Hubbühne, *K* Kippplattform, *S* Schüttrinne, *Z* Zulauf der vollen Wagen, *A* Ablauf der leeren Wagen. (Immingham.)

stens zu verringern, führte zu der Einrichtung der Kipper-Verladebrücken, die an ihren Kränen oder Laufkatzen[1] ein Gehänge mit einer Kippplattform

Abb. 105. Kipperkranverladebrücke für Binnenschiffsbekohlung. Pohlig (Born. Holland).

(Abb. 86d) tragen. Sie nehmen mit diesem Hilfsmittel die vollen Wagen von einer normalen Ufergleisanlage auf, verfahren sie dann zur Schiffsluke und setzen

---

[1] Böttcher u. Krahnen: Kipperkatzenverladeanlagen für Häfen. Jb. hafenbautechn. Ges. 1921, Bd. IV.

sie nach Entleerung wieder auf die für Leerzüge bestimmten Gleise ab. Allerdings müssen bei dieser Art zusammengesetzter Kipperanlagen infolge der großen Totlasten höhere Stromverbräuche in Kauf genommen werden; immerhin sind

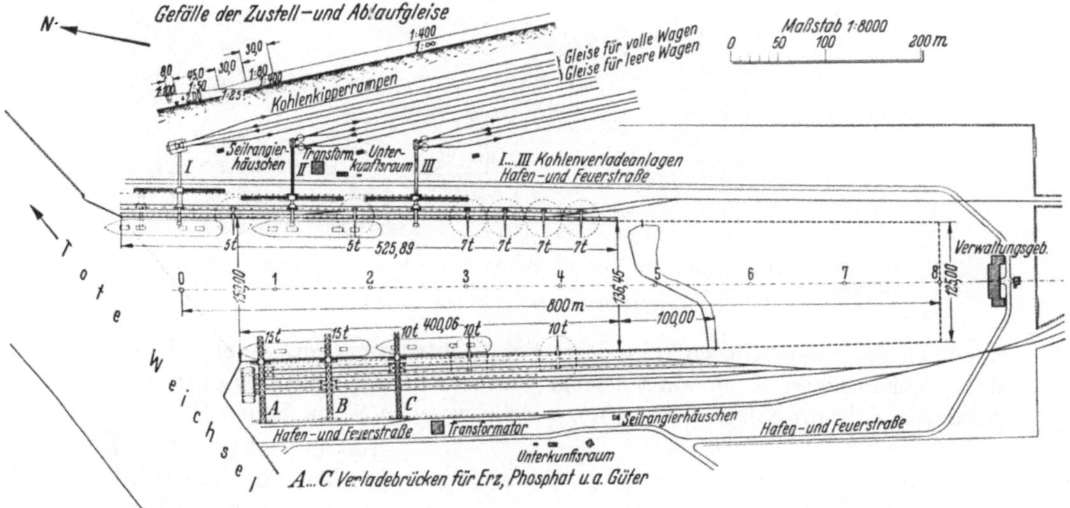

Abb. 106. Anordnung der Schüttgutumschlagsanlagen in einem Hafenbecken. (Danzig.)

sie in den letzten Jahren mehrfach angewendet worden. Abb. 105 zeigt eine solche Anlage im Hafen Born am Julianakanal (Holland). Die Leistungsfähigkeit eines Wagenkippers zu verbinden mit der Annehmlichkeit eines stetigen Förderstromes,

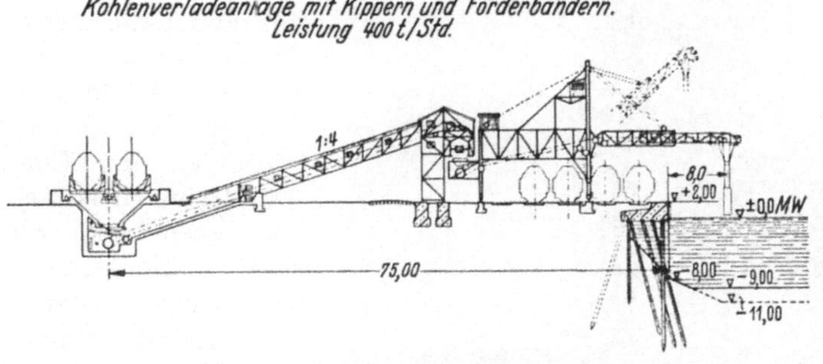

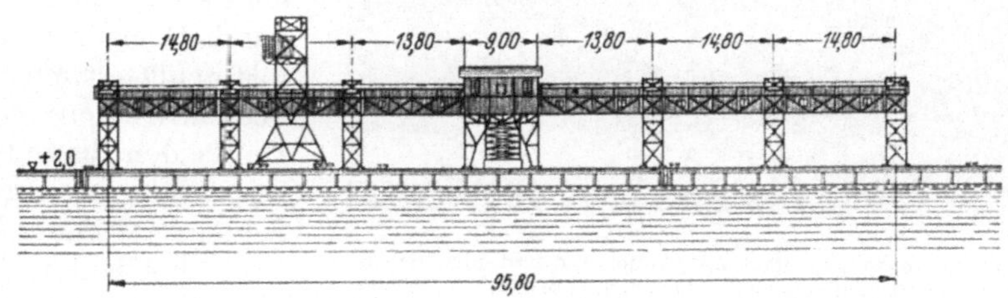

Abb. 107. Kohlenverladeanlage mit Kippern und Förderbändern an einem Kai. (Danzig.)

der Schiffe ohne Verholen und ohne Sturz beladen kann, war die Aufgabe der in der letzten Zeit sehr aufgekommenen Verbundarbeit zwischen Kippern und Förderbändern; solche Großanlagen sind im In- und Ausland von der deutschen Industrie mehrfach geliefert worden. Für Binnenhäfen war bereits in Abb. 92 die Zusammenarbeit zwischen Kipper und Uferlängsförderbändern

mit Niedertragvorrichtungen zum Kahn gezeigt worden. Als kennzeichnendes
Beispiel für Seehäfen sei die Kohlenverladeanlage am Massengutbecken Weichsel-
münde (Danzig) angeführt. Abb. 106 läßt die allgemeine Anordnung dieses Hafens,

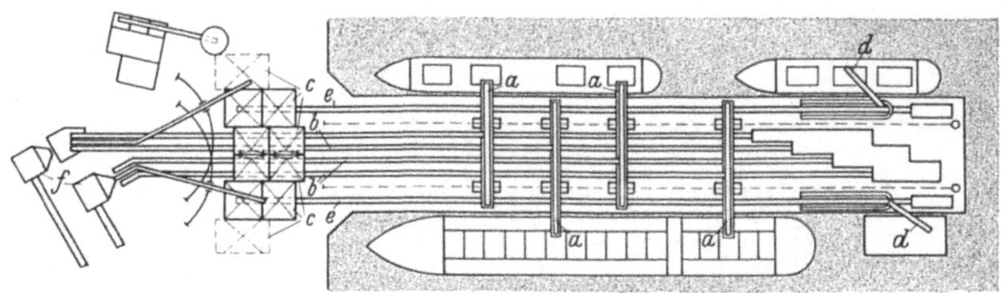

Abb. 108. Kohlenverladeanlage mit Kippern und Förderbändern an einem Pier. (Baltimore.)
a Querförderer, *b* Transportbänder dafür, *c* Ausgleichsbehälter, *d* Schleudertrimmer,
e Transportbänder dafür, *f* Kohlenkipper.

der auch noch dem Umschlag anderer Schüttgüter dient, erkennen. Jedes der
drei mechanischen Kohlenumschlagsgeräte besteht aus einem Kipper, der ein
Förderband beaufschlagt (Abb. 107), welches zwei in einem hohen Gerüst etwa
100 m längs des Kais leerlaufende Bandförderer speist. Von diesen kann die Kohle über ein fahrbares Fördergerüst mit Ausleger auf dem Wege über För-
derband und Schüttrohr in das Schiff gelangen. Die mittlere Stundenleistung für Grobkohle beträgt 250 t, für Feinkohle 400 t. Eine Kohlenverladeanlage echt amerikanischen Ausmaßes besitzt der Hafen Balti-more an der Curtisbay. Der Grundrißskizze (Abb. 108) entnehmen wir, daß zwei Kohlenkipper *f* über Ausgleichsbehälter *c* sechs Förderbänder *b* und *e* spei-sen. Von den Hauptbän-dern *e* können die Kohlen durch Querförderer *a* mit-tels Schüttelrinnen in die Seeschiffsluken gelangen. Die beiden Seitenbänder *e* beaufschlagen sogenannte Schleudertrimmer *d*, welche auf schnellaufenden Bän-dern die Kohle unter Deck

Abb. 109. Kohlenverladeanlage mit Förderband und Niedertragevorrichtung in einem Seehafen. (Blyth.)

bis in die Ecken der Laderäume schleudern (Kohlenschonung?). Die Gesamtleistung der Anlage wird auf 5000 t/h angegeben. Weitere Angaben über Art
und Leistung der Zusammenarbeit von Kohlenkippern mit Förderbändern sind
dem in der Fußnote bezeichneten Schrifttum zu entnehmen[1].

---

[1] Overbeck: Kohlenverladebrücken am Industrie- und Handelshafen zu Bremen. Z.
VDI 1934, Nr. 44. Volkenborn: Neuzeitliche Umschlagsanlagen für Kohle und Koks.

Der Hauptvorteil der Anwendung von Förderbändern in Verladebrücken besteht einmal darin, daß sie den schweren Kränen auf den Brücken
das Zeit und Strom kostende Längsfahren auf den Brücken abnehmen (vgl.
Abb. 100 und 113) und ferner in der Möglichkeit, solche Bänder zu der auf Seite 100
beschriebenen Niedertragevorrichtung auszubilden, wobei die Verladebrücke
großer Leistung auch einen schonenden Kohlenumschlag erzielt. Selbstverständlich müssen diese Bänder in jeder Form eine solche Leistungsfähigkeit aufweisen,
daß die Aufnahmefähigkeit der mit Kipper- oder Greiferkran betriebenen Brük-
ken (300—700 t/h) nicht beeinträchtigt wird.

Eine interessante Zusammenarbeit von Förderbändern und Niedertragevorrichtung nach englischer Bauart (vgl. Abb. 90) zeigen die neuen Kohlen-
verladegeräte im Kohlenausfuhrhafen von Blyth (England). Das von Kohlenkippern beschüttete Förderband (Abb. 109) steigt zu einem Portal am Schiffsliegeplatz empor, von dort gelangen die Kohlen über eine kurze Schüttrinne in die
an einem Ausleger verstellbare Niedertragevorrichtung und somit in den Schiffsraum.

Die im vorhergehenden kurz beschriebenen Kohlenumschlagsanlagen lassen
erkennen, daß mit der Verschiedenheit der mechanischen Ausgestaltung auch die
Vorteile verschieden sind. Am allgemeinsten anwendbar für die Be- und Entladung in guten Leistungen sind Greiferhebezeuge, für die Beladung entwickelt
der Kipper die größte Leistung; beide Arten können aber nicht mit guter Schonung der Kohle aufwarten. Hervorragend in Leistung und Schonung ist der Klappkübelbetrieb, allerdings wirtschaftlich auf Sonderwagen und Binnenhäfen bislang
beschränkt. Auch Wagenkipper in Verbindung mit Förderbändern und Niedertragevorrichtungen haben beide Vorteile, immerhin stellen sie verwickelte und
teure Anlagen dar. Neuerungen auf diesem Gebiet zeigen einige in Ausführung
begriffene Anlagen für schonenden Großkohlenumschlag in deutschen Häfen, die
grundsätzlich den Gedanken verfolgen, die Vorteile des Klappkübels mit denen des
Wagenkippers zu verbinden. Da es sich in Deutschland bislang nicht lohnt, Klappkübelsonderwagen von den Zechen zum Seehafen laufen zu lassen, wird erst hier
der Kübel bereit gehalten und gefüllt. Das geschieht durch Kipper, welche die gewöhnlichen mit Kohlen beladenen Eisenbahnwagen nach ihrer Ankunft im Seehafen möglichst sturzfrei in Zwischenbunker entleeren, aus denen dann die Kohle
in die Klappkübel abgezapft wird. Darauf wird der Kübel von den Verladebrücken in die Schiffsladeräume gebracht und dort entleert. Bessere Ausnutzung
des Wagenparks und der Gleisanlagen, hohe Leistung (4—500 t/h) bei guter Schonung der Kohle sind Vorteile, die sonst beim Übergang Schiene—Wasserweg
noch nicht erzielt wurden.

β) Erzumschlagsanlagen.

Die Technik des Erzumschlages (meist handelt es sich um Eisenerz) ähnelt
in vieler Hinsicht dem Kohlenumschlag, nur sind infolge des höheren Raum-
gewichts von Erz die Tragkräfte der Umschlagsgeräte höher, andrerseits spielt die
Schonung des Schüttgutes kaum eine Rolle. Auch beim Erz kommen je nach
Lage der Rohstoffquellen und der Verarbeitungsplätze Aus- und Einfuhrhäfen mit unterschiedlicher Gestaltung der Geräte in Frage. Es gibt Binnenhäfen und Seehäfen sowohl für Ausfuhr wie für Einfuhr. Einige Seehäfen betreiben den Umschlag eingeführten Erzes auf Binnenschiffe für das Hinterland
und führen in entgegengesetzter Richtung Kohle aus. Manchmal werden daher die
gleichen Einrichtungen für Erz und Kohle gebraucht. In Einfuhrhäfen wiegt die
schwere Verladebrücke mit Greiferbetrieb vor, im übrigen kommen alle für schwe-

<hr>

Werft Reed. Hafen 1937, Heft 7. Boczaardt: De Kolenverladeinrichtingen aan de Kolen-
haven te Born aan het Julianakanaal. Ingenieur, Haag 1935, Nr. 39.

res Schüttgut geeignete Fördergeräte in Frage. In Ausfuhrhäfen werden mechanische einfache Einrichtungen größter Leistungsfähigkeit bevorzugt. Eine große

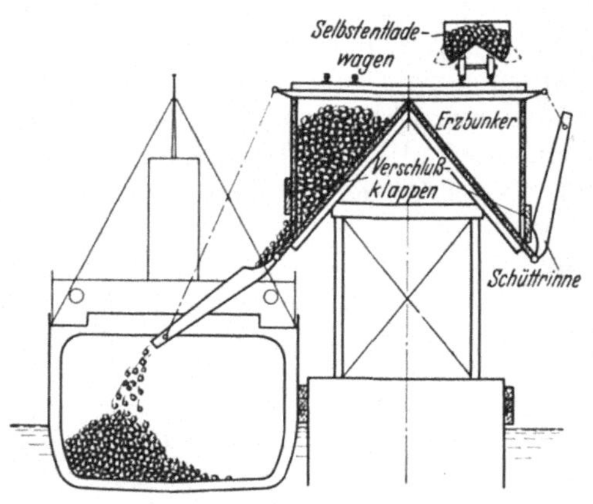

Rolle spielt bei den Erzumschlagshäfen das Vorhandensein einer großen Lagerfläche zum Ausgleich zwischen Einfuhr und Verteilung. Besonders wichtig ist das bei den Großen Seen in den V. St. v. A., wo der riesige Erzverkehr im Winter dem Eis erliegt. Soll das Erz in den Einfuhrhäfen im Greiferbetrieb auf Eisenbahnwagen abgegeben werden, so sind meist Zwischengefäße mit Waagen (Wiegebunker) in Gebrauch. Diese Behälter nehmen bis zu 200 t Ladung auf, die in Partien bis 80 t je nach Wagengröße abgewogen werden können. Im folgenden wird je ein Beispiel der Erz-

Abb. 110. Umschlagsanlage (Selbstentlader und Sturzbunker) für Erzausfuhr in einem Seehafen.

umschlagsanlagen für Ausfuhr und Einfuhr in Binnen- und Seehäfen kurz beschrieben werden.

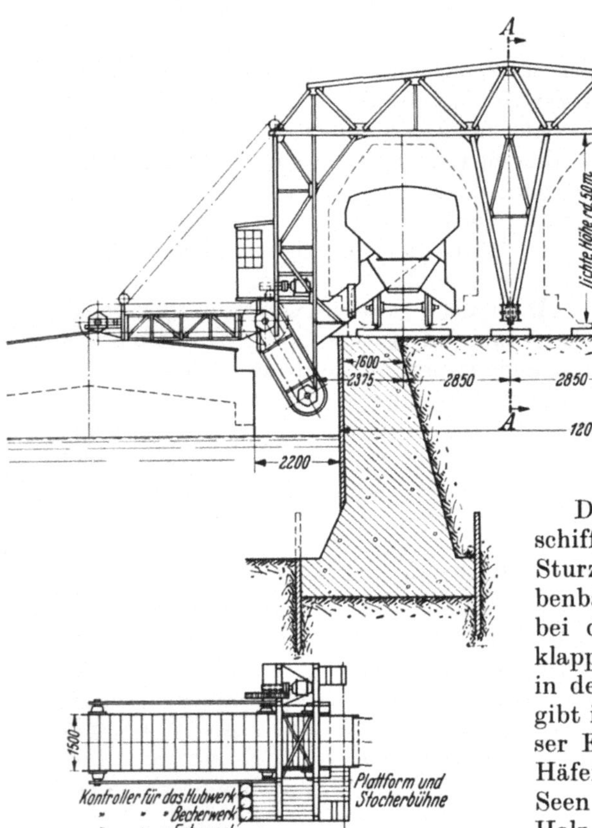

Abb. 111. Umschlagsanlage (Selbstentlader und Förderband) für Erzausfuhr in einem Binnenhafen. (Peine.)

Die einfachste Art, Erztransportschiffe zu beladen, ist die mittels freien Sturzes aus hochgelegenen von der Grubenbahn vollgeschütteten Bunkern, wobei das Erz, nachdem die Verschlußklappen geöffnet sind, über Schüttrinnen in den Laderaum stürzt. Die Abb. 110 gibt in vereinfachter Weise ein Bild dieser Einrichtung, wie sie ähnlich in den Häfen der Erzgebiete an den großen Seen (V. St. v. A.) und in Norwegen in Holz, Eisen oder Eisenbeton vorkommen. Das Erz rutscht mit großer Geschwindigkeit über die schrägen Bunkerböden und Schüttrinnen in das Schiff,

wobei natürlich, da man keine Rücksicht auf das Ladegut zu nehmen braucht, riesige Leistungen erzielt werden können, 10 000 t/h werden als Leistung an-

gegeben, die unter günstigen Umständen in noch kürzerer Zeit erreicht
wird, so daß man das Schiff beim
Beladen förmlich tiefer sinken sieht.
Diese Höchstleistungen der Umschlagstechnik sind durchweg ganz
einseitig, da sie sich für andere
Schüttgüter, andere Häfen und normale Schiffe praktisch nicht eignen.
Die Sonderschiffe auf den nordamerikanischen großen Seen mit
durchgehenden Ladeluken und Laderäumen nehmen allerdings Kohlen-
rückfracht und dienen sogar, wenn
die Seenschiffahrt ruht, als Getreide-
lagerschiffe. Die Erwähnung dieses
sozusagen barbarischen Umschlages,
der nichts mehr mit Maschinentech-
nik zu tun hat, soll auf die Möglichkeit großer, wenn auch einseitiger
Leistungen mit einfachen Mitteln
hinweisen.

Für die Erzverladeanlagen in
Binnenhäfen kommen wegen der
Abmessungen der Kähne weder solche Umschlagsleistungen noch Förderhöhen wie vorerwähnt in Frage.
Eine neuzeitliche Anlage der Ilseder
Hütte an ihrem Werkshafen in Peine
zeigt Abb. 111; die von der Grube an-
langenden Selbstentlader (50 t) schütten das Erz auf ein Becherwerk, das
ein Stahlplattenband beaufschlagt,
und damit den Kahnraum belädt.
Die einstellbaren Teile hängen an
einem fahrbaren Gerüst, so daß die
Kähne nicht zu verholen brauchen;
Leistung 150 t/h. Zum Beladen von
Seeschiffen an entlegenen Küstenplätzen in Übersee, wo aus bestimmten Gründen keine Hafenanlagen
geschaffen werden können, kommen
manchmal recht kostspielige weit ins
Meer hinausreichenden Verladean-
lagen für Erze und sonstige Bodenschätze in Anwendung. Neben dem
Hilfsmittel der Drahtseilbahn mit
Kübelbetrieb sei hier das Förderband erwähnt, das Abb. 112 in einer
großen Phosphat-Verladeanlage auf
der Insel Nauru in der Südsee darstellt[1]. Das kleinstückige Phos-

[1] The Dock & Harb. Author., London
1937, Nr. 204 u. 205.

Abb. 112. Umschlagsanlage (Förderbänder) für Phosphatausfuhr. (Nauru.)
a Ufersilo, b Förderbandanlagen, c schwenkbarer Ausleger, d kleiner ausziehbarer Ausleger, e Befestigungsgerüst, g Ausgleichbehälter.

phat gelangt aus dem am Ufer befindlichen Speicherschuppen (a) mit dem Förderband (b) in den Ausgleichsbehälter (g), von dem weitere Förderbänder die beiden großen schwenkbaren Auslegekräne (c) von 65 m Ausladung beaufschlagen. Sie ragen über die auf offener Reede festgemachten Seeschiffe und schütten unter Bandförderung das Gut über den verstellbaren Ausleger (d) durch Schüttrohre in die Laderäume. Bei stürmischem Wetter werden die Ausleger landeinwärts geschwenkt und an den Haltetürmen (e) festgemacht. Bei einem Gesamtförderweg der Bänder vom Ufer an rd. 300 m beträgt die Stundenleistung der Anlage 1000 t.

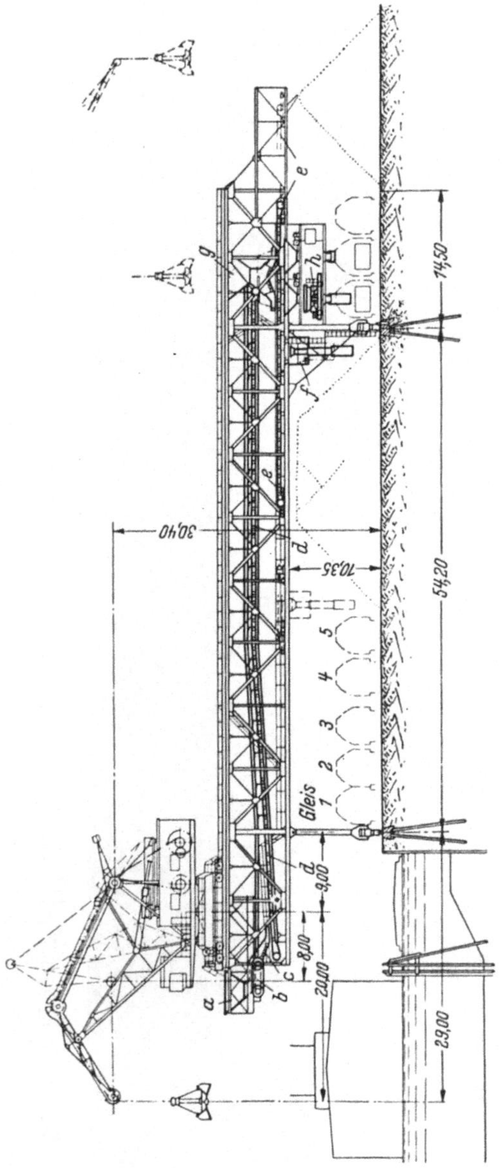

Für die Erzeinfuhr, sei es nun in Werkshäfen der Metall verhüttenden Industrie zum unmittelbaren Verbrauch, sei es in Seehäfen zum Umschlag für den Weitertransport, sind die Umschlagsgeräte mit geringen Ausnahmen die bekannten Verladebrücken und Drehkräne mit Greiferbetrieb; die Erzgreifer sind besonders schwer und teils sehr weitgreifend (Trimmgreifer) ausgebildet. Am meisten wird bei den Verladebrücken die Drehlaufkatze mit Tragkräften von 8—30 t verwendet. Die Leistung ist von dem Förderweg und der Zugänglichkeit der Ladung in den Räumen abhängig. Die vielverwendete 15 t-Greiferkatze wird im Mittel zwischen 250 und 350 t/h verarbeiten können, Spitzenleistungen bis 700 t beim Umschlag vom Lagerplatz auf große Kähne sind möglich. Ist kein Lagerplatz zu bedienen, so kommen für den Erzumschlag auch Uferkräne und Schwimmkräne zur Verwendung. Drehkräne und Verladebrücken mit Greiferbetrieb haben neben der gleichguten Eignung für Schiffsbeladung und Entladung noch den Vorteil, daß sie nach Bedarf Erz und Kohle umschlagen können, was für viele Häfen, die das eine Gut einführen und das andere ausführen, von Wichtigkeit ist.

Das auf S. 93 beschriebene Sondergerät für Erzentladung, der Stielgreifer von Hulett, entwickelt zwar sehr gute Durchschnittsleistungen (600—800 t/h), ist aber selbst in Amerika nur auf die Hafenverhältnisse an den großen Seen zu-

Abb. 113. Umschlagsanlage (Verladebrücke mit Förderbändern) für Erzeinfuhr in einem Seehafen. (Bremen.) a fahrbarer Behälter, b Plattenband, c Rollenschurre, d Längsförderband, e fahrbares Band, f fahrbares Ausziehrohr, g Bunker über der Waage, h Waage.

geschnitten und auf die 10—15000 t fassenden Erzsonderschiffe. Als ausgesprochener Uferentlader bedarf er zur Auffüllung der Lagerplätze der Mitarbeit entsprechend großer Verladebrücken. Vorschläge und Versuche, ihn für europäische Erzeinfuhrhäfen verwendbar zu machen, haben bislang zu keinem Erfolg geführt[1].

Als Beispiel einer neben Erzeinfuhr auch für die Aus- und Einfuhr anderer Schüttgüter verwendbaren hochleistungsfähigen Umschlagsanlage seien die neuen **Erzverladebrücken** (Abb. 113) im Hafen von Bremen ausgeführt[2]. Die Verladebrücke, die 8 Bahngleise und reichlichen Lagerplatz überspannt, trägt einen Wippdrehkran mit 18 t Tragkraft (Greiferinhalt 3,25 m^3) bei 20 m Ausladung. Der Wippkran eignet sich am besten für die Bearbeitung der Seeschiffe; um ihm in seiner schweren Ausführung den Längstransport über die Brücke (rd. 70 m Fahrweg) abzunehmen, erhält diese in der endgültigen Ausführung ein Förderband (d), das über Trichterbehälter (a), Plattenband (b) und Rollenschurre (c) beaufschlagt werden kann. Die Förderlänge des festeingebauten Förderbandes kann durch ein ausziehbares (e) noch vergrößert werden, von diesem Band kann das Erz durch ein Fallrohr auf Lagerplatz geschüttet werden. Eisenbahnwagen werden über den Wiegebunker (g) beladen. Die Durchschnittsleistung beider Brücken soll je 300—350 t/h betragen.

Die **Seehäfen** Rotterdam, Emden, Stettin, Danzig, zeichnen sich besonders durch zahlreiche leistungsfähige Erzentladebrücken aus. Als schwerste europäische Anlage dieser Art sind wohl die Verladebrücken im Hafen von Vlaardingen

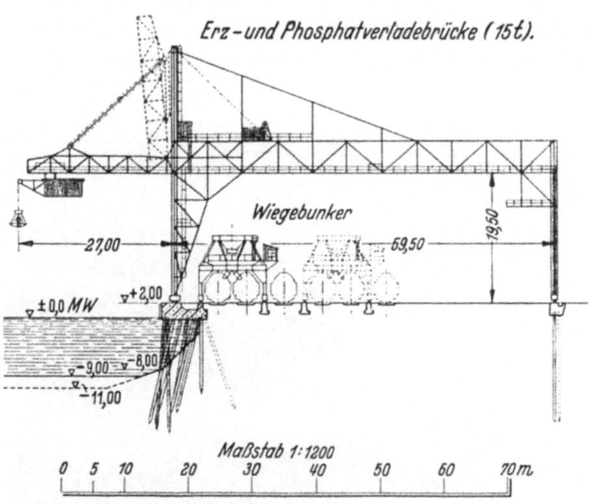

Abb. 114. Umschlagsanlage (Verladebrücke) für Erz- und Phosphateinfuhr in einem Seehafen. (Danzig.)

bei Rotterdam anzusprechen, sie haben eine Gesamtlänge von 193 m, davon 58 m wasserseitige Ausladung, ihre Drehlaufkatzen haben eine Tragkraft von 30 t; als Durchschnittsleistung werden 550 t/h beim Umschlag von Seeschiff auf Leichter und 450 t/h von Seeschiff auf Lagerplatz angegeben[3]. Ob in den Seehäfen die eingeführte Erzmenge bevorzugt auf Binnenschiff oder Eisenbahn (u. U. Sonderwagen) umgeschlagen wird, hängt von der Art der Hinterlandsverbindungen ab. Außer der vorerwähnten Bremer Anlage sind auch in Danzig die Umschlagsgeräte für Erzeinfuhr auf Bahnversand eingestellt (vgl. Abb. 106). Die grundsätzliche Anordnung geht aus der Abb. 114 hervor, die eine Entladevorrichtung von 15 t Tragkraft zeigt, der Wiegebunker faßt 200 t Erz, die in Partien zu 60 t abgewogen und auf die Bahnwagen abgezogen werden können. Ähnlich wie in Seehäfen für die Erzeinfuhr spielt auch in Binnenhäfen dabei die Verladebrücke größerer Tragkraft die größte Rolle. Erzeinfuhrbinnenhäfen sind vielfach im Besitz der erzverarbeitenden Industrien, so besonders im Rhein-

---

[1] **Borchers:** Starrgeführte Greifer, ihre Vorteile und Entwicklungsmöglichkeiten. Jb. hafenbautechn. Ges. 1919, Bd. II.

[2] **Hacker u. Overbeck:** Neue Erzverladebrücken im Hafen von Bremen. Z. VDI 1937, Bd. 81.

[3] Jb. hafenbautechn. Ges. 1927, Bd. X S. 156 ff.

Ruhrgebiet[1]. Bei den Erzbinnenhäfen ist die Zusammenarbeit zwischen Kränen welche am Ufer die Entladung der Kähne vornehmen, und Verladebrücken, welche der Erzlagerplatz bearbeiten, als eine der wirtschaftlichsten Umschlagsformen entwickelt worden.

γ) Getreideumschlagsanlagen.

Die umschlagstechnische Anordnung der Getreideanlagen in den Häfen hängt davon ab, ob es sich um vorwiegende Ausfuhr oder Einfuhr handelt und ob der Umschlag unmittelbar zum Weitertransport führt oder ob, wie es meistens der Fall ist, das Getreide eine Zwischenlagerung im Hafen erfahren muß. Fast in allen Häfen sind Anlagen für beide Umschlagsarten vorhanden[2]. In den großen europäischen Getreideeinfuhrhäfen z. B. Hamburg, London, Antwerpen, Rotterdam, Amsterdam, Liverpool, spielt der unmittelbare Umschlag von Schiff zu Schiff eine ausschlaggebende Rolle, sei es, daß das mit Seeschiffen eingeführte Getreide zum Weitertransport in das Binnenland oder nach kleineren Küstenplätzen in Kähne oder Küstenschiffe umgeschlagen wird, sei es, daß der Kahn-

Abb. 115. Schwimmende Getreideheber beim Löschen eines Seeschiffes.

raum zu Lagerzwecken vollgeschüttet wird. Das Haupthilfsmittel zum Umschlag dieser Art ist der schwimmende pneumatische Getreideheber, der in obengenannten Hafenplätzen in ansehnlichen Flotten (bis zu je 20 Stück und mehr) vorhanden ist. Seine Einrichtung und der Grund für seine bevorzugte Anwendung bei der Entlöschung von Getreide, das in loser Ladung von Übersee eingeführt wird, war bereits oben beschrieben. Zum Entladen der Seeschiffe, die meist mehrere tausend t Getreide mitbringen, werden die Heber, manchmal bis zu 4 und 5 Stück, an die Längsseite der Schiffe gelegt, um mit ihren Saugrüsseln das Getreide aus dem Schiffsinneren zu fördern und es in die an ihrer Seite liegenden Binnenschiffe auszuschütten (Abb. 115). Die theoretische Leistungsfähigkeit der Heber wird sehr selten voll ausgenutzt, weil durch das Verholen der zu beladenden Schiffe, Freilegen der Getreidepartien im Seeschiff und sonstige Aufenthalte der Förderbetrieb von Zeit zu Zeit unterbrochen wird. Als gute Leistung in einer achtstündigen Tagesschicht kann man je Heber mit vier Saugrohren 1500 t ansehen, bei der schnellstmöglichen Erledigung einer Schiffsentladung mit mehreren Hebern werden Stundenleistungen von 800—850 t verzeichnet. Außer der Ent-

---

[1] Hoffbauer u. Thiessen: Die Werkshäfen am Niederrhein. Jb. hafenbautechn. Ges. 1927, Bd. X.

[2] Bentham, C.: Transporting the Grain Harvest of the World, The Dock & Harb. Author., London 1939, Nr. 219 u. 220.

ladung von Seeschiffen kann der pneumatische Getreideheber notfalls auch Binnenschiffsladungen auf Seeschiffe übergeben, ja sogar von Land aus Getreide an Bord umschlagen. Soll aus großräumigen Kähnen Getreide übergenommen werden, so kommt auch der schwimmende Becherwerksheber mit Vorteil in Benutzung (vgl. Abb. 94), es kann sogar ein Becherwerk an den Ausleger eines landfesten Kranes gehängt werden und somit zwischen zwei am Ufer liegenden Schiffen den Getreideumschlag besorgen. Für gelegentliche und nicht zu große Leistungen (bis 75 t/h) ist der Schwimmkran mit 3—5 t-Greifern für den Umschlag von losem Körnergut wohl am Platze. Sackgetreide, das außerhalb der Verfrachtung durch große Seeschiffe als Umschlagsgut eine wichtige Rolle spielt, wird wie Stückgut mit Kränen, Bandförderern, Aufzügen u. ä. behandelt.

Der Getreideumschlag zwischen Schiff und Land ist fast immer mit Speicheranlagen (größere deutsche Anlagen z. B. in Bremen, Stettin, Königsberg) verbunden, wenn man die kleineren Verhältnisse des Umschlages zwischen Schiff und Landfahrzeugen mittels Kaikranes (Greifer- oder Kübelbetrieb) außer acht läßt. Zum besseren Verständnis der in und an einem Speicher sich abspielenden Fördervorgänge sei ganz kurz das Wesentliche über Getreidespeicher gesagt, wobei die für Deutschland maßgebenden Verhältnisse besonders berücksichtigt werden. Meist dienen die Speicher in den Häfen der vorübergehenden Lagerung zum Ausgleich der sich sammelnden und zu verteilenden Getreide-

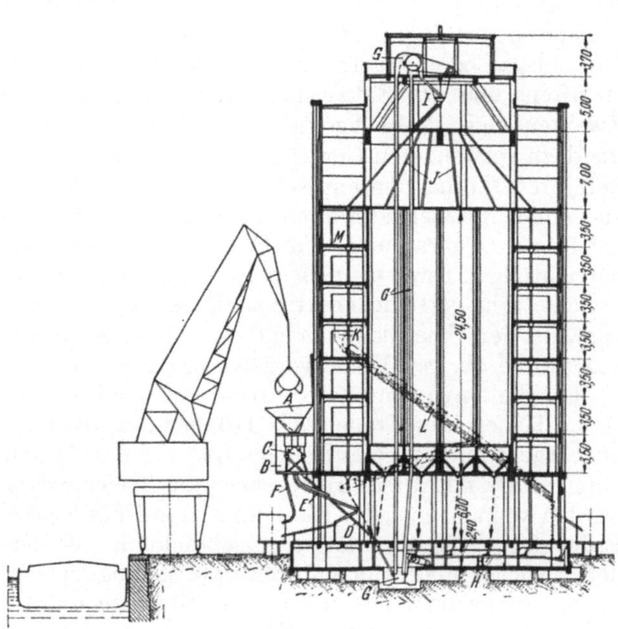

Abb. 116. Querschnitt eines Getreidespeichers mit Zellen und Schüttböden. (Straßburg.)

mengen, sie nehmen in den großen Ausfuhrhäfen (Australien, Argentinien, Kanada, mittlerer Westen der V. St. v. A.) oft riesige Abmessungen an. Deutschland muß im Rahmen seiner Ernährungswirtschaft die Einfuhr ausländischen Getreides zurücktreten lassen, mißt aber der Lagerung von Getreide insofern eine erhöhte Bedeutung bei, als sie im Kampf gegen den Verderb mit fürsorglicher Pflege verbunden sein muß. Dies hat in unseren Hafengetreideumschlagsanlagen neuere Einrichtungen vernotwendigt. Die Speicher sind entweder Boden- oder Zellenspeicher oder beides zusammen. Der Bodenspeicher stapelt das Getreide auf großen Bodenflächen in beschränkter Höhe (1—1,5 m), während der Zellenspeicher in vielen nebeneinander liegenden Zellen von 3—5 m Durchmesser und 10—35 m Höhe Getreide in hoher Schichtung aufnimmt. Auf Abb. 116 erblicken wir einen neueren Getreidespeicher (Straßburg), der in einem Bauwerk Bodenräume und Zellen miteinander vereinigt. Zeitgemäße Speicher werden in Stahlskelettbau oder in Eisenbeton errichtet, eine ganz neue Bauart hat auch Stahlsilos hervorgebracht, die sich vielen Vorurteilen zum Trotz bewährt haben. Der Bodenspeicher hatte seine großen Vorteile darin, daß das Getreide entweder leicht von Hand durch Umschaufeln (Umstechen) belüftet werden konnte, oder aber daß diese Belüftung ohne Kraftverbrauch so geschah, indem das Getreide von einem Boden in den darunter gelegenen durch Öffnungen herabrieseln konnte. Vielfach wurde der Fußboden der einzelnen Geschosse zur Erleichterung der selbsttätigen Bewegung trichterförmig ausgebildet (Trichterbodenspeicher). Eine gute Belüftung ist für deutsches Getreide mit seinem höheren Feuchtigkeitsgehalt unerläßlich. Nachdem man aber gelernt hatte, die Zellenspeicher mit Quer- oder Längslüftung zu versehen (z. B. System Suka), ist auch in Deutschland diese Speicherart sehr in Aufnahme gekommen, vielfach werden ältere Bodenspeicher durch die Verbindung mit neuen Zellenspeichern leistungsfähiger gemacht. Dabei kann ein Bodenspeicher mit flachen Böden bei Mangel an Getreide zur Lagerung von Stückgut mitbenutzt werden. Das Einlagern von Getreide in Schiffen wird vielfach noch in See- und Binnenhäfen vorgenommen; es ist klar, daß die zur pfleglichen Lagerung des Getreides nötigen Anlagen, wie wir sie jetzt kennenlernen, hierbei gar nicht oder nur unzulänglich angewendet werden können. Unter einer modernen Getreidepflege versteht man die zusätzlich zum Umschlagen oder Lagern hinzutretenden Tätigkeiten des Reinigens, Trocknens, Belüftens und der Entwesung (Beseitigung tierischer Schädlinge), zu welchen Zwecken eine Reihe besonderer mechanischer Anlagen nötig wird. Wir können die dazu verwendeten Geräte zwar hier nicht beschreiben, wollen aber insofern von ihrem Vorhandensein Kenntnis nehmen, als das Getreide zwischen Einspeichern und Ausspeichern irgendwie den Weg über diese Einrichtungen wie Reiniger (Siebe, Aspirateure), Trockner, Begasungszellen, Absackmaschinen, Wiegevorrichtungen usw.) nehmen muß. Um diese Vorgänge, die bei einem Getreidespeicher sehr verschiedenartig sind, besser verfolgen zu können, betrachten wir zunächst den Umschlag vom und zum Speicher (Ausspeichern und Einspeichern), sodann die übrigen Fördervorgänge im Speicher.

Für die Annahme des Getreides aus Schiffen werden Becherwerke, pneumatische Heber oder Kräne (Abb. 116) benutzt, die entweder fest an Baulichkeiten angebracht sind oder auf einem Kai vor der Speicheranlage verfahren werden können. Da mit diesen Hebezeugen die Speicherräume nicht unmittelbar gefüllt werden können, entladen sie sich meist auf Förderbänder, die unter oder über der Erde in geschützten Gängen angebracht die Weiterförderung des Getreides in den Speicher übernehmen. Ebenfalls gelangt das von Landfahrzeugen (Eisenbahn, Lastkraftwagen) angelieferte Getreide durch Ausschütten über Trichter auf unter Flur angeordnete Förderbänder in den Speicher. In den ganz großen amerikanischen Getreidespeichern (bis zu 300 000 t Fassungsvermögen) werden die anliefernden Getreidewagen (bis 80 t Inhalt) durch besondere Kipper entleert, die durch Neigen der gedeckten Eisenbahnwagen in Längs- und Querrichtung das Getreide aus den Türen herausrieseln lassen. Auch der pneumatische Heber und mechanisch betriebene Kraftschaufeln werden benutzt, um loses Getreide aus Eisenbahn- und Lastkraftwagen zu löschen. Von den unteren Horizontalförderern gelangt das Getreide zu den Becherwerken, welche die Weiterförderung im Speicher nach oben übernehmen.

Für die Abgabe des Getreides (Ausspeichern) werden Förderbänder in Verbindung mit Schütt- oder Fallrohren angewendet. Sofern die zu beladenden Fahrzeuge nicht unmittelbar am Speicher liegen können, müssen die Getreidemengen in Förderbandgängen zum Liegeplatz der Schiffe hingeführt werden, u. U. über Strecken von mehreren hundert Metern. Solche Bandgänge, die natürlich entsprechend der Schiffshöhe angeordnet sein müssen, sind entweder auf besonderen Gerüsten am Kai oder Pier verlegt oder aber sie sind auf den Dächern der Kaischuppen angebracht, wenn gleichzeitig Stückgutumschlag und Getreidebeladung stattfinden soll, wie z. B. in einigen amerikanischen Häfen (vgl. Abb. 69).

Die Leistungen für das Ein- und Ausspeichern sind sehr verschieden und abhängig von der Zahl und Einzelleistung der angesetzten Geräte, wie Kräne, Becherwerke, pneumatische Heber, Förderbänder, Schüttrohre. Auf das Einzelgerät bezogen liegen sie zwischen 75 und 350 t/h. Die Gesamtmengen für Annahme und Abgabe können bei ganz großen Speichern 2000—6000 t/h betragen.

Bei der Förderung innerhalb des Speichers unterscheiden wir Geräte für senkrechte und für waagerechte Förderung, die durchweg im nicht aussetzenden Betrieb arbeiten. Für die senkrechte Hubförderung ist das Becherwerk die Regel, das meist in mehrfacher Anordnung und mit Einzelleistungen bis 300 t/h angewendet wird. Für die Senkförderung ist das Fallrohr senkrecht oder geneigt das Naheliegende. Waagerechte Wege werden auf große Längen mit dem Förderband, auf kürzere Strecken mit Trogförderern bewältigt. Bei schlechterem Förderungswirkungsgrad haben sie den Vorteil, daß sie bei geschlossenen Trögen die Staubentwicklung nach außen unterbinden. Der Verstopfungsgefahr von stetigen Förderern im Speicher (pneumatische Anlagen, Becherwerke, Trogförderer)

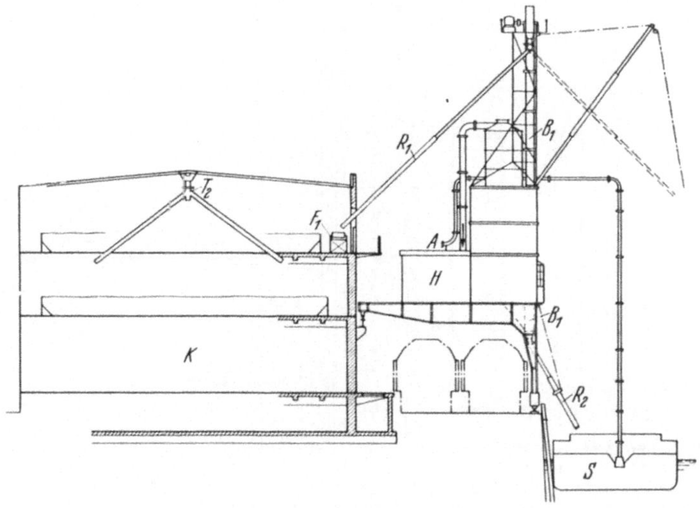

Abb. 117. Getreideheber mit Bodenspeicher (Schema).
H Getreideheber, *S* Schiff, B_1 Becherwerk, $R_1 R_2$ Schüttrohre, *A* Sauganschluß
für Bodenspeicher *K*, F_1, Förderband, T_2 Trogförderer.

kann man durch richtige Bemessung und aufmerksamen Betrieb begegnen. Nachdem die Becherwerke das Getreide auf den höchsten Punkt des Speichers (es gibt Speicher bis zu rd. 60 m Höhe) geschafft haben, wird es dort mittels Verteilereinrichtungen (z. B. Drehrohrverteiler, Pendelrohre) auf die verschiedenen Wege durch den Speicher geschickt, etwa in die Zellen, auf die Schüttböden, zu den Wiegeeinrichtungen, durch die Reiniger oder Trockner, in die Begasungsräume, oder von einem zum andern, um nach längerem oder kürzerem Verweilen im Speicher wieder auf Schiffe oder Landfahrzeuge lose oder eingesackt zum Weitertransport ausgespeichert zu werden. An Hand eines vereinfachten Schemas, das die Förder- und Behandlungsmöglichkeiten in einem neuzeitlichen Hafenspeicher[1] angibt, läßt sich die Vielseitigkeit des Umschlages verdeutlichen. In Abb. 117 kann der Saugheber (*H*) Schiffe (*S*), Eisenbahn, Lastkraftwagen und sogar durch einen besonderen Anschluß (*A*) den Bodenspeicher (*K*) entleeren; umgekehrt können die genannten Räume und Verkehrsmittel durch Schüttrohre (R_1 u. R_2) des Hebers, der etwa aus einem Seeschiff fördert, beladen werden. Meist aber geht das mit dem Heber geförderte Getreide mittelst Förderband (F_1) oder Schütt-

---

[1] Donner: Umschlag und Pflege von Getreide im Hafen. Werft Reed. Hafen 1938, Heft 15.

rohr (R_1) in den benachbarten Zellenspeicher (Abb. 118), wo es durch Becherwerke (B_4) in die obere Verteilung gelangt. Ebenfalls werden die Annahmemengen aus Landfahrzeugen über den Trogförderer (T_3) und die Becherwerke (B_4) in die obere Verteilungsstelle befördert, desgleichen gelangt dorthin wenn nötig der Inhalt der Silozellen mittelst Trogförderer (T_4). Die obere Verteilungsstelle kann das Getreide entweder durch den Förderer (T_1) in die Silozellen oder durch (T_2) in den Schuppen (K) zur Bodenspeicherung wandern lassen. Andere mögliche Wege führen zu den automatischen Waagen (W), den Reinigern (Rg) und der Trockneranlage (B_2, B_3). Ausgespeichert kann durch das Förderband (F_2) über Schüttrohr (R_3) in Schiffe oder über Schüttrohr (R_4) in Landfahrzeuge werden. Soll das Getreide sackweise weitergegeben werden, so geht es über die Absack- und Wiegevorrichtung (W_1) an die Laderampe. Der richtige Lauf

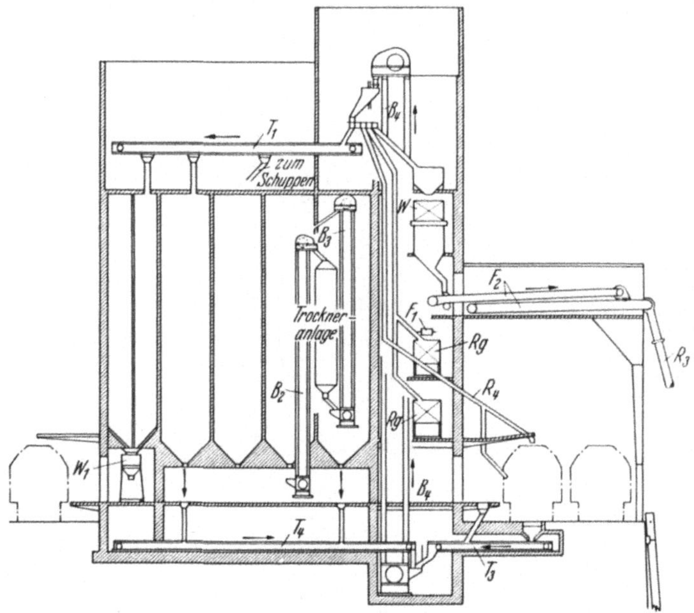

Abb. 118. Inneneinrichtung eines Zellenspeichers (Schema).
B_2 B_3 B_4 Becherwerke, T_1 T_3 T_4 Trogförderer, F_1 F_2 Förderbänder,
R_3 R_4 Schüttrohre, W W_1 Wiegevorrichtungen, Rg Reiniger.

des Getreides in vielseitigen Umschlagsanlagen wird neuerdings durch die auf einer Schalttafel vereinigten Betätigungs-, Rückmelde- und Sicherheitsschaltungen gewährleistet (Leuchtbild- oder Bandschalttafeln)[1]. Auf solcher Schalttafel sind die Umschlags- und Speichereinrichtungen (Böden, Zellen, Reiniger, Waagen, Becherwerke, Horizontalförderer, Sauglufheber, Klappen, Schieber, Rohre usw.) zeichnerisch dargestellt; alle Bewegungsvorgänge können nur von hier eingeschaltet werden, wobei der eingeschaltete Vorgang und der gewählte Weg durch Signallampen gekennzeichnet wird. Um zu vermeiden, daß Fehlschaltungen das Getreide im Speicher durcheinander bringen können, ist in einer Ausführungsart (Abb. 119) solcher Schaltarten folgendes Mittel gewählt: An den Punkten, wo mehrere Wege für den Getreidelauf von einer Stelle aus möglich sind, geschieht die Einschaltung des gewünschten Laufes durch Schalter mit einem Steckschlüssel, der an einem Band mit der Stelle auf der Schaltzeichnung verbunden ist, von welcher der Fördervorgang weitergeleitet werden soll.

---

[1] Schulze u. Cantz: Der neue Getreidespeicher in Stettin, I. Die maschinellen Anlagen. Jb. hafenbautechn. Ges. 1937, Bd. XVI.

δ) Kaliumschlagsanlagen.

Gewisse fördertechnische Ähnlichkeit mit dem Getreide hat das Umschlagsgut Kali, für das die europäischen Großhäfen Hamburg, Bremen, Antwerpen als Versandplätze riesige Anlagen betreiben. Da Anlieferung und Abgabe dieses Gutes, das hauptsächlich in Deutschland und Frankreich bergbaulich gewonnen und mit Binnenschiff oder Eisenbahn in die Häfen gelangt, zeitlich und mengenmäßig durchaus verschieden sind, kommen große Ausgleichsspeicher in Frage. Kali, ein Sammelname für Düngemittel, die meist aus Salzen des Metalles Kalium in verschiedener chemischer Zusammensetzung und Konzentration bestehen, ist ein feinkörniges Schüttgut, das weil stark feuchtigkeitsanziehend trocken gelagert (u. U. Heizanlagen) werden muß, es neigt trotzdem zum Zusammenballen, weswegen es nur in großräumigen Hallenspeichern gelagert werden kann, die eine Lockerung der zusammengebackten Massen mittels entsprechender, großer Geräte gestatten. Abb. 120 und 121 zeigt Grundriß und Querschnitt der Kali-Umschlags- und Speicheranlage in Antwerpen, von der uns hier nur die Umschlagsmechanik angeht. Die Kaistrecken an den Stirnseiten dienen der Annahme der losen Kalisalze aus Binnenschiffen (a) mittels 5-t-Greiferkränen (b), welche ihre Schüttung über Trichter (c), Unterflurbandförderer (d), Becherwerke (f), (vgl. auch Querschnitt F-F in Abb. 121) auf die im Dachfirst der beiden Speicherhallen liegenden Förderbänder (l) gelangen lassen. Von hier können sie mittels Abwurfwagen in die großen Speicherräume geschüttet werden. Sollen Partien ohne Zwischenlagerung

Abb. 119. Bandschalttafel für Getreidespeicher. AEG.

unmittelbar auf Seeschiffe abgegeben werden, so werden sie durch Querbänder (s und t in Abb. 121 F-F) über fahrbare Bandbrücken (k) und Schüttrohre dorthin befördert. Mit der Eisenbahn angeliefertes Salz gelangt ebenfalls durch Ausschütten auf die Unterflurbänder der beiden stirnseitigen Kaianlagen und von dort wie oben beschreiben weiter. Die Becherwerke der Anlage haben eine Leistungsfähigkeit von 200 t/h (eins davon 100 t), die Förderbänder von 150—200 t/h. Sollen die Salze wieder ausgespeichert werden, so müssen sie zunächst durch sogenannte Salzkratzer wieder aufgelockert werden. Es sind im ganzen sieben Salzkratzer von je 100 t/h Leistungsfähigkeit vorhanden. Ihre Bauart und Wirkungsweise kann hier nur schematisch angegeben werden. Ein auf dem Fundament der Unterflurbänder (g) fahrendes Gestell (Abb. 122) trägt an einem drehbaren Ausleger zwei Raupenketten, die mit Kratzeisen besetzt das Salz nach unten streifen, von wo es mittels eines kleinen Becherwerkes über einen Trichter in der Mitte der ganzen Maschine u. U. nach nochmaliger Zermahlung auf das Unterflur-Förderband gerät. Von hier kann es über Querbänder (m) und Becherwerke (n) (vgl. Abb. 121 Schnitt D-D)

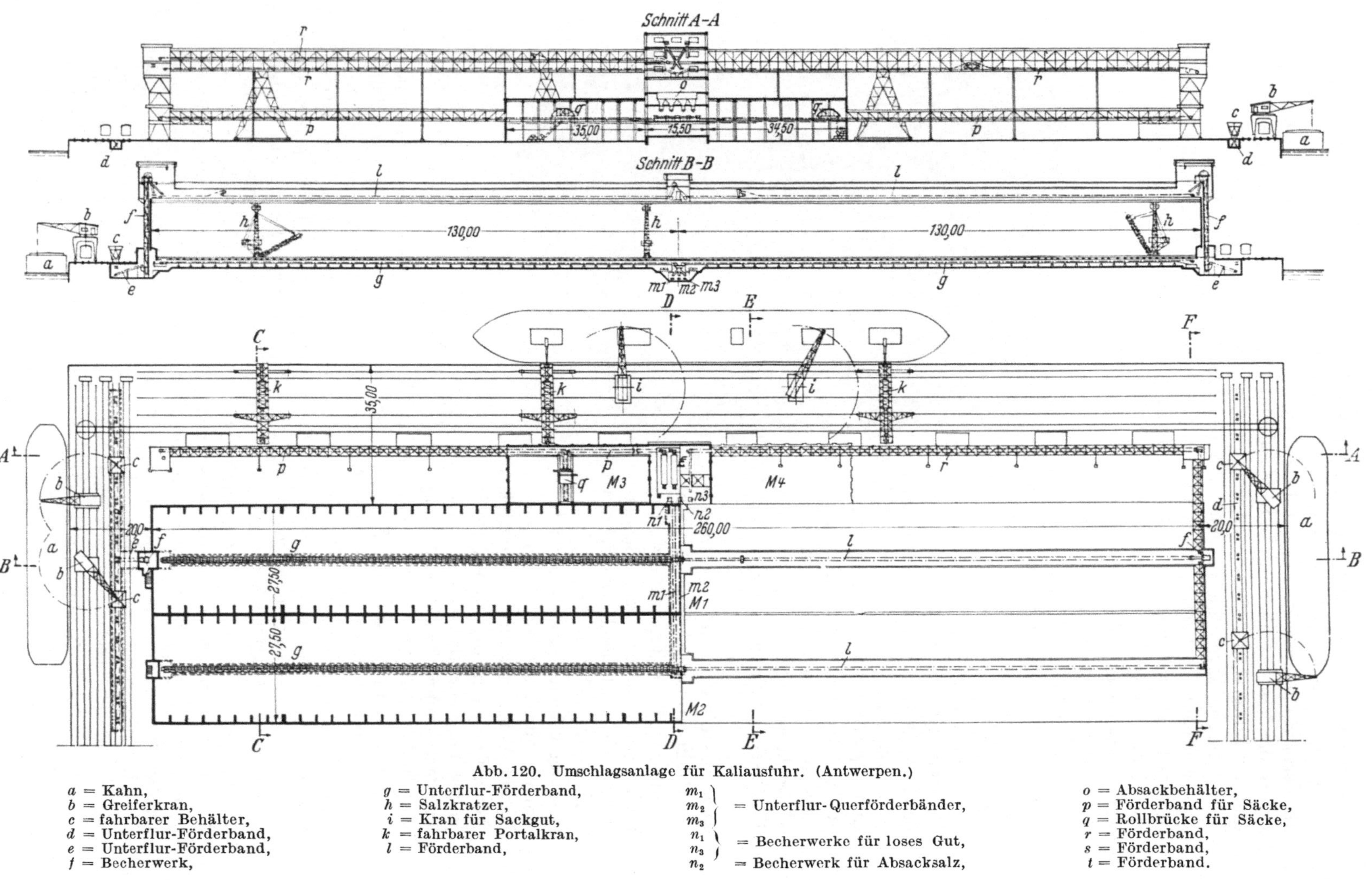

Abb. 120. Umschlagsanlage für Kaliausfuhr. (Antwerpen.)

a = Kahn,
b = Greiferkran,
c = fahrbarer Behälter,
d = Unterflur-Förderband,
e = Unterflur-Förderband,
f = Becherwerk,

g = Unterflur-Förderband,
h = Salzkratzer,
i = Kran für Sackgut,
k = fahrbarer Portalkran,
l = Förderband,

$\left.\begin{array}{c} m_1 \\ m_2 \\ m_3 \end{array}\right\}$ = Unterflur-Querförderbänder,

$\left.\begin{array}{c} n_1 \\ n_3 \end{array}\right\}$ = Becherwerke für loses Gut,

n_2 = Becherwerk für Absacksalz,

o = Absackbehälter,
p = Förderband für Säcke,
q = Rollbrücke für Säcke,
r = Förderband,
s = Förderband,
t = Förderband.

in das Turmbauwerk in der Mitte der Speicheranlage gelangen. Hier wird das Gut verwogen, sodann entweder lose über die vorgenannten Bandbrücken (*k*

oder eingesackt mit Hilfe von Förderbändern (*p*) und Kaikränen (*i*) auf die Seeschiffe abgegeben, auch eine Abgabe von losem oder gesacktem Salz auf Bahnwegen ist möglich. Die gesamte Anlage faßt 120000 t Kalisalz, darunter Lagermöglichkeit für 25 000 Sack; die Gesamtmenge kann etwa fünf- bis sechsmal im Jahre umgeschlagen werden. Die Anlagen in Hamburg und Bremen sind ähnlich leistungsfähig, wenn sie auch in Bauart und Fördertechnik einige Abweichungen zeigen. Die Abb. 120 und 121 lassen noch weitere Einzelheiten als die beschriebenen erkennen, es kam hier nur darauf an, zu zeigen, wie weit die Umschlagstechnik leistungsfähige Geräte zur Verfügung stellen kann, wobei nicht vergessen werden darf, daß neben den vielseitigen Anforderungen des Um-

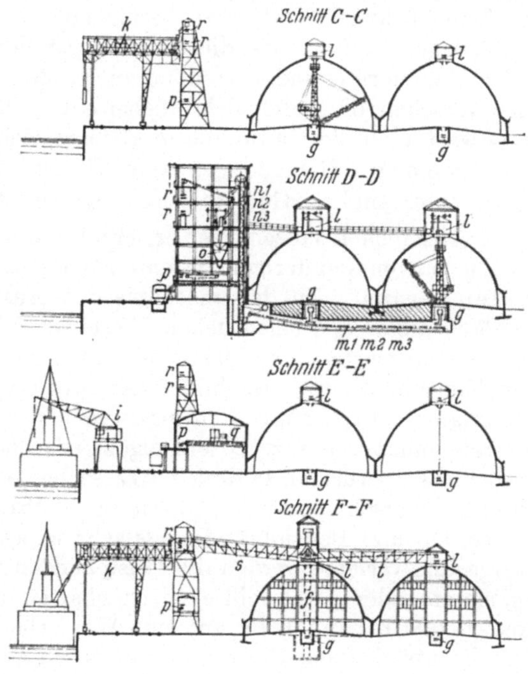

Abb. 121. Querschnitte der Kaliumschlagsanlage.

schlagbetriebes hier noch erschwerende Bedingungen für die Unterhaltung von Bauwerk und Maschinen infolge der Eigenart des Umschlagsgutes (chemischer Angriff) zu berücksichtigen sind.

ε) **Petroleumumschlagsanlagen.**

Unter Petroleum werden hier die flüssigen Erzeugnisse oder Rückstände der Erdölindustrie verstanden, die in verschiedenen Verpakkungen und Mengen mehr oder minder flüchtiger oder feuergefährlicher Art in den Häfen zur Ausfuhr, Einfuhr, Bearbeitung oder Lagerung gelangen. Die für ihren Umschlag nötigen mechanischen Einrichtungen sind rein äußerlich betrachtet sehr unscheinbar, da sie weder

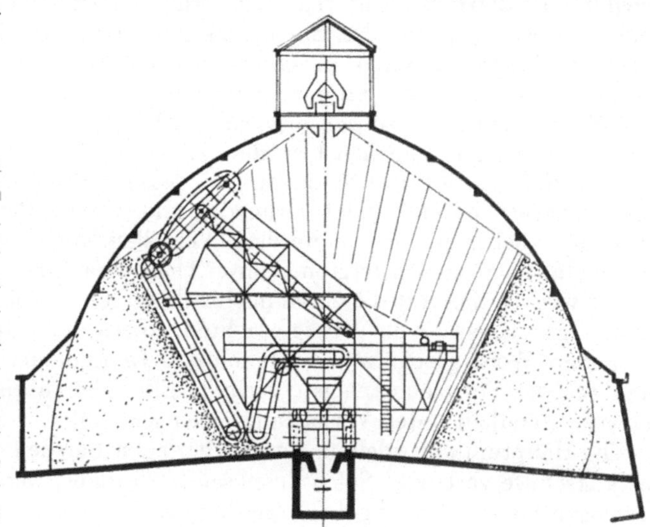
Abb. 122. Salzkratzer im Kalispeicher.

ragende Bauwerke darstellen noch kraftvolle Bewegungen erkennen lassen, sie sind aber in ihrer Eigenart bedeutungsvoll, da sie verlustlos hohe Leistungen bei größter Feuersicherheit erzielen müssen. Die Hilfsmittel zur Förderung des unverpackten Petroleums sind Pumpen und Rohrleitungen;

die Behälter, die beim Hafenumschlag in Frage kommen, werden Tanke genannt und sind in Seeschiffen, Leichter oder Kähnen, auf Eisenbahnwagen oder Lastkraftwagen angebracht; man bezeichnet diese Fahrzeuge als Tankschiffe bzw. Tankwagen. Immer sind die Umschlagsstellen in den Häfen zum Ausgleich zwischen Anlieferung und Verteilung mit großen Lagerbehältern (Tanke oder Zisternen) versehen, oft siedelt sich daneben eine erdölverarbeitende Industrie an, vielerorts wird auch die Umfüllung in kleinere Gebinde (Fässer oder Kanister) dabei vorgenommen. Die Anlagen zum Umschlag und zur Weiterbehandlung des Petroleums sind in Gebiete zusammengefaßt, die unter besonderen bau- und feuerpolizeilichen Vorschriften errichtet und betrieben werden und zum wenigsten in Europa von den übrigen Hafenteilen abgetrennt sind, sie werden Petroleumhäfen genannt. Zu den mechanischen Ausrüstungen eines Petroleumshafens gehören außer den eigentlichen Umschlagsanlagen noch die Einrichtungen, die zur Sicherung des Umschlages und der Lagerung dienen. In erster Linie muß der Feuerschutz gut ausgebildet sein, wozu u. U. eine eigene Feuerwehr, mindestens aber ausreichende Leitungen für Löschwasser gehören. Der Hamburger Petroleumhafen hat z. B. ein eigenes Hochdruckpumpwerk, das Löschwasser unter 10 atü Druck an zahlreiche Wasserpfosten abgeben kann. Auch die Schaumlöschung verschiedener Verfahren in fahrbaren oder ortsfesten Einrichtungen ist bei Öl- und Benzinbränden als sehr wirksam beliebt. Zur Verringerung der Vergasungsverluste werden die freistehenden von Umwallung umgebenen Tanke (genietete oder geschweißte Blechbehälter, deren Größen etwa zwischen 100 und 15 000 m³ Inhalt liegen) mit Wasserberieselung versehen, die aus ihrem Inhalt entstehenden Gase läßt man durch Davy'schen Sicherheitsnetze entweichen oder führt sie durch Rohrleitungen zu Sammelbehältern, wo sie kondensieren können. In Nordamerika[1] wird ein besonderes Sicherungssystem empfohlen, das die Gefahren und Verluste des Umschlages und der Lagerung praktisch vermeidet, die Betriebs-, Unterhaltungs- und Versicherungskosten äußerst herabsetzt. Es besteht darin, daß alle Sorten Petroleum über 17° Baumé, welche sich nicht mit Wasser mischen, im geschlossenen Raum der Rohrleitungen und Behälter so gelagert sind, daß der Raum, den sie nicht beanspruchen, vollständig mit Wasser erfüllt ist, so daß nirgends Luft hinzutreten kann. Die Vergasungsverluste sollen hier gänzlich fortfallen gegen 4—6% im Jahresmittel bei genieteten und etwa der Hälfte davon bei geschweißten Behältern. Leckverluste können natürlich damit nicht vermieden und gewisse Brandschutzvorrichtungen nicht unentbehrlich gemacht werden. Vor allen Dingen ist ein guter Blitzschutz notwendig. Die in den letzten Jahren besonders eindringlich gewordene Luftgefahr wird in Zukunft die Zusammenballung der Petroleumumschlags- und Behandlungsanlagen als unzulässig erachten, sofern nicht die großen Lagermengen auf andere Weise geschützt werden können. In nordamerikanischen Häfen findet man oft die Petroleumanlagen verteilt unter den übrigen Umschlagsanlagen, selbstverständlich unter Vorhaltung eines sehr guten Feuerschutzes.

Die Hauptumschlagsleistungen werden beim Beladen oder Löschen der Überseetankschiffe verlangt. Solche Tankschiffe (Tanker) werden heute mit Fassungsvermögen bis zu 24 000 t gebaut, sie können in 2—3 Arbeitsschichten voll- oder leergepumpt werden. Zu diesem Zweck sind in neueren Tankern sehr leistungsfähige Pumpen (rotierende durch Dampfturbinen oder Elektromotoren betriebene Pumpen mit 3000 bis 10 000 l/min Förderung) eingebaut. Auch hier hat sich in den Nachkriegsjahren die Leistung mit der Größe der Schiffe mehr als verdoppelt. Wo in den Ausfuhrhäfen das Petroleum den Schiffen nicht aus hochgelegenen Behältern zuläuft oder Bordpumpen nicht in Betrieb sind, dies besonders in den Einfuhrhäfen, kommt die fest oder fahrbar am Pier und Kai

---

[1] MacElwee: Entwicklung der Umschlagstechnik in den Häfen der USA. Werft, Reed. Hafen 1938 Heft 9.

aufgestellte Pumpe in Anwendung. Als betriebssicher und leistungsfähig (unempfindlich gegen Gasgemisch) hat sich die doppeltwirkende Dampf-Kolbenpumpe in den Leistungen von 3000—5000 l/min bewährt. Die landfeste Petroleumpumpe wird aus einem sicher und getrennt liegenden Kesselhaus gespeist, sofern nicht in selteneren Fällen elektrischer Antrieb gewählt wurde. Elektrischer Antrieb verlangt explosionssichere Unterbringung von Motor- und Schaltanlagen. Elektromotoren bedingen ebenso wie Dampfturbinen ihrer Drehzahl wegen eine schnellaufende Rotationspumpe, die sich neuerdings auch im Petroleumumschlag eingeführt hat. Da meistens Petroleum verschiedener Art in getrennten Rohrleitungen durch besondere Pumpen gefördert werden muß, so hat man auch zentrale Pumpenhäuser mit Zu- und Ableitung der verschiedenen Rohrstränge in Betrieb. Die Rohranlagen der Petroleumhäfen enthalten oft

Abb. 123. Leitungsschläuche für Petroleumumschlag.

viele Kilometer von Leitungen mit zahlreichen Absperrschiebern, welche der besseren Übersicht und Unterhaltung wegen durchweg oberirdisch verlegt sind. Die Förderung dickflüssiger Öle im Winter macht allerdings in einigen Häfen Heizeinrichtungen an Behältern und Rohranlagen (Kanälen) notwendig. Zur Verbindung des Rohrnetzes auf den Tankern mit den landfesten Leitungen benutzt man gepanzerte Spiralschläuche von 150 bis 250 mm Durchmesser (Abb. 123). Die Umschlagsleistungen liegen bei mittleren Tankseeschiffen etwa zwischen 600 und 900 t/h, bei Tankleichtern etwa bei 150 bis 300 t/h.

Die weitere Beförderung des Petroleums im Hafen, das dort gelagert hat, destilliert, raffiniert oder sonstwie zu anderen Erzeugnissen (Benzin, Schmieröle) verarbeitet wurde, kann auf zweierlei Art geschehen: entweder geht es unverpackt in die Behälter der Tankkähne, der Eisenbahn- oder Lastkraftwagen, dann mit den gleichen Mitteln der Pumpen und Rohrleitungen und natürlich mit denselben Sicherheitsmaßnahmen wie beim Löschen, oder aber es wird in festen Gebinden (Eisenfässer oder in Kisten verpackte Kanister und Kannen) verladen, wobei die für massenhaftes Stückgut üblichen Umschlagsgeräte (Kräne, Elektrohängebahnen, Rollenförderer u. ä.) in Anwendung kommen (Abb. 59).

ζ) Fischereihafenumschlagsanlagen.

Die Umschlagsanlagen eines Fischereihafens mögen hier im Hauptabschnitt über Schüttgut mit behandelt werden, weil die umschlagstechnische Aufgabe dieser Häfen, die Anlandung der Fischfänge und die Ausrüstung der Fischereifahrzeuge mit Kohlen und Eis, sich mit unverpacktem, schüttbarem Gut zu befassen hat. Die Weiterversendung der frischen oder verarbeiteten Fische geschieht allerdings in verpacktem Zustande, die dazu im Hafen angewendete Tech-

Abb. 124. Fischlöschwinde. Atlaswerke.

nik benötigt aber kaum mechanische Umschlagsgeräte. Ein weiteres gemeinsames Kennzeichen mit anderen Schüttgütern ist die einseitige Umschlagsrichtung im Hafen.

Die Entladung der Fischereifahrzeuge, meist handelt es sich um Dampfer von 300—550 BRT, die etwa 100—200 t Fische in ihren Laderäumen fassen können, geschieht durchweg mit fahrbaren Winden vom Kai aus, welche die im Raum gefüllten Fischkörbe aus Ufer heben. Die Winden sind mit einem oder zwei Spillköpfen versehen (Abb. 124), welche im Betrieb dauernd laufen und das Hubseil durch das vom Windenmann besorgte mehr oder minder straffe Umschlingen heben oder senken. Da die aus dem Raum zu hebenden Fischkörbe nur 50—60 kg wiegen, ist die Tragkraft der Winden nicht sehr groß (75—100 kg), wohl aber wird auf eine gewisse Geschwindigkeit Wert gelegt. Es werden ungefähr 80—120 Körbe in der Stunde geleistet. Das an Deck befindliche Windengeschirr eignet sich nicht für den Löschbetrieb, da es für andere Zwecke gebaut ist, auch ist die Schiffsbesatzung während der Hafenzeit nicht an Bord. Die Versuche, den etwas rückständig anmuten-

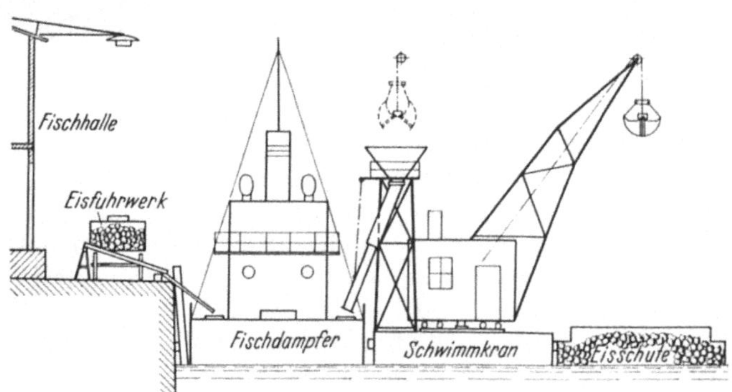

Abb. 125. Eisbunkern eines Fischdampfers.

den Betrieb mit Spillkopfwinden und kleinen Körben durch becherwerksartige Dauerförderer leistungsfähiger zu gestalten, haben nicht zu einer befriedigenden Lösung geführt.

Die in den Fischhallen gelandeten, versteigerten und verpackten Frischfische sowie die Erzeugnisse der im Hafen ansässigen Fischindustrie werden fast ausschließlich durch Eisenbahn oder Lastkraftwagen ins Hinterland weiter verfrachtet. Die dabei nötigen Verladearbeiten erfordern kaum mechanische Einrichtungen mit Ausnahme der Wiegeeinrichtungen. Selbstverständlich müssen im Hafen zum Verkehr nach den oft großzügigen Bahnversandanlagen[1] ausreichende Transportmittel (Kraftschlepper mit Anhängern oder Elektrokarren) vorhanden sein.

Die Versorgung der Fischereifahrzeuge mit Kohlen und Eis für die Ausreise geschieht oft ebenfalls mit einfachen Verladeeinrichtungen. Natürlich findet diese Beladung wie auch die anderen für die Ausrüstung nötigen Transport-

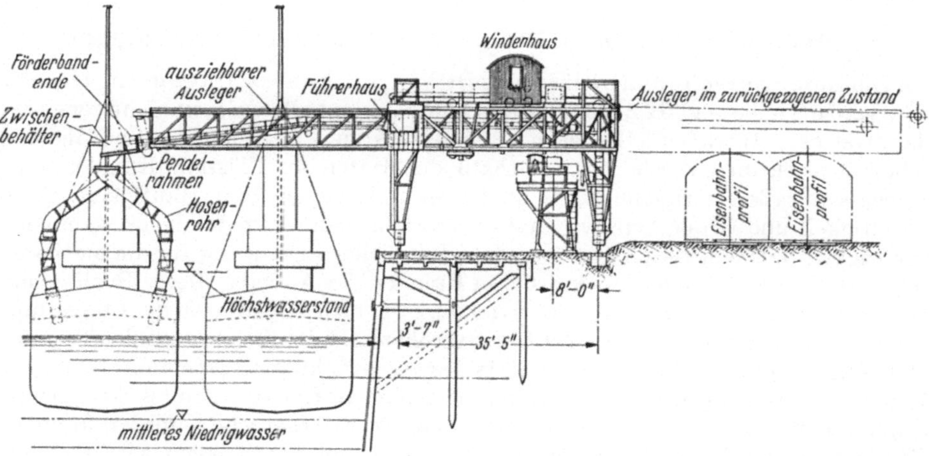

Abb. 126. Fischdampferbekohlungsanlage in Fleetwood (Querschnitt).

arbeiten zu anderen Zeiten und an einem anderen Schiffsliegeplatz im Hafen statt als das Entladen der Fische. Eis wird aus den im Fischereihafen ansässigen Eisfabriken an den Schiffsliegeplatz gefahren und meist mit Körben oder Schüttrinnen im Handbetrieb an Bord gegeben, wo nicht Kräne (Schwimmkräne) dazu benutzt werden können. Die in Abb. 125 skizzierte Abgabe von Eis an einen Fischdampfer sowohl vom Kai wie von der Wasserseite aus vermag mit 10 Arbeits-

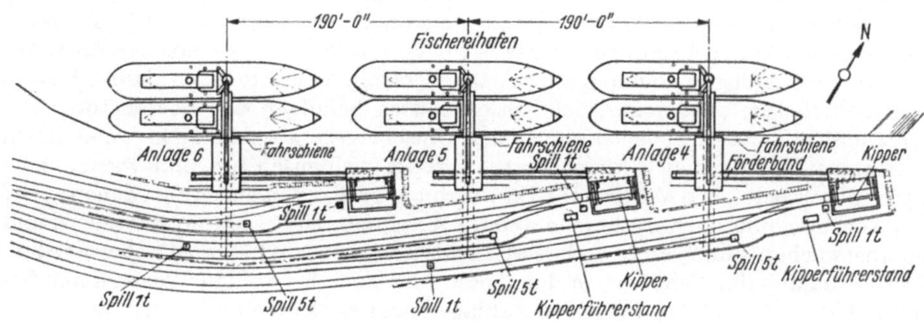

Abb. 127. Fischdampferbekohlungsanlage in Fleetwood (Gesamtanlage).

kräften in einer Stunde gut 50 t Eis in die Bunker zu schaffen, eine Leistung die Sommertags durchaus erwünscht ist. Es werden bei einem mittleren Fischdampfer rd. 50—100 t Eis und 200—300 t Kohlen mit Kränen an Bord genommen. Ein sehr großer englischer Fischereihafen (Fleetwood) hat für seinen starken Fischdampferverkehr die Bekohlungsanlagen zeitgemäß erneuert und zwar nach Art der für Großanlagen benutzten schon oben erwähnten Verbundarbeit zwischen Kohlenkippern, Förderbändern und Schüttrohren. Abb. 126 läßt die Teile dieser Anlage erkennen: Drei fahrbare Gerüste können je zwei

---

[1] Teichgräber: Die Fischmarktanlagen in Cuxhaven und der neue Fischversandbahnhof. Jb. hafenbautechn. Ges. 1934/35, Bd. XIV.

Schiffe mit Förderband und Hosenrohr am ausziehbaren Ausleger beschütten. Die beschränkt verfahrbaren Fördergerüste werden durch Bänder aus einem Schüttbunker gespeist, in den Kipper den Kohleninhalt der Eisenbahnwagen entleeren. Die stündliche Leistungsfähigkeit beträgt für jede Anlage und Schiff 80 t, wozu reichliche Gleisanlagen mit Verschiebespills notwendig wurden (Abb. 127). Im ganzen sind in diesem Fischereihafen jährlich 380000 t Bunkerkohlen umzuschlagen.

C. Mechanische Ausrüstungen für Hafenverkehrsanlagen.

Die mechanischen Ausrüstungen von Verkehrsanlagen in Häfen, wie Schleusen, bewegl. Brücken, Fähren usw., sind im allgemeinen nicht verschieden von den Antrieben, Steuerungen und sonstigen maschinellen und elektrischen Einrichtungen, wie sie außerhalb der Häfen an Flüssen, Kanälen und Seewasserstraßen vorkommen, sie sind aber teils wegen ihrer Häufigkeit, ihrer Wichtigkeit und Größe, teils wegen ihrer betrieblichen und baulichen Zusammengehörigkeit mit dem Hafen doch von grundsätzlicher Bedeutung für die mechanischen Hafenausrüstungen, so daß sie im Rahmen der Aufgabe dieses Buches mit betrachtet werden müssen. Ihre Entwicklung zu verfolgen, die von der Steigerung des Verkehrs, dem Anwachsen der Schiffsgrößen und den Leistungen der Technik abhängig ist, müssen wir uns angesichts des beschränkt zur Verfügung stehenden Raumes allerdings versagen, wie auch nur neuere Antriebsanlagen mit kennzeichnenden Merkmalen ihres Bewegungsvorganges kurz besprochen werden können. Hinsichtlich der Kraftversorgung und Steuerung solcher Anlagen wird auf den Abschnitt II B 1 verwiesen, das dort Gesagte trifft auch grundsätzlich für die jetzt zu besprechende Anlagen zu.

1. Schleusentorantriebe.

Schleusen- und Docktorantriebe sind in den meisten Häfen vorzufinden, nicht nur bei den Zugangsschleusen der Dockhäfen, wo sie teils in größerer Anzahl (z. B. London, Antwerpen) vorkommen, sondern auch in den offenen Tidehäfen, wo sie bei den Sperrschleusen für die Regelung der Gezeitenströmungen dienen (z. B. hat der Hamburger Hafen zwölf solcher Sperrschleusen); auch in Flußhäfen kommen zur Regelung des Wasserstandes manchmal Schleusen vor. Die Trockendocks in den Häfen benötigen ebenfalls für ihre Torverschlüsse solcher Antriebe. Für kleinere Anlagen kommen aller Arten Verschlüsse wie Stemm-, Hub-, Klapp- und Schiebetore vor, neuzeitliche Seeschleusen benutzen nur Schiebetore. Als Antriebskraft hat sich ebenso wie bei den Umschlagsgeräten der elektrische Strom durchgesetzt, wenn auch kleinere und mittlere Schleusen hin und wieder noch hydraulisch betrieben werden. Die Handhabung großer Schleusen, bei denen außer der Torbewegung noch zahlreiche andere Maschinen zu betätigen, zu steuern und zu überwachen sind, könnte anders als elektrisch gar nicht mehr betrieben werden. Die Bewegung der Schützen in den Toren, der Schieber in den Wasserumläufen der Schleusenkammern, die Pumpenanlagen zum Entleeren und Füllen der Kammern, zum Trocken- und Gefüllthalten der Docks, zum Wasserballasteinstellen in den Toren, die Einstell- und Anzeigevorrichtungen für alle Bewegungsvorgänge, Signalanlagen usw. verlangen bei den Schleusen eine mehr oder minder bedeutende mechanische und elektrische Ausrüstung. Die Tore, die sich um senkrechte oder waagerechte Achsen drehen lassen, die senkrecht gehoben oder waagerecht verschoben werden können, die als einfache oder Doppeltore verwendet werden, die in riesigen Abmessungen bis 100 t und mehr Zugkräfte für ihre Bewegung verlangen, benutzen zum Antrieb Seile, Zahnstangen, für große Anlagen besonders in der Form der Gelenkzahnstange (MAN Abb. 128). Versuche, die Tore durch Schiffspropeller, die an ihnen unter der Wasserlinie angebracht waren, zu bewegen, wobei diese gleichzeitig zur Beschleunigung des Wasserdurchlaufs durch die Tore benutzt werden sollten, haben noch nicht zu einer weiteren Anwendung geführt. Als Beispiel für die mechanische Ausrüstung einer großen Seehafenschleuse sei die entsprechende Einrichtung bei der wieder instand gesetzten Seeschleuse der

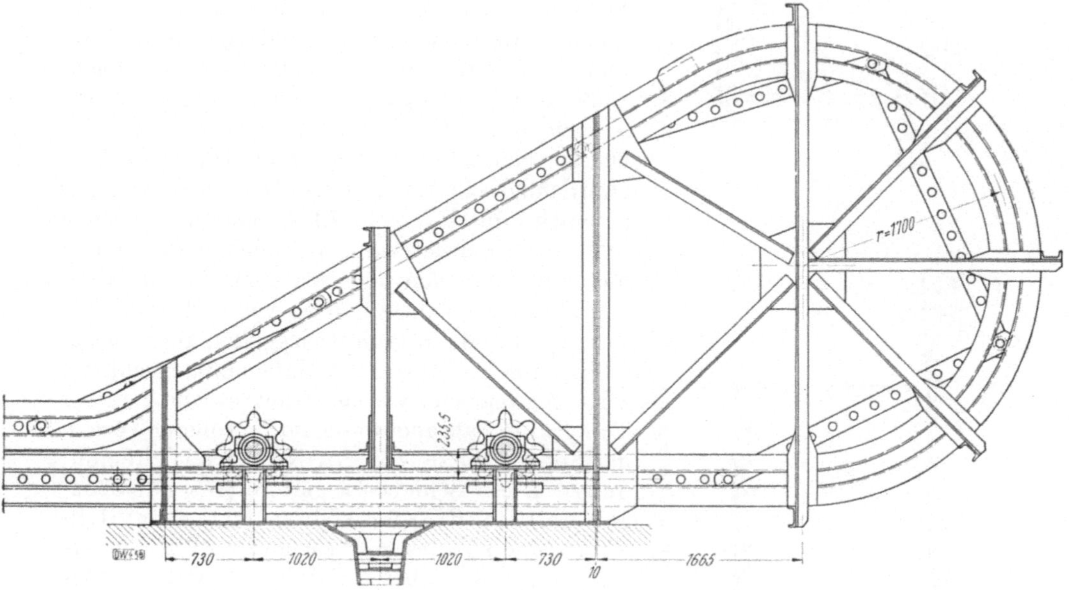

Abb. 128. Gelenkzahnstange. MAN.

III. Hafeneinfahrt in Wilhelmshaven[1] kurz beschrieben. Die riesigen Schiebetore, an jedem Haupt der beiden Schleusenkammern je eines von rd. 41 m Länge, 18,50 m Höhe und 6 m Breite, werden zum Freigeben der Schleuseneinfahrt in seitliche Nischen (Torkammern) hineingezogen. Da sie auf Kufen auf der Drempelsohle gleiten, benötigen sie starker Antriebskräfte, zumal Wind und

Abb. 129. Maschinenkeller im südlichen Binnenhaupt der 3. Hafeneinfahrt in Wilhelmshaven.

Wasserstand die Anfahrt noch zusätzlich erschweren kann. Um die zwischen 107 und 170 t schwankenden Bewegungswiderstände zu überwinden, sind zwei Motoren von je 110 kW in Leonardschaltung für jedes Tor eingebaut, die einzeln oder zusammen durch eine Gelenkzahnstange auf das Tor einwirken. Dieses von der

---

[1] Gerdes: Die Seeschleusen der III. Hafeneinfahrt in Wilhelmshaven und ihre gründliche Instandsetzung 1934—1937. Jb. hafenbautechn. Ges. 1937, Bd. XVI.

MAN entwickelte Bewegungselement hat vor der starren Zahnstange den Vorteil, daß es sich wie Abb. 128 zeigt, auf dem freien unbelasteten Ende in einer Schleife

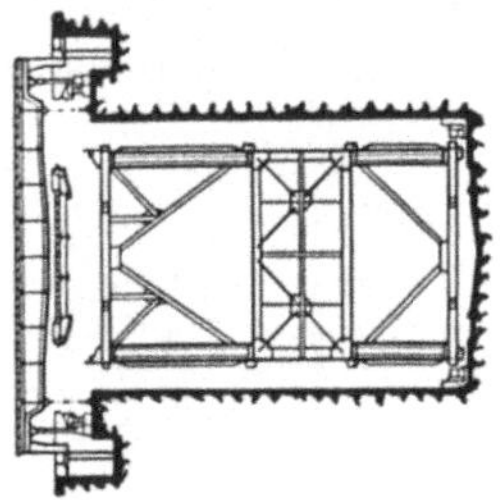

wieder zurückführen läßt, wobei natürlich an Baulänge gespart wird. Die einzelnen Teile der Stangenkette sind durch Bolzen miteinander verbunden, die zur Vermeidung des Ausknickens zwischen Gleitschienen geführt sind, so daß nur Zug- und Druckkräfte aufgenommen werden können. Außer der Torbewegung sind an mechanischen Antrieben noch die Bewegungseinrichtungen für 60 Torschützen (Wasserdurchlaßklappen) und zwei Schlickschieber an jedem Tore notwendig, das geschieht durch je acht Elektromotoren. Einen bildlichen Eindruck von der Größe und Bedeutung dieser maschinellen und elektrischen Schleuseneinrichtung vermittelt uns Abb. 129, die das Schaltpult und die dahinterliegenden Antriebsmaschinen für ein Tor der III. Hafeneinfahrtschleuse zeigt. Abweichend von der Gleitbewegung dieser Tore ist die Fahranordnung noch größerer Tore in der Seeschleuse von St. Nazaire (Loiremündung). Diese Schiebe-Riegeltore ($L = $ rd. 52 m, $H = 15,15$ m, $B = 8,9$ m) fahren nämlich auf Rollwagen, und zwar ist das Tor an der Torkammerseite auf einem oberen auf den Torwänden fahrenden Wagengestell, auf dem Vorderende aber auf einem Unterwagen gelagert, der auf Schienen der Drempelsohle fährt; Abb. 130 läßt das Schiebtor mit seinem Fahrantrieb deutlich erkennen. Auch hier ist eine Gelenkzahnstange verwendet, die dem Tor bei 60 t Höchstzug mittels zwei Elektromotoren (Leonardsteuerung) von je 75 kW eine Fahrgeschwindigkeit von 0,1—0,2 m/sec verleiht. Die Schleusentore haben zum Gewichtsausgleich Schwimmkästen, die durch Pumpen und Rohrsysteme gefüllt und entleert werden können, die Pumpen sind elektromotorisch betriebene Schleuderpumpen. Als weitere elektromechanische Ausrüstungsteile kommen für diese Schleuse noch hinzu die elektromotorisch betriebenen Rollkeilschützen, welche die je vier Umlaufskanäle an den Schleusenhäuptern absperren, und die Pumpanlage nebst motorisch betätigten Rohrschiebern, welche die Aufgabe hat, die Schleusen von St. Nazaire, falls sie als Trockendock verwendet werden soll, ganz vom Wasser zu entleeren und trocken zu halten. Wegen der sehr vielseitigen und anregenden Einzelheiten in Antrieb und Steuerung, Sicherheits- und Signalanlagen sei auf das Schrifttum verwiesen[1].

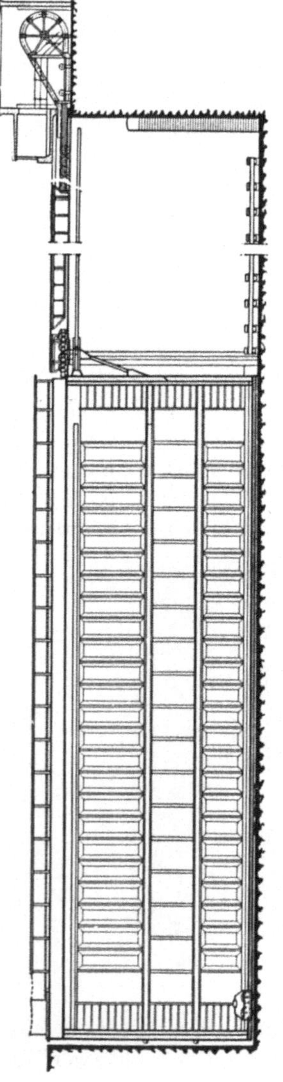

Abb. 130. Schiebetorantrieb der Seeschleuse St. Nazaire.

---

[1] Bohny: Die Schiebetore der neuen Einfahrt im Hafen von St. Nazaire. Tengström: Die elektrische Ausrüstung der Schleusenanlage St. Nazaire. Jb. hafenbautechn. Ges. 1932/33, Bd. XIII.

Einen Überblick über die räumliche Anforderung der Pumpen-, Rohrschieber-
und Torantriebe ganz großer Dockanlagen gibt in vereinfachter Skizze Abb. 131
in einem Querschnitt durch die Torkammer des neuen König Georg V.-Docks
im erweiterten Hafen von Southampton[1]; die Bildbezeichnungen erläutern
das einzelne. Im ganzen sind für die mechanischen Anlagen bei diesem Dock
zum Antrieb Elektromotoren im Gesamtanschlußwert von rd. 5600 kW eingebaut,
ungerechnet die beiden Schwerlastkräne von 50 und 10 t auf den beiden Längs-
mauern des Docks. Interessant ist hier, daß die Bewegung des schweren auf Kufen gleitenden Tores durch ein Zugseil geschieht, das von der Windentrommel über
eine Umlenkscheibe am Torkammerende läuft und am hinteren Torende befestigt ist.

Die Doppelschiebetore der nur der Binnenschiffahrt dienenden Sperrschleusen im Hamburger Hafen, die bei einer Kammerbreite von rd. 10 bis 20 m an
Fahrgestellen in oberen Torträgern hängen, werden ebenfalls durch Seilzüge bewegt. Da sie keine nennenswerten Wasserstandsunterschiede auszuhalten haben.

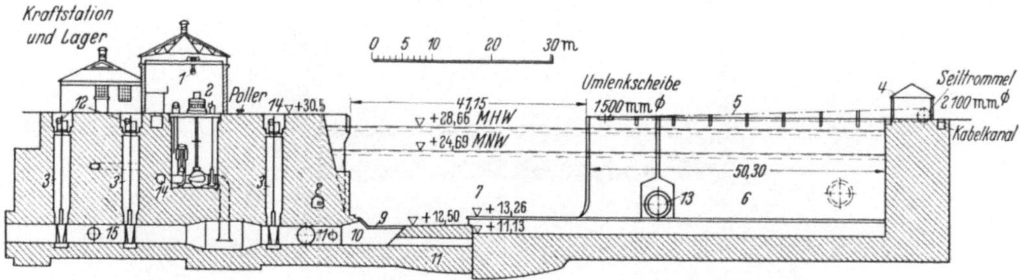

Abb. 131. Querschnitt durch die Maschinenanlagen des König-Georg-V.-Docks in Southhampton.

1. 10 t-Kran.	9. Abflußrechen.
2. Hauptpumpenantriebe 1250 PS.	10. Dock-Pumpensumpf.
3. Schieberschächte.	11. Dock-Entwässerungskanal.
4. Maschinenhaus für den Torantrieb.	12. Schieberantriebsmotoren.
5. Seilantrieb des Tores.	13. Füllungskanal.
6. Torkammer.	14. Pumpenausguß.
7. Schleusenkammer.	15. Saugkanal.
8. Rohrkanal.	

bedürfen sie nur kleinerer Antriebskräfte. Sie liegen bei den zwölf Schleusen, die
sich im Laufe einer vierzigjährigen Entwicklung entsprechend dem Anwachsen
der Binnenschiffsabmessungen in Länge und Breite etwa verdoppelt haben, zwischen 10 und 30 PS. Auch hier ist wegen Winddruck, Wasserstau und Eisgang
das höchstnötige Anzugsmoment der Elektromotoren etwa 2,5mal so groß wie
das normale.

2. Antriebe beweglicher Brücken.

Bewegliche Brücken sind verhältnismäßig oft in den Häfen anzutreffen, weil
hier wegen des gedrängten Verkehrs Kreuzungen von Straßen und Eisenbahn
mit Wasserläufen unvermeidbar sind und oft wegen der Höhe der Durchlaß be-
gehrenden Schiffe eine durch mechanische Mittel bewirkte freie Durchfahrt erforderlich wird. Die Form der Beweglichkeit des über der Durchfahrt liegenden
Brückenteils kann dabei die des Hebens sein (Hubbrücken), die des Drehens um
einen Zapfen auf einem Pfeiler oder Uferwiderlager (Drehbrücken) oder die des
Aufklappens (Klappbrücken). Die Dreh- und Klappbrücken können ein- oder
zweiflügelig sein; immer aber sind sehr große Gewichte und Gegengewichte, wenn
auch langsam, mit Feinfühligkeit und Sicherheit zu bewegen, was im Laufe der
Entwicklung zu bemerkenswerten Antriebsmechanismen und Steuerungen führte.
Bei neueren Anlagen kommt nur elektrischer Antrieb in Frage. Die Widerstands-

---

[1] McHaffie: Southampton Docks Extension. Dock & Harb. Author. 1938, Heft 214
u. 215.

momente der Bewegung sind in ihrem Verlauf stark schwankend, abhängig von
der Anfahrt mit starken Massenbeschleunigungen, von Verzögerungskräften,
vom Wechsel der Reibungs- und Winddruckverhältnisse, dabei soll mit großer
Vorsicht in die Endstellungen eingefahren werden können. Es sind also hohe Ansprüche an die Steuerung zu stellen, die am besten die Leonardsteuerung, deren
Wesen und Schaltung auf S. 47 beschrieben ist, erfüllt. Die Antriebskräfte ver-
laufen vom Motor über entsprechend große Übersetzungsgetriebe mittels Schub-
stangen, Zahnkränze, Zahnstangen (Gelenkzahnstange), Schraubspindeln oder
Seile auf die zu bewegenden Brückenteile. Zum Hauptantrieb kommen als weitere
maschinelle und elektrische Ausrüstungsteile noch hinzu: die Verriegelung der
Brückenfahrbahn in der Ruhelage, die Sicherungseinrichtungen für den Verkehr
im geöffneten Zustande der Brücke durch Schranken, Signale u. dgl., ein Not-
antrieb bei Ausfall der Antriebskraft, Kraftversorgungs- und Schaltanlage. Bei

Abb. 132. Hubbrücke über die Rethe bei Hamburg.

vielen beweglichen Brücken, bei denen der Antrieb auf einem Strompfeiler oder
auf beiden Widerlagern liegt, ist die Verlegung von Wasserkabeln unerläßlich.

Ohne auf die Bauweise, die Vor- und Nachteile der verschiedenen Brücken-
systeme näher eingehen zu können, wird die Darstellung auf die mechanische
Ausrüstung einiger neuerer beweglicher Hafenbrücken beschränkt. Die weitest-
gespannte Hubbrücke in Deutschland, die im Hamburger Hafengebiet über den
Elbarm Rethe führt, ist wegen ihrer maschinellen und elektrischen Anlage bemerkenswert[1]. Die Brücke (Abb. 132) kann zwischen zwei Führungstürmen von
50 m Höhe soweit gehoben werden, daß eine freie Durchfahrt von 42 m über
MNW entsteht; der bewegliche Teil hat bei einer Stützweite von rd. 73 m ein
Gewicht von 640 t, das an beiden Turmseiten durch an Seilen hängende Gegengewichte ausgeglichen wird. Um den Gleichlauf der Brückenenden beim Bewegen
zu gewährleisten, sind sie beiderseits an je zwei Gelenkzahnstangen aufgehängt.
Dieser Antrieb hat vor dem Seilantrieb den Vorteil der Kraftschlüssigkeit, vor
den festen Zahnstangen den Vorteil der handlichen und platzsparenden Anbringung. Die Zahnstangenkette wird über ein Ritzel oben und unten am Turm
geführt, eine Seite ist wegen des besseren Gewichtsausgleiches schwerer als die
andere (Abb. 133). Die oberen Ritzelpaare werden auf jeder Turmseite durch einen

---

[1] Behrens u. Gravert: Die Hubbrücke über die Rethe in Harburg-Wilhelmsburg.
Maschinelle und elektr. Anlagen. Z. VDI 1935, Nr. 30.

75 kW-Motor mit entsprechender Übersetzung angetrieben, so daß die Brückhub-
höhe von rd. 35 cm in 90 Sekunden zurückgelegt wird. Um zwischen beiden Turmseiten den Antrieb zu synchronisieren, ist die Einrichtung der sog. elektrischen
Welle getroffen worden (vgl. S. 95). Die Hauptmotoren werden als Gleichstrom-
motoren durch einen Leonardumformer gesteuert, der sich mit den Schalt-, Regel-
und Kontrollanlagen im Führerhaus am Fuße der Brücke befindet, besonders wird
Höhenlage der Brücke und der Gleichlauf ihrer Antriebe überwacht. In der Verkehrslage wird die Brücke durch motorisch verschiebbare Riegel an den Widerlagern gesichert. Die Zuwege zur Brücke werden vor dem Heben durch
Schranken, optische und akustische Signale
gesperrt, den Schiffen die freie Durchfahrt durch elektrische Tageslichtsignale
angezeigt. Für äußerste Notfälle ist ein
Handbetrieb und eine Notstromanlage vorgesehen. Die mechanische Ausrüstung dieser

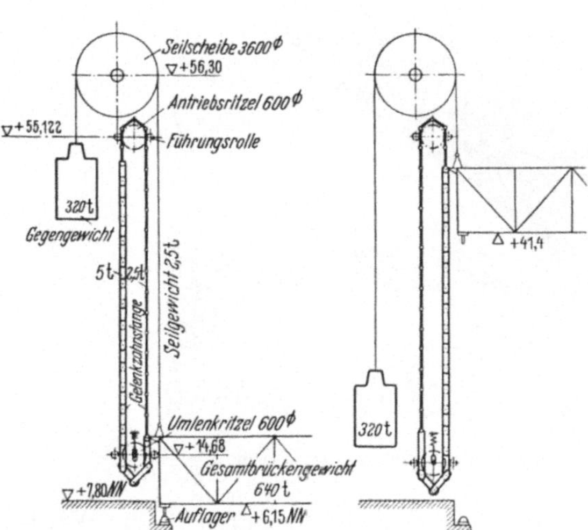

Abb. 133. Grundsätzliche Anordnung des Antriebes der
Rethe-Hubbrücke.

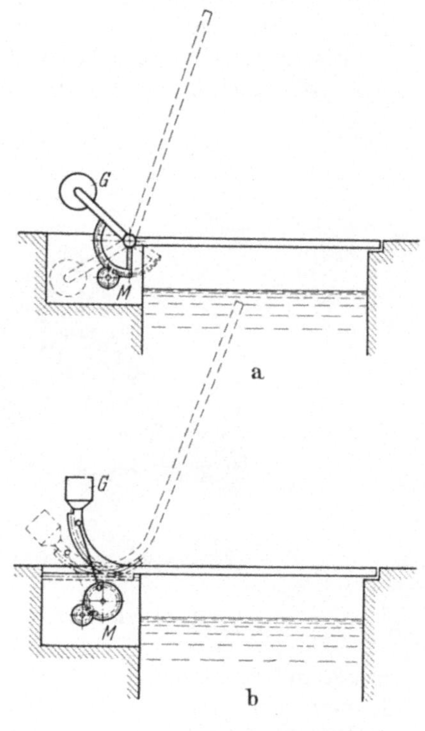

Abb. 134. Grundsätzliche Anordnung
von Klappbrückenantrieben.
M Antrieb, G Gegengewicht.

Brücke, von der wir nur das Allernotwendigste anführen konnten, ist ein
Beispiel für hohe Entwicklung.

Hochbrücken mit fester Fahrbahn besitzen manchmal, um den Fußgängern
den langen Marsch über die Rampen zu ersparen, in ihren landseitigen Pfeilern
Aufzugsanlagen.

Klappbrücken benötigen keine so hohen Aufbauten wie Hubbrücken und
begnügen sich mit weniger Platz am Ufer, machen jedoch für die Seite des Antriebes eine besondere Ausbildung des Widerlagers notwendig. Es kommen zahl-
reiche verschiedene Formen der Klappbrücken[1] vor, uns interessiert an dieser
Stelle nur, wie sich ihre Bewegung vollzieht. Danach kann man zwei Haupt-
gruppen unterscheiden; bei der einen dreht sich der klappbare Teil um feste
Achsen oder Zapfen am Ufer, bei der anderen Form dreht sich das eine Ende der
Brücke um einen Kreisbogen, der auf einer waagerechten verzahnten Bahn am
Ufer abrollt (Abb. 134a u. b). Selbstverständlich sind auch hier die zu hebenden
Gewichte soweit angängig durch Gegengewichte (G) ausgeglichen, diese sind

---

[1] Quadbeck: Die neuere Entwicklung der Klappbrücken. Jb. hafenbautechn. Ges.
1934/35 Bd. XIV.

starr oder in Gelenken mit der Klappe verbunden, um möglichst in jeder Lage Gleichgewicht zu halten. Die Antriebskraft richtet sich nach dem Überschußmoment, Reibungs- und Winddruckverhältnissen, und der Anfahrtsbeschleunigung. Da die Benutzungsdauer und -häufigkeit wie bei allen derartigen Brückenantrieben durchweg gering ist, kommt man mit Elektromotoren kleiner relativer Einschaltdauer aus. Die Kraftübertragung geschieht durch Zahnsegmente, Kurbelschubstangen, seltener Zahnstangen (Gelenkzahnstange) oder Spindeln, bei Rollklappbrücken ist manchmal der Antrieb an der Brücke selbst und mit ihr beweglich angeordnet. Klappbrücken kleiner Abmessung, z. T. mit Handbetrieb, werden zur ebenen Verbindung von zwei Laderampen, die durch Eisenbahngleise getrennt sind, hin und wieder im Kaiumschlag angewendet.

Eine große Klappbrücke (System Strauß) im Antwerpener Hafen zeigt uns Abb. 135; es ist die sog. Kruisschansbrücke, welche die gleichnamige Schleuse

Abb. 135. Klappbrücke über die Kruisschansschleuse Antwerpen.

mit 35 m Durchfahrtbreite überquert. Der Antrieb geschieht durch zwei in Ward-Leonardschaltung gesteuerte Motoren von 66 kW, welche ihre Kraft über Getriebe und Zugstangen an die Brücke abgeben. Zum Öffnen und Schließen gebraucht diese schwere Brücke, deren maschinelle und elektrische Ausrüstung 1930 von deutschen Firmen erstellt wurde, nur je 1 Minute.

Der Vollständigkeit halber sei an dieser Stelle noch erwähnt, daß auch die Schwebefähre — ein Mittelding zwischen Brücke und Schwimmfähre —, wie sie in einigen Häfen (Kiel, Marseille) vorkommt, entsprechender mechanischer Ausrüstung bedarf.

Als Beispiel für die maschinelle Ausrüstung einer großen Hafendrehbrücke führen wir die 112 m lange Brücke über den Verbindungskanal zwischen der Nordschleuse und den Hafenanlagen in Bremerhaven an. Sie dient dem Eisenbahnund Straßenverkehr im Hafen und kann in voller Breite die Schleuseneinfahrt freigeben. Zu diesem Zwecke ist sie ungleicharmig ausgeführt; unter dem kurzen (33,5 m) Brückenarm, der bei der Drehung stets über Land bleibt, ist der Antriebsmechanismus untergebracht. Die Abb. 136 zeigt in einer vereinfachten Darstellung die Anordnung: Die Drehbewegung um den Königszapfen a, der einen Durchmesser von 1 m hat, wird der Brücke durch einen sektorförmigen Antriebswagen c mitgeteilt, der ebenfalls im Drehzapfen gelagert an seinem Viertelkreisbogen eine Triebstockverzahnung trägt, in welche zwei elektromotorisch betriebene Windwerke mit ihren Ritzeln eingreifen. Die Kraftübertragung von Antriebswagen auf die Brücke geschieht durch einen Mitnehmerzapfen, der im Brük-

kenuntergurt befestigt mit Spiel in den Wagenquadranten eingreift. Hierdurch
wird der Antrieb gegen Senkungen des Fundamentes und der Brücke unempfindlich gemacht. Zur weiteren mechanischen Ausrüstung der Drehbrücke gehören
die Einrichtungen, um in der Verkehrslage die
Brückenlast auf die Stützlager zu übertragen. Zu diesem Zweck sind unter dem Ende
des kurzen Brückenarmes zwei maschinell
angetriebene Exzenterscheiben (Abb. 136 d)
mit einem Rollsektor angebracht, welche
durch kurze Abwälzung die beiden Brückenenden zum richtigen Auflagern auf die
Fundamente zwingen.

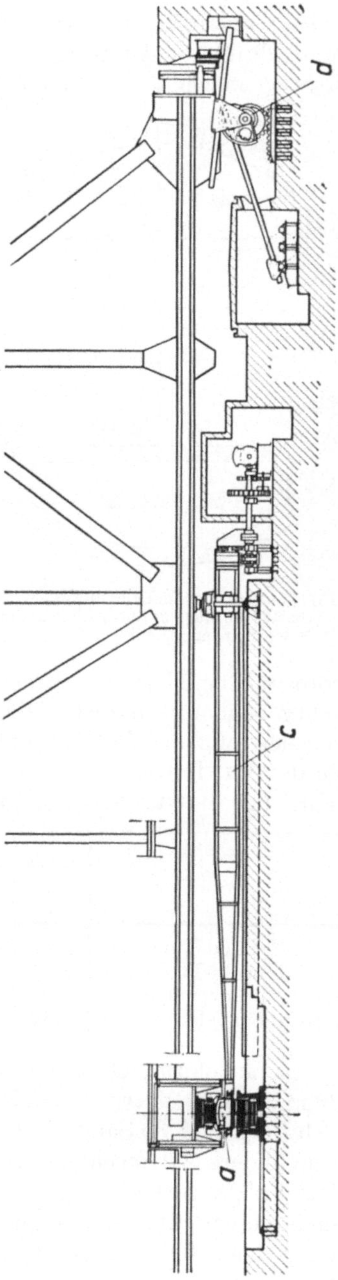

3. Mechanische Anlagen in Verkehrstunneln.

Die mechanischen Anlagen eines Unter-
wassertunnels sollen im Rahmen dieses
Buches mitbesprochen werden, weil sie nur
im Zusammenhang mit großen Häfen entstanden sind. Nirgendwoanders als in großen
Hafenstädten, wenn wir die Unterführungen
von Bahnen (Eisenbahnen, Schnell- und Stra-
ßenbahnen) außer Betracht lassen, sind unter-
irdische Kreuzungen von Wasserläufen für
den allgemeinen Verkehr entstanden, so in
London, Neuyork, Hamburg, Antwerpen,
Liverpool, Rotterdam. Die Gründe, die zum
Bau eines Tunnels an Stelle einer beweglichen oder einer Hochbrücke führten, gehen
uns an dieser Stelle nichts an, sicher ist es
aber, daß ein Tunnel für die Bewältigung seines starken Kraftwagen und Personenver-
kehrs manche mechanische Anlage benötigt,
deren eine Brücke entraten kann. Da sind
zunächst Pumpenanlagen notwendig, um
das Reinigungswasser und das Sickerwasser
der Unterwassertunnel, das allerdings durch
gute Dichtung der eisernen Tunnelrohre
auf ganz geringe Mengen beschränkt werden
kann, 25—30 m hoch zum Ablauf zu bringen. Der Elbetunnel im Hamburger Hafen
ist wenn auch ein einmaliges Beispiel für umfangreiche Hebezeuganlagen. Da er nach
den Gegebenheiten seiner Lage nur Schacht-
zuführungen, also keine Schrägrampen wie
alle übrigen Hafentunnel, erhielt, mußte der
ganze Personen- und Fahrzeugverkehr hinauf und herunter mit Aufzügen bewältigt

Abb. 136. Maschinelle Ausrüstung der Drehbrücke in Bremerhaven.
a Königszapfen, *c* Antriebswagen, *d* Exzenter-Hublager.

werden. Jeder Schacht enthält 6 elektr. Aufzüge für 2,5—10 t Tragkraft bei
23,5 m Hubhöhe. Die Aufzüge mit ihren Antriebsmaschinen, Steuerungs- und
Sicherheitsanlagen, Stromversorgung für viele 100 PS usw. bilden eine ansehn-
liche Maschinenausrüstung mit zahlreicher Bedienungsmannschaft. Da der Elb-
tunnel bereits seit 1911 in Betrieb und technisch bekannt ist, brauchen wir uns

nicht länger bei ihm aufzuhalten, zumal er für riesigen Kraftwagenverkehr, wie er z. B. in Neuyork oder Liverpool auftritt, nicht geeignet sein würde. Das Beispiel des Schachttunnels hat daher nach dem Kriege nicht mehr zur Nachahmung geführt. Alle neueren Hafentunnel sind mit Rücksicht auf den fließenden Autoverkehr Gebilde mit geneigten Ein- und Ausfahrtrampen. Diese Bauweise bringt natürlich viel längere Tunnelstrecken mit sich, die infolge der starken Luftverunreinigung durch die Auspuffgase der Kraftwagen wieder andere mechanische Anlagen nötig machen. Um nämlich die gesundheitsgefährliche Anreicherung der Tunnelluft mit Kohlenoxydgasen das zulässige Maß nicht überschreiten zu lassen, sind starke Lüftungsanlagen notwendig. Grundsätzlich sind alle neueren Tunnel in Hafenstädten (Neuyork, Liverpool, Antwerpen, Rotterdam) mit der gleichen Anordnung zur Lüftung (Querlüftung) versehen: unter der Fahrbahn des Tunnels wird Luft in Kanälen geführt und durch gleichmäßig verteilte seitliche Öffnungen in den Tunnelraum eingeblasen, die verbrauchte Luft wird durch Öffnungen in der Decke des Raumes wieder abgesogen (Abb. 137). Einblase- und Absaugeöffnungen können meist durch Klappen eingestellt werden, desgleichen wird auch Menge und Druck der Luft durch die verschiedenen elektromotorisch betriebenen Lüfter (Flügelradlüfter oder Schleudergebläse), die in Schachtgebäuden senkrecht über dem Tunnel aufgestellt sind, geregelt. Die Antriebsleistung der Lüftungsanlage ist sehr bedeutend und abhängig von der Länge der Luftführung (Tunnellänge) und ihrer Menge, d. h. vom Kraftwagenverkehr. Für die vier neueren Unterwassertunnelanlagen sind die Tunnelabmessungen und die zugehörigen Lüftungsantriebsgrößen zusammengestellt (abgerundete Zahlen, s. nebenstehende Tabelle).

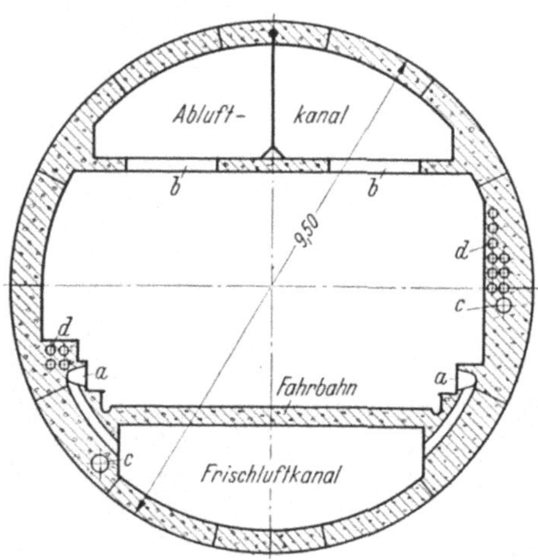

Abb. 137. Luftführung im Lincoln-Tunnel. (Neuyork.)
a Luftzuführung, *b* Entlüftungsklappen,
c Wasserleitungen, *d* Stromleitungen.

	Länge	Anzahl und Durchmesser der Rohre	Gesamt-PS für Lüftung
	m	m	
Neuyork, Holland-Tunnel .	2600	2 × 9,10	6000
„ Lincoln-Tunnel .	2460	2 × 9,50	2500
Liverpool, Merseytunnel . .	3400	1 × 14	5100
Antwerpen, Scheldetunnel .	1770	1 × 9,6	1600

Die Höchstmenge, die an Luft je einem Rohr des Lincolntunnels zugeführt wird, beträgt 49000 m³ in der Minute, also rd. 20 m³ je lfd. Meter Tunnelstrecke. Die Maschinenanlage besteht aus 26 Drucklüftern und 30 Sauglüftern.

Eine andere Art mechanischer Ausrüstung wird bei den Tunneln notwendig, die dem Fußgängerverkehr dienen. Um den Passanten nicht die Zurücklegung der Anfahrtsrampen, die stets viel länger als der eigentliche Tunnel sind, aufzubürden, befördert man sie in Aufzugs- oder Treppenschächten unmittelbar zwischen Straße und Tunnelsohle. Als bequemes und leistungsfähiges Beförderungsmittel hat sich für diesen Zweck neuerdings die sog. Fahrtreppe gut bewährt, deren Anordnung wir am Beispiel des Antwerpener Fußgängertunnels unter der Schelde kurz beschreiben wollen. Eine Fahrtreppe besteht aus einer endlosen Kette, an deren Gliedern Treppenstufen derart angebracht sind, daß sie bei der gewünschten Steigung die übliche Stufenhöhe einnehmen, beim Übergang in die Waagerechte sich aber zu einer ebenen Fläche aneinanderschieben, so daß man die fahrende Treppe gefahrlos betreten und verlassen kann. Man hat die Möglichkeit, sich von der fahrenden Treppe ohne Eigenbewegung aufwärts (oder abwärts) tragen zu lassen, kann aber auch noch zusätzlich treppensteigen, wodurch die Beförderungszeit noch verkleinert wird. Beim Antwerpener Fußgängertunnel unter der Schelde sind an beiden Seiten je ein Aufzugsschacht und ein geneigter Kehr-

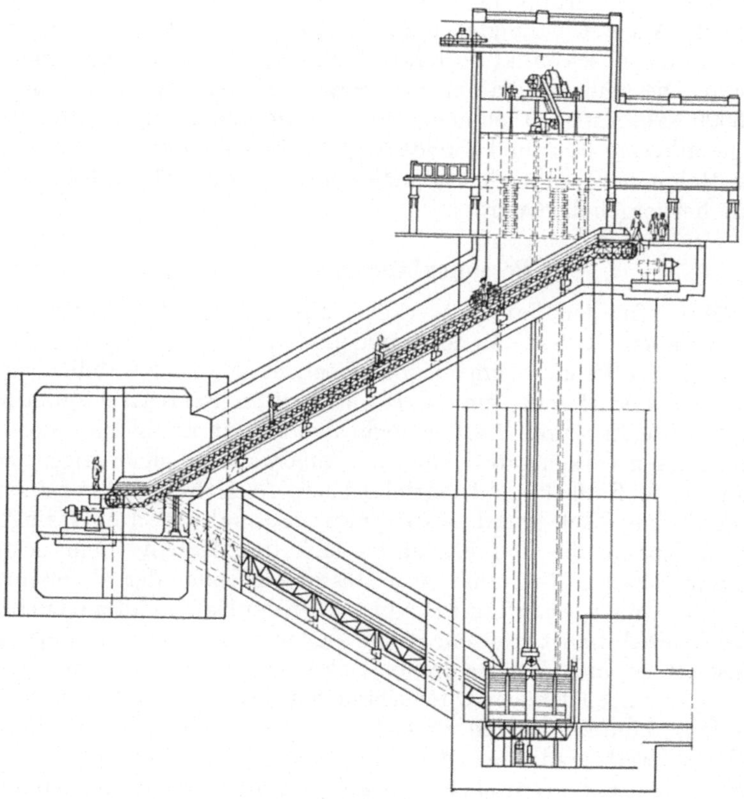

Abb. 138. Fahrtreppe im Antwerpener Scheldetunnel. Flohr.

stollen für die Fahrtreppen angebracht (Abb. 138). Je eine der beiden Fahrtreppen ist für Auf- oder Abwärtslauf geschaltet und kann dann 8000 Personen in der Stunde befördern, bei Hauptandrang werden die Treppen gleichlaufend geschaltet und befördern dann zusammen 16000 Menschen. Bei Nacht oder zusätzlich am Tage kann der Aufzug noch 1700 Personen stündlich befördern. Die Fahrtreppen sind erstmalig so eingerichtet, daß auch Passanten mit ihren Fahrrädern auf ihnen befördert werden können. Für den zur Zeit noch im Bau befindlichen Tunnel unter der Maas, der in Rotterdamer Hafen die beiden Stromufer verbindet, sind an beiden Seiten je vier Fahrtreppen für den Fußgängerteil des Tunnels mit 16000 Personen stündlicher Leistung in beiden Fahrrichtungen vorgesehen. Bekanntlich werden Fahrtreppen neuerdings durch sog. Lichtschranken gesteuert, die die Treppenbewegung ausschalten, wenn nach einer gewissen Zeit kein Benutzer mehr den wirksamen Lichtstrahl durch Hindurchschreiten unterbricht[1].

---

[1] Köhler: Die Fahrtreppenanlagen des Scheldetunnels in Antwerpen und des Maastunnels in Rotterdam. Fördertechn. 1938, Nr. 5.

4. Maschinelle Anlagen in Hafenfähren, Hafenschleppern und Sonderfahrzeugen.

Unter Fähren sollen in diesem Zusammenhange alle Fahrzeuge verstanden werden, die der Beförderung von Personen, Fahrzeugen aller Art und Eisenbahnen im Hafen dienen. Sie sind demgemäß in drei Gruppen einzuteilen, wobei die Zugehörigkeit zu einer Gruppe nicht die Merkmale der anderen beiden auszuschließen braucht. Äußerst mannigfaltig ist die Gestaltung der Schiffe, die dem Fahrgastverkehr dienen, schwankt doch ihre Tragfähigkeit zwischen 15 und über 1000 Fahrgästen. Die neuesten Fähren im Neuyorker Hafen können außer 30 Fahrzeugen 3000 Fahrgäste mitnehmen. Motorschiffe und Dampfschiffe, offene Barkassen, geschlossene Ein- und Zweideckschiffe begegnen uns in bunter Abwechslung. Im Rahmen dieses Buches können nur einige wesentliche Unterscheidungsmerkmale hervorgehoben werden.

a) Personenfähren. Allgemeines.

Die Fähren für den Fahrgastverkehr müssen folgende wichtigsten Voraussetzungen erfüllen: 1. Gute Manövriereigenschaften, insbesondere hohe Wendigkeit; 2. Große Schiffsbreite, um ein größtmögliches Maß der Stabilität zu erzielen; 3. Große freie Decksfläche, um ein Höchstmaß an Fahrgastbeförderung zu erreichen; 4. Gute Ein- und Aussteigmöglichkeiten zur Erzielung einer schnellen und reibungslosen Verkehrsabwicklung; 5. Außergewöhnlich kräftiger und starker Schiffskörper; 6. Einfache und betriebssichere Antriebs-Maschinenanlage.

Die Forderung nach guten Manövriereigenschaften entspringt den besonderen Aufgaben, die den Fähren im lebhaften Hafenverkehr gestellt sind. Sie tragen ihre Fahrgäste in die entferntesten Gegenden der Hafenanlagen und müssen auf diesem Wege häufig die Hauptstraßen der Hafenschiffahrt und das Fahrwasser der Großschiffahrt kreuzen. Sie müssen wendig genug sein, um in schmalen Hafeneinschnitten und Kanälen drehen zu können. Sie müssen auch bei geringer Geschwindigkeit noch genügend Steuerfähigkeit besitzen, um sich durch lebhaften Schiffsverkehr hindurchwinden zu können. Die Erfüllung dieser Forderungen ist nicht leicht, weil gerade die anderen Forderungen nach großer Decksfläche und Schiffsbreite dem entgegenstehen. Da aus Gründen großer Betriebseinfachheit und -Sicherheit in der Regel der Einschraubenantrieb Verwendung findet, können gute Manövriereigenschaften nur durch sorgfältige Ausbildung der Schiffslinien und durch zweckmäßige Gestaltung der Ruderanlage erzielt werden. Insbesondere hinsichtlich der Ruderform haben die neueren Erkenntnisse der Strömungslehre erhebliche Verbesserungen gegenüber den früher üblichen Plattenrudern mit sich gebracht. Die heute sich immer mehr einführende Form der Stromlinienruder bietet folgende Vorteile: Erhöhung der Kursbeständigkeit, Verbesserung des Ruderwirkungsgrades, d. h. bereits bei geringen Ruderwinkeln folgt das Schiff dem Ruderdruck, geringe Erhöhung der Schiffsgeschwindigkeit (bis zu 5%), geringerer Kraftaufwand an der Rudermaschine oder dem Handruderapparat. Bei der Gestaltung dieser Ruder ist besonders darauf zu achten, daß die vor der Drehachse liegende Fläche nicht größer als $^1/_5$ der gesamten Ruderfläche ist.

Von einer gewissen Bedeutung ist auch der Schraubendrehsinn der Schiffe. Es ist eine bekannte Erscheinung, daß in Fahrt befindliche Schiffe mit rechtsdrehender Schraube (Drehung im Uhrzeigersinn bei Blickrichtung von achtern auf die Schraube) bei der Umschaltung auf den Rückwärtsgang mit dem Bug rechts (Steuerbord) und mit dem Heck nach links (Backbord) ausschlagen. Man macht von dieser Eigenschaft insofern Gebrauch, als Schiffe, die in der Regel mit der Steuerbordseite an den Landungsanlagen anlegen müssen, mit einer rechtsdrehenden Maschine, andererseits solche, die mit der Backbordseite anzulegen pflegen, mit einer linksdrehenden Maschine ausgerüstet werden.

In diesem Zusammenhang sei noch darauf hingewiesen, daß ein hoher und übersichtlicher Stand des Schiffsführers für die gute Manövriereigenschaft der Schiffe unerläßlich ist.

Die beiden Erfordernisse, große Decksfläche und große Schiffsbreite, ergänzen sich gegenseitig. Genügende Stabilität ist eine Forderung, der gar nicht genug Beachtung geschenkt werden kann. Gerade Hafenfähren mit dem regelmäßig wiederkehrenden Höchstmaß an Belastung in der Arbeiterbeförderung zu Beginn und Schluß der Arbeitszeit sind Stabilitätsbeanspruchungen ausgesetzt, die nicht unterschätzt werden dürfen. Es ist eine bekannte Tatsache, daß in der regelmäßigen Massenbeförderung sich die Fahrgäste stets auf der Ausgangsseite des Schiffes zusammendrängen, so daß nach dieser Seite von vornherein eine Krängung auftritt. Diese Krängung wird unter Umständen noch erheblich vermehrt, wenn das Schiff vor dem Anlegen mit Rücksicht auf Strömung oder Wind kurz aufdrehen muß. Bei nicht ausreichender Stabilität können dabei Neigungen von 8° und mehr auftreten, die die Sicherheit der Fahrgäste bereits gefährden. Eine

Abb. 139. Personenfähre im Hamburger Hafen.

große Decksbreite ist das geeignete Mittel zur Stabilitätserhöhung, denn das der Krängung entgegenwirkende aufrichtende Moment wächst mit der dritten Potenz der Schiffsbreite.

Eine große freie Decksfläche bildet die Grundlage großer Beförderungsziffern. Diese Forderung bedingt Beschränkungen aller Decksaufbauten, die nicht der Unterbringung von Fahrgästen dienen. Die Luken und Oberlichter der Maschinen- und Kesselräume werden demgemäß sehr klein gehalten, sehr zum Nachteil der Entlüftung dieser Räume. Grundsätzlich ist das ganze Fahrgastdeck zu überdachen; je nach Länge der Fahrstrecken sind auch geschlossene Aufenthaltsräume vorzusehen. Die Unterbringung der Fahrgäste in Räumen unter dem Deck hat wenig Zweck, weil erfahrungsgemäß auf den kurzen Fahrstrecken im Hafen diese Räume kaum benutzt werden. Das gleiche gilt mit gewissen Einschränkungen für ein Oberdeck. Es liegt an sich der Gedanke nahe, das Dach des Hauptdecks als zweites Deck auszubilden. Diese Oberdecks sind aber im Massenverkehr nur wenig bequem und beeinträchtigen im übrigen erheblich die Stabilitätseigenschaften eines Fährschiffes, es ist daher im allgemeinen erforderlich, die benutzbare Oberdecksbreite gegenüber dem Hauptdeck zu verringern.

Zahl und Größe der Zugänge zum Schiff bestimmen die für das Ein- und Aussteigen benötigte Zeitspanne. Bei den verhältnismäßig kurzen Fahrstrecken im Hafenbetriebe muß der Verkehr möglichst reibungslos abgewickelt werden können, zu welchem Zweck die Fahrkartenkontrolle möglichst vom Schiff fort auf die Landungsanlage zu verlegen ist. Schiffskörper und Aufbauten sind im Hafenverkehr infolge des häufigen An- und Ablegens, sowie des vielen Manövrierens sehr hohen Beanspruchungen ausgesetzt. Es kommt daher der Konstruktion und den Materialstärken der Bauteile große Bedeutung zu. (Zahlreiche Querschotte, kräftige Längsverbände und Wallschienen, Balkenkiel u. a.) Die Abb. 139, die ein Personenfährschiff des Hamburger Hafens zeigt, läßt schon im Äußern einen kräftigen gedrungenen Aufbau erkennen.

(b Antriebsmaschinen.

Die Frage des zweckmäßigsten Antriebs ist heute im Zeitalter der vorwärtsstürmenden Technik sehr umstritten. Dieselmotor und Elektromotor finden als Schiffsantrieb immer weitere Verbreitung, und es könnte dadurch der Gedanke aufkommen, diese Tatsache auch in der Hafenfährschiffahrt bestätigt zu finden. Daß dies nicht der Fall ist und auch in der näheren Zukunft nicht eintreten wird, hat seine Ursache in den besonderen Betriebsverhältnissen.

Die Art der Maschinenanlage ist im wesentlichen abhängig von der Zahl und Güte der verfügbaren Bedienungsmannschaften. In einem großen Seehafen mit einer großen Zahl von Fährschiffen, die infolge der verschiedenzeitlich auftretenden Verkehrsspitzen zeitlich und örtlich unregelmäßig eingesetzt werden müssen, stehen für diese Schiffe nicht immer die gleichen Besatzungen zur Verfügung. Es läßt sich auch ihre Arbeitszeit nicht in regelmäßig wiederkehrende gleichmäßige Schichten einteilen; vielmehr ist es unvermeidbar, dasselbe Schiff im Verlaufe eines Tages mit zwei, drei oder noch mehr Bedienungsmannschaften zu besetzen, genau so wie es umgekehrt nötig ist, dieselben Mannschaften nacheinander auf verschiedenen Schiffen einzusetzen. Diese Schwierigkeiten der Mannschaftsverteilung bringen es mit sich, daß ein möglichst einheitlicher Maschinentyp für die Fährschiff-Flotte anzustreben ist. Da nun die Mehrzahl der Fährschiffreedereien bereits seit mehreren Jahrzehnten besteht, sind die Schiffe natürlicherweise mit Dampfmaschinen ausgerüstet, weil der Motor erst im letzten Jahrzehnt zu einem brauchbaren Antriebsmittel für die Hafenschiffahrt entwickelt worden ist. So ist also aus entwicklungsgeschichtlichen Gründen allein schon verständlich, daß die Dampfmaschine einstweilen noch vor dem Motor das Feld behauptet hat.

Hinzu kommen allerdings entscheidende betriebstechnische Ursachen. Die Dampfmaschine als Zweizylindermaschine ist die denkbar betriebseinfachste Maschine. Sie weist grundsätzlich keine wesentlichen Unterschiede auf, ob sie nun eine größere oder kleinere Leistung besitzt, oder ob sie von diesem oder jenem Werk stammt. Das vereinfacht ihre Bedienung außerordentlich und zwar um so mehr, als die verfügbaren Mannschaften heute noch im wesentlichen aus der Dampfmaschinenpraxis hervorgegangen sind. Zudem sind auch die Hilfsmaschinen mit Dampfantrieb einfach und betriebssicher; ebenfalls bildet die Heizungsanlage kein Problem, wo der Dampf in ausreichender Menge zur Verfügung steht. Ein weiterer Vorteil der Dampfmaschine ist ihr ruhiger gleichmäßiger Lauf; gerade in diesem Punkte verursacht der Motor dem Schiffbauer immer wieder Sorgen, weil es sehr schwierig ist, die vom Motor ausgehenden Erschütterungen und Geräusche vom Schiffskörper fernzuhalten. Weiter zeichnet sich die Dampfmaschine gegenüber dem Motor aus durch ihre Regulierbarkeit in den weitesten Grenzen zwischen höchster und niedrigster Drehzahl. Gerade dieser Vorzug ist im Hinblick auf die Manövrieranforderungen von höchster Bedeutung. Trotzdem wird in manchen besonders gelagerten Fällen dem Motorantrieb der Vorzug zu geben sein; hierauf wird an späterer Stelle Bezug genommen werden.

Es wird nun sicherlich von mancher Seite diesen allgemeinen Erörterungen entgegengehalten werden, daß die Motoranlage im ganzen gesehen, doch billiger und wirtschaftlicher arbeiten müsse als die Dampfmaschine, weil das Personal für die Kesselbedienung fortfällt, der Brennstoffverbrauch für die Leistungseinheit wesentlich geringer ist und beim Stilliegen des Schiffes sofort aufhört.

Diese Einwände sind ohne weiteres berechtigt, sie treffen auch zweifellos zu für Schiffe, die in der langen Fahrt beschäftigt sind, nicht aber für die Fähren des Hafenverkehrs mit kurzen Fahrstrecken und häufigen kurzen Aufenthalten und vielen Manövern. Gelegentlich der Erörterung des Motorenantriebes werden diese Zusammenhänge noch untersucht werden.

Der allgemein getroffenen Entscheidung für die Dampfanlage muß die Frage nach der bestgeeigneten Maschinenart folgen. Naturgemäß stehen nur Kolbendampfmaschinen zur Erörterung, weil Turbinen für die benötigten kleinen Leistungen nicht in Betracht kommen. Hier gilt nun grundsätzlich das gleiche, was bei der Erörterung des Antriebes allgemein gesagt wurde; entscheidend ist die Einfachheit und Betriebssicherheit. Der Wärmewirkungsgrad, d. h. das Verhältnis der von der Maschine abgegebenen Energie zu der in Gestalt des Brennstoffes aufgewandten Energie tritt hinter diesen Bedingungen zurück. 2-Zylinder- oder 3-Zylindermaschine, Auspuff oder Kondensation stehen zur Erörterung.

Bei den üblichen kleineren Leistungen bis zu 300 PSi ist der Zweizylindermaschine der Vorzug zu geben. Sie vereinigt in sich die Vorteile geringster Baulänge (insbesondere in Verbindung mit einer Klug-Umsteuerung) mit der geringsten Anzahl drehender und bewegter Einzelteile; und das hat zur Folge niedrige Pflege- und Instandsetzungskosten. Die Zweizylindermaschine wird zwar bis zu Leistungen von 450 PSi gebaut, doch gebührt in vielen Fällen bei Leistungen über 300 PSi der Dreizylindermaschine bereits der Vorrang, deren Vorteil in einer besseren Wärmewirtschaftlichkeit liegt.

Wenn sich auch im allgemeinen bei den Dampfanlagen die Kondensationsmaschine in der Schiffahrt durchgesetzt hat, so ist doch im Hafenverkehr ein Bereich erhalten geblieben, in dem die Auspuffmaschine noch eine technisch-wirtschaftliche Daseinsberechtigung besitzt und zwar wegen der betrieblichen Einfachheit und Sicherheit. Zu einer Kondensationsanlage gehören immer eine Anzahl zusätzlicher Maschinenteile, Pumpen, Rohrleitungen, Ventile usw., die einmal bei der Beschaffung und dann auch bei der Instandhaltung höhere Kosten erfordern. Zudem benötigt sie auch einen etwas größeren Kessel als die Auspuffmaschine.

Der Auspuffmaschine haftet andererseits auch ein Nachteil an. Da der Arbeitsdampf in die freie Luft entweicht und demgemäß nicht wie bei der Kondensationsanlage zurückgewonnen wird, muß ständig frisches Speisewasser dem Kessel zugeführt werden. Da dieses nun aber nicht an Bord mitgeführt werden kann, muß es aus dem Hafenwasser entnommen werden. Das wird sich im allgemeinen auf den Kessel in Gestalt von Kesselsteinbildung nachteilig auswirken. Um diese Mängel in möglichst engen Grenzen zu halten, müssen die Kessel oft gereinigt und ausgespült werden; u. U. 4- bis 5mal im Jahr. Damit ist jedesmal ein Zeitverlust von 1—2 Tagen verknüpft.

Um diesen Mängeln zu begegnen, sind Verdampfergeräte entwickelt worden, die den Abdampf zur Speisewassererzeugung benutzen. In dem Abdampf ist noch soviel Wärme enthalten, daß man damit Außenbordwasser zu verdampfen vermag; und dieser Dampf wird danach zu destilliertem Wasser niedergeschlagen, das als ideales Kesselspeisewasser anzusprechen ist. Bei diesem Verfahren wird etwa 60 % des Abdampfes zur Speisewassererzeugung verwendet, während der Rest für die Erzeugung des Kesselzuges in den Schornstein geleitet wird. Die Menge des so erzeugten Speisewassers ist nun allerdings abhängig von der Betriebszeit der Maschinenanlage; denn nur eine in Betrieb befindliche Dampfmaschine erzeugt Abdampf und damit dann auch Speisewasser. Ist die Fahrzeit im Verhältnis zur Stilliegezeit sehr klein, so muß von dem Einbau einer Verdampferanlage abgesehen werden, weil dann nicht genügend Speisewasser erzeugt wird und daher doch häufig auf das Außenbordwasser zur Kesselspeisung zurückgegriffen werden muß. Alles in allem kann man diese Anlage als den Idealantrieb nicht nur für die kleineren und mittleren Hafenfähren, sondern auch für die kleineren Schlepper bezeichnen.

Die nachstehende Zusammenstellung enthält einige Kennwerte der vorbeschriebenen Dampfanlagen (Kosten Mitte 1938):

| Betriebsart | Maschinenanlage | | | Kesselanlage | | | Kohlenverbrauch je Std. |
	Leistung PS_i	Gewicht to	Kosten RM	Heizfläche m²	Gewicht to	Kosten RM	kg
Kondensation . . . . {	150	4,0	16 000	55	19,8	17 500	140
	250	7,5	24 000	90	31,6	25 500	200
Auspuff . . . . {	150	3,2	14 000	40	13,0	14 000	150
	250	6,5	22 000	66	20,5	21 000	230
Auspuff mit Verdampfer . . {	150	3,2	14 000	40	13,8	18 500	120
	250	6,5	22 000	66	25,6	28 000	180

Wenden wir uns nun dem Motor als Antriebsorgan der Hafenfähren zu. Seine höhere Wirtschaftlichkeit wird damit begründet, daß sein Brennstoffverbrauch wesentlich günstiger als bei Dampfmaschinen ist, weil die Motoren bei Stillliegen der Schiffe sofort abgestellt werden, während die Dampfkesselanlage Tag und Nacht in Betrieb bleiben muß und beim Stilliegen Kohlen verbraucht. Ist dem nun wirklich so ? Ist die Ersparnis während der Stilliegezeit tatsächlich so groß, daß der höhere Beschaffungspreis für Gasöl ausgeglichen wird ? Wie bereits erwähnt, sind im Hafenfährenverkehr die Betriebspausen verhältnismäßig kurz, und da das Wiederanlassen der Motoren immer mit einem gewissen Aufwand an Energie und manchmal auch mit betrieblichen Schwierigkeiten verknüpft ist, wird vielfach der Motor während der Fahrtpausen nicht abgestellt, sondern auf Leerlauf gestellt. Die Brennstoffkosten sind örtlich sehr verschieden, und die Vergleichsrechnung muß von Fall zu Fall mit den ortsüblichen Preisen durchgeführt werden. So waren z. B. die Preise im Hamburger Hafen 1938 für

Bunkerkohle . . . . 1,70 RM/100 kg
Gasöl (zollbegünstigt) 9,30   ,,

Das Preisverhältnis war also rund 1 : 5,5 für Kohle. Der Verbrauch je Betriebsstunde beläuft sich bei

der Dampfmaschine auf 1,0 kg/PSh
dem Motor auf   0,20 ,,

bei einer Maschinenanlage von 150 PS Leistung. Damit verhalten sich die Brennstoffverbräuche nahezu umgekehrt wie ihre Einheitskosten. Die täglichen Kosten belaufen sich bei 12 Stunden Betriebszeit

beim Motor . . . . 360 kg zu 9,3 Rpf = 33,50 RM
bei der Dampfmaschine . . . 1800 ,, ,, 1,70 ,, = 30,60 ,,
für Pausen und Nacht . . . 300 ,, ,, 1,70 ,, = 5,10 ,,   35,70 RM

Der Vorteil liegt somit in diesem Beispiel nur gering auf seiten des Motors. Berücksichtigt man dann noch, daß der Schmierölverbrauch beim Motor wesentlich höher liegt und das Schmieröl mehr als doppelt so teuer ist als bei der Dampfmaschine, so kann in diesem Punkte von einer wesentlichen Überlegenheit des Motors nicht mehr die Rede sein.

Als weitere Begründung für die höhere Wirtschaftlichkeit des Motors wird die Ersparnis durch Wegfall des Heizerpersonals angeführt. Diese Ersparnis läßt sich, wie bereits weiter oben ausgeführt, nur dann erzielen, wenn immer gutes Maschinenpersonal zur Verfügung steht. Denn zur ordnungsmäßigen Bedienung eines Motors gehört guter Sachverstand, genaue Kenntnis des Motors und seiner Einzelteile sowie der Hilfsmaschinen. Der Maschinist muß mit seiner Anlage so verwachsen sein, daß er feinste Änderungen im Motorengeräusch wahrnimmt und den sich so ankündigenden Mängeln rechtzeitig nachgeht. Diese Forderung zeigt eindringlich, wie wichtig die Wahl des Bedienungspersonals für die Betriebssicherheit einer Motorenanlage ist. Wie oft sind schwere Schäden an Schiffsmotoren dadurch eingetreten, daß der bedienende Maschinist nicht frühzeitig beginnende Mängel erkannt hat, weil er eben mit der Anlage nicht genügend vertraut war. Jeder, der einen größeren Kleinschiffahrtsbetrieb zu leiten hat, kennt die Sorgen, die mit festgebrannten Kolben, mit ausgelaufenen oder festgefahrenen Grund- und Kurbellagern verknüpft sind, in deren Gefolge so mancher Fahrplan umgeworfen wurde.

Will man den von dieser Seite herrührenden Unbequemlichkeiten des Motorbetriebes wenigstens etwas begegnen, so sorge man dafür, daß bei Neubeschaffungen möglichst einheitliche Anlagen entwickelt werden. Es schließt dies die Vorteile in sich, daß sich die Ablösungsmaschinisten sehr schnell in den Anlagen zurechtfinden, daß die Ersatzteilbeschaffung einfach ist, daß etwaige Instandsetzungen schneller und billiger ausgeführt werden können. Es ist das heute leichter möglich als vor 10 Jahren, als die Entwicklung der Kleinschiffsmotoren noch im Fluß war und immer neue Typen auf den Markt kamen. Zur Zeit (1939) kann man diese Entwicklung als abgeschlossen bezeichnen, so daß der Durchführung der vorstehend aufgezeigten Gedanken keine Schwierigkeiten entgegenstehen.

Die heute im Verfolg einer sparsamen Brennstoffwirtschaft besonders in Deutschland oft gehörte Empfehlung des Motorbetriebes mit Gaserzeugern (aus Kohle, Holz u. ä.) findet bei den Hafenfähren wegen des ungleichförmigen Betriebes (oft unterbrochene Fahrstrecken, vielseitiges Manövrieren) technisch und wirtschaftlich keine Stütze.

Ein Teilgebiet der Motorantriebsfrage ist bisher noch nicht berührt worden, obgleich es in diesem Zusammenhange als das wichtigste bezeichnet werden muß; die Umsteuerung, d. h. die Vorrichtungen zur Erzielung der Vorausfahrt und der Rückwärtsfahrt. Es ist dieses Problem deshalb so wichtig, weil der Fährverkehr als eine unaufhörliche Folge von Umsteuervorgängen bezeichnet werden kann. Zwei grundsätzlich verschiedene Wege sind zur Lösung dieses Problems beschritten worden. Der erste führte zur unmittelbaren Umsteuerung des Drehsinnes des Motors, der zweite führte zum Wendegetriebe, das als Mittlerorgan zwischen Motor und Schraubenwelle geschaltet wird. Die unmittelbare Umsteuerung wird durch Verschieben der Nockenwelle, einer Hilfseinrichtung, die der Betätigung der Ventile dient, bewirkt. Dazu ist erforderlich, daß der Motor vorher stillgesetzt und hinterher wieder angelassen wird. Zum Anlassen des Motors wird Druckluft benötigt, die in angehängten oder selbständigen Verdichtern laufend erzeugt und in Vorratsflaschen gedrückt wird. Da der Fährschiffverkehr sehr häufiges Umsteuern bedingt und demgemäß sehr starken Luftverbrauch zur Folge hat, muß auf ausreichende Bemessung der Verdichter und Luftflaschen Bedacht genommen werden. Es gehört durchaus nicht zu den Seltenheiten, daß kleine Motorfährschiffe infolge Druckluftmangels ausfallen. Das kommt häufig an Frosttagen vor, wenn die Motoren schwer anspringen und viel Druckluft benötigt wird. Das macht sich insbesondere bei kleinen Fahrzeugen unangenehm bemerkbar, die über keinen Hilfsverdichter verfügen; sie müssen sich dann notfalls von einem anderen Schiff mit der erforderlichen Druckluft versorgen lassen.

Einen völlig anderen Weg beschritt man, als man das Wendegetriebe als Umsteuerungsorgan einschaltete; das Wendegetriebe wird in der Regel für kleinere Einheiten bis zu 200 PSe verwendet, doch kommt es heute bereits bis zu Leistungen von 500 PSe und darüber in Sonderfällen vor. Bei Motoren geringer Leistung ist die Gestaltung unmittelbar Umsteuerungen zu kompliziert und kostspielig; das Wendegetriebe bietet hierfür den willkommenen Ersatz. Dieses Getriebe wird unmittelbar hinter den Motor gekuppelt. Der Wechsel des Drehsinnes wird in der Regel durch ein Kegelräderpaar oder durch Stirnräder mit Verschiebewelle herbeigeführt. Betrieblich wichtig ist es, daß Motor und Getriebe auf einer gemeinsamen Fundamentplatte oder -rahmen zusammengebaut und ausgerichtet werden, so daß sie betriebsfertig in das Schiff eingebaut werden können. Bei der Wahl eines Wendegetriebes muß insbesondere geprüft werden, ob es auch in seinen Abmessungen den betrieblich benötigten Leistungen entspricht, die ununterbrochen auftretenden Manöver der Schiffe erfordern besonders kräftige Getriebe. Die im allgemeinen für einen Motor bestimmter Stärke angebotenen Wendegetriebe halten den schweren Hafenverkehrsbeanspruchungen durchweg nicht stand; die Wahl der nächst größeren Type empfiehlt sich auf jeden Fall. Die eleganteste aber auch kostspieligste Lösung der Antriebs- und Manövrierungsfrage ist zweifellos der elektromotorische Propellerantrieb. Sie ist bereits einige Male in dieselelektrischen Fährschiffen durchgeführt, dürfte sich aber nur bei einträglichem Verkehr lohnen.

Ein weiterer empfindlicher Teil der Schiffsmotorenanlage ist die Heizung. Sie verlangt besondere Pflege und Wartung während der Frostzeiten. Bei Verlegung der Rohrleitungen und Heizkörper ist besondere Beachtung guter Entwässerungsmöglichkeit zu schenken. Wassersäcke müssen unter allen Umständen vermieden werden; die Entwässerungsgänge müssen gut zugänglich sein.

Zusammenfassend kann noch einmal gesagt werden, daß der Motorenantrieb in der Hafenschiffahrt nur dann wirtschaftlicher als der Dampfantrieb ist, wenn gut geschulte Bedienungsmannschaften zur Verfügung stehen. Da dies in der Regel bei größeren und älteren Fährgesellschaften nicht zutrifft, wird bis auf weiteres der Dampfantrieb seine Bedeutung noch behalten. Im übrigen gilt grundsätzlich alles, was über den Fährenantrieb gesagt wurde, auch für alle anderen Hafenfahrzeuge mit Eigenantrieb, während bei schwimmenden mechanischen Geräten wie Baggern und Hebezeugen, wie wir früher sahen, die Frage: Dampfmaschine oder Dieselmotor? nach anderen Gesichtspunkten zu beurteilen ist.

c) Fahrzeugfähren.

Von den Fahrgastfähren gehen wir nunmehr über zu den Fahrzeug- und Fuhrwerkfähren. Insbesondere dort, wo verkehrsreiche Flüsse einen Seehafen durchziehen, wird es oftmals nötig sein, einen Fährverkehr zwischen den beiderseitigen Ufern einzurichten, weil dem Bau von Brücken durch die seegehenden Schiffe große Schwierigkeiten erwachsen. Diese Fähren können die mannigfachsten Formen und Größen annehmen, allen wird jedoch in der Regel die gleichendige Gestalt zu eigen sein. Das hängt damit zusammen, daß die Fahrzeuge und Fuhrwerke, die auf der Abfahrtseite wasserwärts gerichtet stehen auf der Ankunftseite landwärts gerichtet die Fähre wieder verlassen. Die Fähren drehen also nicht sondern fahren immer achsenrecht hin und her. In Gewässern mit geringen Wasserstandsschwankungen ist eine Fähre mit flach aufgezogenen breiten Enden, die auf schräge Betonrampen auffährt, am wirtschaftlichsten. Sie werden entweder durch Schraubenpropeller angetrieben oder auch durch Ketten, doch wird diese letztere Art in verkehrsreichen Gegenden nur wenig anzutreffen sein. Die Rampen sollten in Häfen mit Eiswintern nicht steiler als 1 : 10 angelegt werden, wobei zu beachten ist, daß eine solche Steigung für Pferdefuhrwerke und Lastzüge mit Zugmaschinen schon zu steil ist. Für diese darf die Steigung nicht mehr als 1 : 16 betragen. In Häfen mit großen Wasserstandsschwankungen ist eine solche Rampenanlage nur in seltenen Fällen durchführbar. Schon bei einer Tidebewegung von 2 m kann der durch ungünstige Windrichtung verstärkte Unterschied zwischen den Äußerstweiten von Höchstwasser zu Niedrigwasser bis zu 8 m betragen. Bei einer Rampenneigung von 1 : 10 wäre danach schon eine Rampenlänge von 80 m erforderlich; solche Raumverhältnisse stehen in vielen Fällen in den Häfen nicht zur Verfügung und man muß daher zu anderen Lösungen greifen. Nicht in allen Fällen sind größere Lastzüge zu befördern, sondern vielfach genügt es Übersetzmöglichkeiten für einzelne Fahrzeuge zu schaffen. Für diese Fälle stellen schiffsähnliche Fähren eine bessere Lösung dar. Ihre Landungsanlagen lassen sich als Pontons ausbilden, die durch lange bewegliche Zufahrtsbrücken mit dem Ufer verbunden werden. Diese Fährschiffe erhalten seitliche Auffahrten; ihre Breite ist so groß zu bemessen, daß die größten im Verkehr befindlichen Kraftwagen auf dem Deck zu wenden vermögen. Die Zufahrtsbrücken sind den Wasserstandsschwankungen entsprechend lang auszuführen, damit bei außergewöhnlich niedrigem Wasser die Brückenneigung nicht zu steil wird (Abb. 140). Da diese Fähren nur für Einzelfahrzeuge geeignet sind, ist ihr Verwendungsbereich beschränkt; außerdem erfordern sie wegen der langen Zufahrtsbrücken verhältnismäßig viel Platz, der in manchen Häfen nicht vorhanden sein dürfte.

Wo Platzmangel besteht, wo außerdem größere Wasserstandsschwankungen vorherrschend sind, müssen Fähren mit fahrstuhlartigen Einrichtungen verwen-

Abb. 140. Wagenfähre und Landeanlage (Tynemouth).

det werden. Diese Fahrstühle können entweder an Land eingebaut werden, oder sie werden als bewegliche Tragdecks auf den Fähren angeordnet. Die erstere Anordnung wird sich nur in einzelnen Sonderfällen als zweckmäßig erweisen; sie wird aber nie die hohe Verkehrsleistung zu erzielen vermögen wie die zweite Lösung, weil die An- und Abfuhr zum Schiff zeitraubend ist. Fährschiffe mit auf- und niederbeweglichem Deck sind verschiedentlich ausgeführt worden. Sie besitzen feste Landungsstellen, an denen kurze bewegliche Zugangsbrücken vorgesehen sind, die nur zum Ausgleich der Trimmänderungen dienen, die beim Be- und Entladen der Schiffe eintreten. Die Wasserstandsänderungen im Hafen werden ausschließlich durch Verschieben des beweglichen Decks ausgeglichen; bei niedrigen Wasserständen wird das Deck nach oben geführt, bei hohen dagegen ganz niedrig eingestellt. Bei den in Fahrt befindlichen Schiffen dieser Art in Glasgow (Abb. 141) und Hamburg wird die Auf- und Niederbewegung durch Schrauben-Spindeln herbeigeführt. Das bewegliche Deck ist mit besonders geformten Muttern in diesen Spindeln aufgehängt; durch Drehen der Spindeln werden die Muttern und damit das ganze Deck auf- und abbewegt. Zur Zeit ist für den Hamburger Hafen ein großes Schiff in Bau mit folgenden Abmessungen:

Länge: 44,40 m, Breite: 15,80 m
Bewegungsbereich des Hubdecks: 5,00 m
Antriebsleistung der Maschine rd. 900 PSe.

Diese Schiffsart eignet sich auch vorteilhaft für die Beförderung von Eisenbahnwagen im Hafengebiet mit schwankendem Wasserspiegel. So hat das eben erwähnte Fährschiff eine Tragfähigkeit von 300 t Nutzlast und Platz für acht normale Güterwagen; die nutzbare Decksfläche beträgt 42,00 × 7,00 m.

Das in Abb. 141 gezeigte neue Glasgower Wagenfährschiff hat im Gegensatz zu den bereits 25 Jahre alten dampfbetriebenen aber sonst ähnlich gebauten Eisenbahnfährschiffen des Hamburger Hafens dieselelektrischen Betrieb. Zwei Dieselmotoren von je 250 PS erzeugen den Strom für Propeller- und Hubspindelantrieb; die weiteren Einzelheiten der mechanischen Ausrüstung gehen aus der Beschriftung der Abbildung hervor[1].

Für diese gleichendigen Fähren scheint sich übrigens in letzter Zeit ein neuartiger Antrieb einführen zu wollen, der Voith-Schneider-Propeller. Dieser

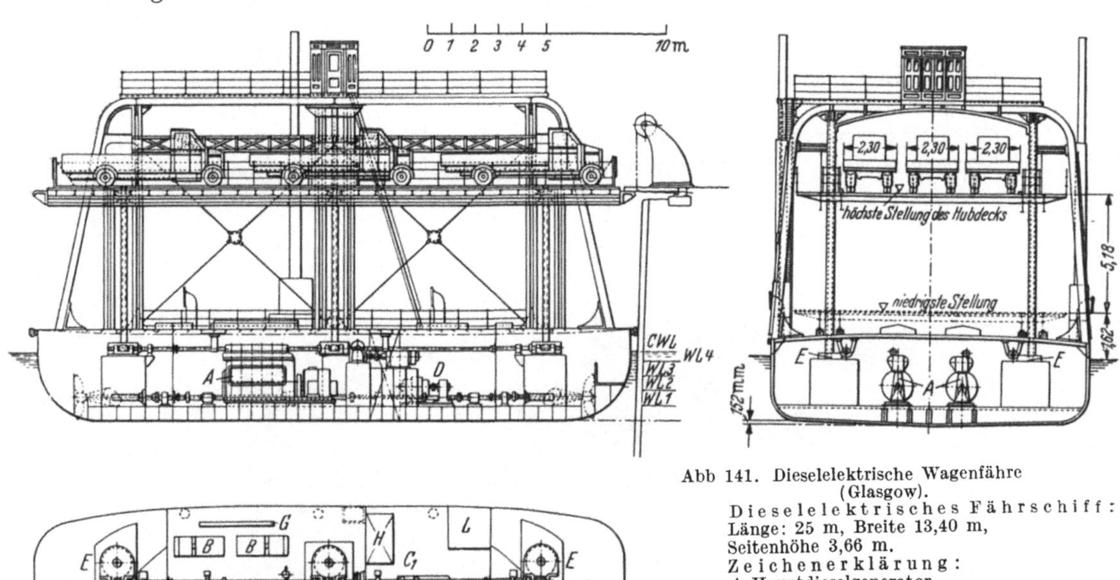

Abb 141. Dieselelektrische Wagenfähre (Glasgow).
Dieselelektrisches Fährschiff: Länge: 25 m, Breite 13,40 m, Seitenhöhe 3,66 m.
Zeichenerklärung:
A Hauptdieselgenerator,
B Hilfsdieselgenerator,
C_1 Propellerantriebsmotor,
C_2 Untersetzungsgetriebe,
D Hubspindel-Motor,
E Schneckengetriebe der Hubspindel
F Hauptschalttafel,
G Hilfsschalttafel,
H Hauptbrennstofftank,
I Tagesbrennstofftank,
K Heizungskessel,
L Waschraum,
M Mannschaftsraum,
N Ventilator.

beruht auf dem Grundgedanken, daß 4—6 im Kreis parallel zu seiner Achse angeordnete senkrecht zur Wasseroberfläche eingetauchte Propellerflügel eine horizontale kreisförmige Umlaufbewegung ausüben; der hierbei auf das Wasser ausgeübte Druck wird zur Fortbewegung des Schiffes ausgenutzt. Der Vorteil dieses Propellers liegt darin, daß die Vortriebsgeschwindigkeit sowohl als auch die Vortriebsrichtung unabhängig von der Antriebsmaschine durch Verstellen und Verschieben der Flügel beliebig geändert werden kann. Die für diese Bewegungsvorgänge erforderlichen technischen Einrichtungen sind allerdings recht kompliziert; und es muß erst durch die Erfahrung erwiesen werden, ob sie den im Hafenbetrieb erwachsenden Belastungen gewachsen ist. Für gleichendige Fähren ist dieser Antrieb deshalb besonders vorteilhaft, weil je ein solcher Propeller an den beiden Enden des Schiffes diesem eine nahezu unvorstellbare Manövrierfähigkeit verleiht, die selbst von Fahrzeugen mit vier Schraubenantrieben nicht erreicht werden kann.

---

[1] The Clyde Vehicular Ferryboat No. 4. Shipbuilder and Marine Engine-Builder. Jan. 1939.

d) Fahrzeuge für Schleppdienst und Sonderzwecke.

Bei den Hafenschleppern hat man hinsichtlich ihres Verwendungszweckes grundsätzlich zwei verschiedene Typen zu unterscheiden:

1. Bugsierschlepper,
2. Schuten- und Transportkahnschlepper.

Die Bugsierschlepper diene dem Einschleppen und dem Verholen der Seeschiffe. Je nach der Größe der Seeschiffe und den Witterungsverhältnissen sind 1 bis 4 solcher Schlepper erforderlich. Die Leistung dieser Schlepper beträgt im allgemeinen 400—500 PS; doch sind in neuerer Zeit Schiffe bis zu 700 PS in Dienst gestellt worden. Abb. 142 zeigt einen derartigen Hafenschlepper mit 713 PS und rd. 25 m Länge. Diese Schiffe haben große Ähnlichkeit mit den Seeschleppern und Bergungsdampfern; sie sind niedriger gebaut als diese und haben kleine Bunkerräume. Auch reicht der Steuerstandaufbau nicht in Gestalt einer Brücke von Bord zu Bord, sondern er beschränkt sich auf die halbe Schiffsbreite, damit das Durchreichen der Verholtrossen vom Vordeck zum Hinterdeck ohne Schwierigkeiten möglich ist. Der Schleppbock zum Anbringen der Schlepptrosse ist möglichst mittschiffs in der Drehachse des Schleppers anzubringen. Infolge mannigfacher schwerwiegender Unfälle während der letzten Jahre durch Kentern muß unbedingt dahin gestrebt werden, diese Schlep

Abb. 142. Großer Hafenschlepper Oelkers, (Hamburg).

per mit einem Schlepphaken aus zurüsten, der es dem Schiffsführer ermöglicht, im Gefahrenfall die Schlepptrosse sofort zu lösen. Hinsichtlich der Maschinenanlage dieser Schiffe wird auf die Ausführungen im vorigen Abschnitt verwiesen. Als Antrieb werden durchweg Kolbendampfmaschinen verwendet. Die Kortdüse, d. h. die Anordnung der Schraube in einem stromlinienförmigen Tunnel, hat in der Langstrecken-Schlepperei erhebliche Vorteile vor der freien Schraube, auch im Hafenbetrieb findet sie wegen der hohen Anzugskraft der Schraube Beachtung.

Die kleinen Schuten- und Transport-Schlepper treten uns in den mannigfaltigsten Formen und Größen entgegen. Maschinen- und Raumanordnung eines kleineren Schleppers ist in der umstehenden Skizze (Abb. 143) wiedergegeben. Ihre Leistungen schwanken zwischen 80 und 250 PS. Als Antrieb wird in den letzten Jahren in vermehrtem Maße neben der Dampfmaschine der Dieselmotor verwendet. Da in diesem Gewerbezweig die Ein-Schiff-Reedereien noch vorherrschend sind, d. h. die Eigner ihre Schiffe selbst fahren, hat der Motor mehr

Eingang gefunden; das Ablösungsproblem besteht bei diesen praktisch nicht, weil immer derselbe Mann die Maschine bedient. In eisreichen Gegenden wird allerdings der zuverlässigeren Dampfmaschine auch bei diesen Fahrzeugen der Vorzug zu geben sein. Die Schleppausrüstung besteht in der Regel aus zwei Schleppböcken; der vordere befindet sich wie bei den Bugsierschleppern mittschiffs unmittelbar hinter dem Schornstein, der zweite wird an dem Hinterende der Maschinenaufbauten angebracht. Dieser wird beim Schleppen steuerloser Schuten und Leichter verwendet, da bei kurzer Schlepptrosse das Ausscheren der Anhangfahrzeuge am geringsten ist.

Eine besondere Stellung unter den Hafenfahrzeugen nehmen die Feuerlöschboote ein. Diese Löschboote sind maschinell erst in neuerer Zeit zu höherer Vollkommenheit entwickelt worden. Sie werden, weil sie nur kurze Betriebszeiten

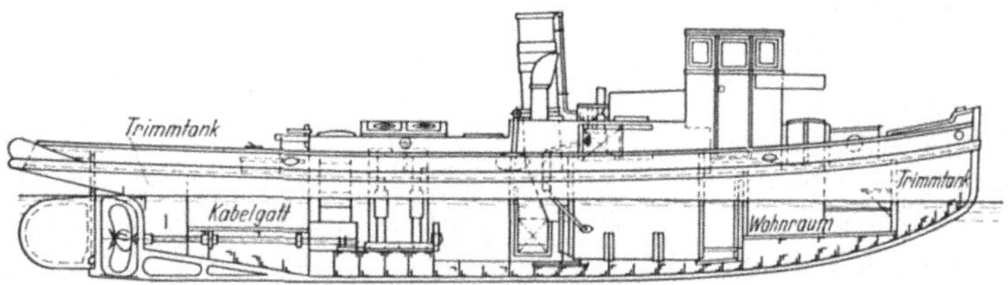

Abb. 143. Maschinen- und Raumanordnung eines kleineren Hafenschleppers.

haben, als Motorschiffe gebaut. Die Motorenleistung ist verhältnismäßig groß, einmal um eine hohe Fahrgeschwindigkeit zu erzielen, dann auch um eine möglichst leistungsfähige Pumpenanlage zur Verfügung zu haben. (Vgl. S. 27 und Abb. 18.) Der Dieselmotor dient gleichzeitig als Fahrmaschine und als Pumpenantrieb und wird nach Erfordernis entsprechend gekuppelt; es kommen auch dieselelektrische Antriebe vor. Die schwenkbaren Strahlrohre werden auf dem Motorenraumdach aufgebaut.

Zur Ausrüstung eines Seehafens gehören außerdem noch Schiffe, die der Versorgung der Seeschiffe mit Frischwasser oder mit Gasöl bzw. Heizöl dienen, die Wasserboote oder Ölboote. Es sind schlepperähnliche Fahrzeuge, die größere Laderäume für die flüssige Ladung enthalten. Im Maschinenraum befindet sich neben der Antriebsmaschine die große Pumpe, die der Übernahme oder Abgabe der Ladungsflüssigkeit dient.

Daß in einem Hafen die vielen kleineren Verkehrsfahrzeuge (Barkassen) für behördliche und private Zwecke seit langem den Otto- oder Dieselmotor zum Antrieb bevorzugen, liegt an den hier zutreffenden betrieblichen und wirtschaftlichen Vorteilen.

5. Mechanische Verschiebeanlagen für Hafenbahnen.

Von den Eisenbahnanlagen, die ein Hafen in mehr oder minder ausgedehntem Umfange nötig hat, gehen uns die mechanischen Einrichtungen, soweit sie rein eisenbahntechnischer Natur (Drehscheiben, Verschiebebühnen, Bekohlungsanlagen) sind, in diesem Buche nichts an. Indes gibt es einige Geräte, die nur der Hafenbetrieb veranlaßt und die darum hier Erwähnung verdienen. Daß beim Betrieb der Eisenbahnwagenkipper der Zu- und Ablauf der vollen und leeren Wagen mit mechanischen Sondermitteln geschieht (Kippdrehscheiben (vgl. Abb. 102 u. 103), Zugseile oder Zugmaschinen u. ä.), wird bei der Beschreibung der Kipper behandelt. Zum Laderechtstellen der abzufertigenden Güterwagen an Laderampen, in Schuppen, unter Hebezeugen, auf Umschlagsplätzen, überall dort wo geringfügiges Verschieben, das die Handkraft übersteigt und für die Lokomotive sich nicht lohnt, nötig ist, wendet man mechanische Hilfsmittel an. Eins davon ist das sogenannte Spill, das übrigens auch für das Verholen von Schiffen in Schleusenkammern und an Kaimauern verwendet wird, wo es allerdings größere Zugkräfte als beim Wagenverschieben aufbringen muß. Seine Wirkung beruht darauf, daß an einen senkrecht oder waagerecht sich drehendem Spillkopf ein Seil geschlungen wird, dessen abwickelndes Ende durch Menschenhand gesteuert mehr oder weniger fest den Spillkopf umschlingt, wodurch das aufwickelnde Seiltrumm entsprechend Zugkraft und Geschwindigkeit entwickelt. Abb. 144 zeigt ein solches Hafenspill im Querschnitt und Grundriß; der Motor *a* treibt mittels Schneckenwurm und -rad den Spillkopf, der zum besseren Haften des Seiles mit Querrippen versehen ist. Der Strom wird durch einen Fußschalter *c* an- oder abgestellt, diese Anordnung hat den Vorteil, daß, wenn der Seilführer wegen Unklarwerdens des Zugseiles seinen Platz verlassen muß, der freigewordene Schalter sofort den Antrieb ausschaltet und den Spillkopf stillsetzt. Die Seilzugkräfte der Spille für Eisenbahnwagen liegen etwa zwischen 600 und 2000 kg, für das Verholen von Schiffen zwischen 3000 und 10 000 kg. Die Antriebsmaschine der Spille mit senkrechter Welle ist meist

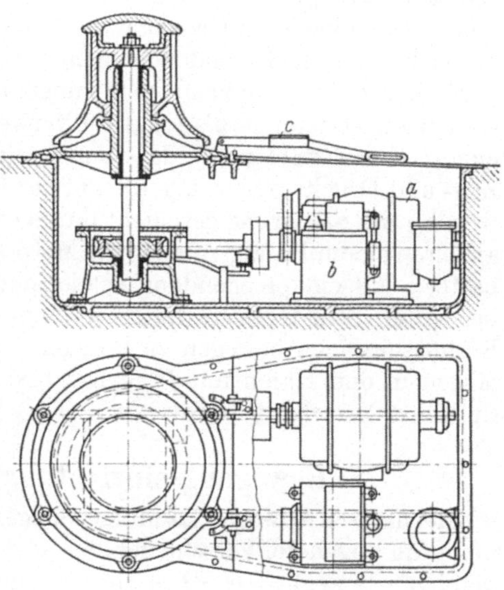

Abb. 144. Hafenverholspill mit Unterflurantrieb.
a Elektromotor, *b* Anlasser, *c* Fußschalter.

in eisernen wasserdichten Kästen unter Flur angebracht, um den Verkehr nicht zu hindern. Da bei ausgedehnten Gleisanlagen die Zugseile der Spille nicht soweit geführt und so oft umgelenkt werden können, wie es nötig wäre, hat man auch

Abb. 145. Elektrischer Einachsschlepper für Verschiebedienste. Miag.

Versuche mit auf den Gleisen fahrbaren Spillen gemacht, eine bemerkenswerte Anwendung hat indes dies Verfahren nicht gefunden. Übrigens wird von der festen oder fahrbaren Spillkopfwinde an Bord und am Kai im Hafenumschlag oft Gebrauch gemacht; für Hubzwecke ist der Spillkopf auf waagerechter Welle angebracht.

Andere Mittel, die Kleinverschiebung auf Hafenbahngleisen vorzunehmen, sind selbstfahrende Zugmaschinen, entweder kleinere Dampf- und Diesellokomotiven oder dräsinenartige regelspurige durch Verbrennungsmotoren betriebene Schlepper — man hat sogar auf einer Schiene fahrende in Form einer Schiebkarre im Gleichgewicht zu haltende kraftgetriebene Einradschlepper entwickelt — auch sind schienenfreie auf Ballonreifen laufende Kraftschlepper, bei guter Zugkraft und ungehinderter Freizügigkeit beim Laderechtstellen im Hafenumschlag gut zu verwenden. Abb. 145 zeigt als Beispiel für einen Einachsschlepper das sog. „elektrische Pferd", eine selbstfahrende Zug- und Druckvorrichtung, die auf der Grundlage der Elektrokarren ausgebildet wurde. Die Steuerung geschieht durch eine vom Führer gehaltene Gabeldeichsel, an deren einem Handgriff auch die Motorschaltung angebracht ist. Eine Speicherbatterie mit entsprechendem Antriebsmotor verleihen diesem elektrischen Pferd bei guter Schrittgeschwindigkeit Zug- oder Druckkräfte, um 6—7 beladene Eisenbahnwagen bewegen zu können. Beim Be- und Entladen der Eisenbahnfähren in den Häfen mit Waggons besorgt meist die Lokomotive, seltener das Spill den Verschiebedienst.

6. Bewegungseinrichtungen an Landungsanlagen.

Mechanisch bewegte Landungsanlagen sind dann in einem Hafen notwendig, wenn die wegen der Verschiedenheit des Wasserstandes und der Schiffshöhen notwendigen beweglichen Stege zur Verbindung des Schiffes mit dem festen Ufer nicht mehr von Hand bewältigt werden können. In Tidehäfen und an Flüssen mit schwankendem Wasserstand hat man sich meist dadurch geholfen, daß man schwimmende Anleger schuf, so daß die Schiffe praktisch stets die gleiche Höhen-

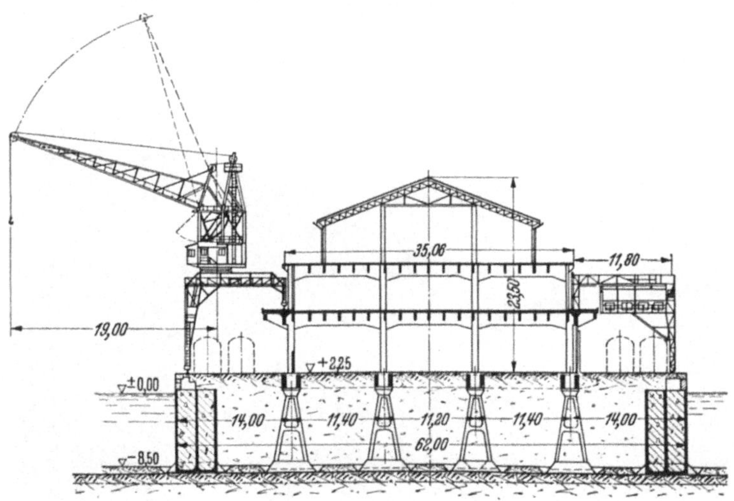

Abb. 146. Fahrgastlandungsanlage am Kaischuppen (Marseille).

lage zur Landestelle hatten. Solche schwimmenden längs der Strömung liegenden und entsprechend verankerten Landungsanlagen sind manchmal bis zur beachtlichen Größe von mehreren 100 m Länge entwickelt worden (St. Pauli-Landungsbrücken bei Hamburg, Mersey-Landungsbrücken in Liverpool). Sie eignen sich indes fast ausschließlich nur für den Personenverkehr der Schiffe, höchstens noch für Gepäck und geringe Gütermengen. Da aber Seeschiffe außer Fahrgästen fast immer große Gütermengen umzuschlagen haben, zu welchem Zweck sie feste Kaianlagen mit Hebezeugen benötigen, so müssen die schweren langen Laufstege, die an Bord führen, mit mechanischer Hilfe angelegt werden. In einfachen Fällen kann das mit Hilfe der am Kai stehenden Kräne geschehen, es kommen auch manchmal am Kai verfahrbare Gerüste vor, auf deren Plattform man durch Treppen gelangt und von dort weiter mittels Klappstege an Bord. Solche Vorrichtungen dürfen natürlich nicht durch am Ufer stehende Kräne in ihrer Anpassung an die Schiffseingänge behindert sein. Haben die Schiffe, welche Fahrgäste zu befördern haben, ihren Liegeplatz vor Kai- oder Pierschuppen, so ist die Einrichtung oft so (z. B. in nordamerikanischen und französischen Häfen), daß das Schuppenobergeschoß zur Abfertigung der Fahrgäste dient (Zoll- und Paßkontrolle), während die übrigen Schuppen und Kaianlagen dem Güterumschlag vorbehalten bleiben (Abb. 146). Vom Schuppenobergeschoß führt ein fahrbar und zum Schutz der Fahrgäste gedeckter Landungssteg an Bord der Seeschiffe. Einzelheiten zeigt uns Abb. 147, die einen solchen mechanisierten Landungssteg im Hafen von Cherbourg erkennen läßt. Vom Obergeschoß des Schuppens führt auf elektrisch verfahrbaren Stützen ein überdachter Laufsteg, der einen Fußweg (a) und ein Förderband (b) enthält, zur Kaikante; der kaiseitige

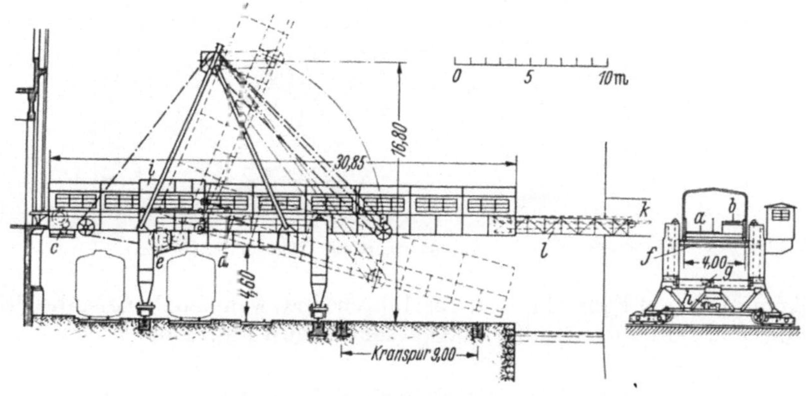

Abb. 147. Verstellbarer Landungssteg (Cherbourg).

a Laufsteg, b Förderband, c Antrieb dafür, d Biegepunkt des Förderbandes, e Hub- und Senkantrieb des Laufsteges, f Querrahmen zur Sicherung bei Seilbruch, g Hub- und Senkantrieb des Querrahmens, h Fahrantrieb, i bewegliche Dachhaube, k Schiffspforte, l bewegliche Laufstegverlängerung.

24 m lange Teil dieses Steges kann durch eine elektrische Winde (e) gehoben und gesenkt werden, am vorderen Ende kann der Steg durch ein um 7 m ausziehbares Stück (e) zur Schiffspforte (k) verlängert werden. Sämtliche Bewegungen werden durch Elektromotoren ausgeführt (im ganzen 6 Stück von zusammen rd. 140 kW), so daß die Einstellung der Brücke in wenigen Minuten vorgenommen werden kann. Damit Landungssteg und Kaikräne ungehindert aneinander vorbeikommen können, muß der bewegliche Teil des Steges entsprechend hoch gehoben werden können (obere punktierte Lage in Abb. 147). Diese sehr wichtige Bewegung kann notfalls durch einen Handantrieb in 45 Minuten vollzogen werden. Die Unterschriften zur Abbildung erläutern weitere Einzelheiten dieser weitgehend mechanisierten Anlage.

Da es in den letzten Jahren immer mehr aufkommt, daß Seereisende ihre Kraftwagen von einer zur anderen Küste mit sich nehmen, so muß auch für den Umschlag dieser Verkehrsmittel gesorgt sein. Meist werden die Wagen unter Zuhilfenahme von besonderen unter die Räder zu legenden Gehängen durch die gewöhnlichen Kaikräne von und an Bord gegeben. In nordamerikanischen Häfen werden auch Klappbrücken benutzt, die in Höhe des Kais eine Verbindung zu den Seitenpforten des Schiffes herstellen, diese Klappbrücken haben Handantrieb. Über den englischen Kanal findet ein starker Verkehr von Reisenden mit Kraftwagen statt, für deren Überführung auf die Kanalschiffe besonders der Hafen von Dover besondere Vorkehrungen getroffen hat. Dort ist es möglich, auf das Oberdeck der großen Eisenbahnfährschiffe auf Schrägrampen über eine Klappbrücke mit eigener Kraft zu fahren, den elektromotorischen Antrieb dieser rd. 3×4 m großen Brücke zeigt Abb. 148. Ähnliche mechanisch einstellbare Klappbrücken schwerer Ausführung werden benutzt, wenn Fuhrwerk, Eisenbahnwagen

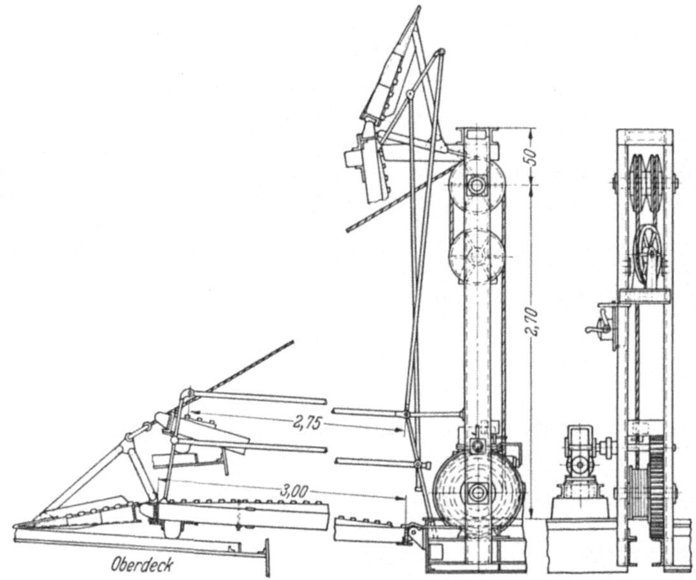

Abb. 148.   Klappbrücke zur Wagenauffahrt auf Fährschiffe. (Dover.)

und Lokomotiven auf Fährschiffe zu überführen sind, wenn auch meist die Höheneinstellung von seiten der Schiffe vorgenommen wird (vgl. Abb. 141).

7. Leuchtfeuer, Schallsignal-, Zeitsignal- und Fernmeldeanlagen.

Leuchtfeuer spielen in einem Hafen bei weitem nicht die Rolle, wie auf den Seewasserstraßen, die zu ihm führen. Im Hafen ruht meist die Schiffahrt in der Dunkelheit, Seeschiffe fahren, wenn überhaupt mit eigner Kraft, so doch mit vorsichtiger Langsamkeit. Immerhin sind an einigen Punkten der Häfen Lichtzeichen (Feuer) für die Bezeichnung des Fahrwassers nötig, so bei Brückendurchfahrten und Schleuseneinfahrten, bei Abzweigungen der Hafenbecken von dem Hauptfahrwasser, zum Kennzeichnen von Pfahlgruppen u. ä. In den meisten Fällen kommt man mit einfachen Leuchten aus, die mit einfarbigen (rot oder grün) Gläsern und kleinen oder mittleren Lichtstärken ohne optische Verstärkung versehen sind, da größere Sichtweiten nicht erforderlich sind. Soweit diese Hafenleuchten mit Leitungen erreicht werden können, werden sie mit Gas oder elektrischem Strom betrieben, sind sie nicht von diesen Energieträgern zu versorgen, etwa bei Leuchtbojen oder bei Seelaternen auf entlegenen Pfahlgruppen, so kommt meist als Brennstoff Flüssiggas in Frage, in einfachen Fällen wird auch noch Petroleum verwendet. Flüssiggas ist ein Erzeugnis der Rohöl- oder Teerdestillation und wird in Stahlflaschen ähnlich wie gelöstes Azetylen, das auch noch für Leuchtfeuer in Frage kommt, verwendet. Leuchten, die mit elektrischen oder Gasglühlampen betrieben werden, können durch Schaltuhren, u. U. zusammen mit der Straßenbeleuchtung des Hafens, angezündet oder gelöscht werden. Bei schwer zugängigen aus eigenem Brennstoffbehälter gespeisten Lampen verzichtet man meist auf eine Zeitschaltung, da der ununterbrochene Brennstoffverbrauch eine geringere Rolle spielt als Anschaffung und Unterhaltung einer Schaltuhr. Hin und wieder ist es auch für Hafenfeuer notwendig, ihnen eine besondere Kennzeichnung zu geben, indem man ihren Lichtschein in kürzeren oder längeren Pausen unterbricht. Die in regelmäßiger Folge wiederkehrende Anordnung von Blitzen, Blinken und Unterbrechungen nennt man die Kennung des Feuers; sie wird entweder dadurch hervorgerufen, daß man Strom bzw. Gas durch regelmäßig sich öffnende und schließende Schalter, Kontaktscheiben oder Ventile an- und abstellt, oder dadurch, daß man durch mechanisch bewegte Blenden den Lichtschein absperrt oder hindurchläßt. Im allgemeinen wird der hohe Stand der optischen und mechanischen Entwicklung, die das Leuchtfeuerwesen in den letzten Jahrzehnten durchgemacht hat, für die einfacheren Verhältnisse im Hafen nicht in Anspruch genommen, sofern es sich nicht um Häfen handelt, die unmittelbar an der Küste liegen und von hoher See angesteuert werden, in diesen seltenen Fällen kommen Leuchttürme in Frage. Zur weiteren Unterrichtung über das Leuchtfeuerwesen sei auf das Schrifttum verwiesen[1].

Gegen die Gefahren des Nebels sind in einigen großen Häfen Schallsignale eingerichtet worden, um vor Zusammenstößen zwischen Schiff und Hafenbauwerken zu warnen. In einfacheren Fällen begnügt man sich mit dem Ertönen von Glocken, Hörnern oder Sirenen, die von Menschen betrieben oder motorisch ferngesteuert werden können. Einen sehr durchdringenden und weittragenden Schall entwikkeln die in der Nachkriegszeit aufgekommenen Membransender, die außerdem noch die bessere Möglichkeit einer Kennung durch scharf begrenzte Ton- und Stillefolgen gewährleisten. Der Membransender besteht aus einem Magnetsystem, das eine gespannte Stahlscheibe in Schwingungen versetzt, nach dem es von Wechselströmen in der Frequenz der gewünschten Tonhöhe durchpulst wird. Dabei hat sich eine Schwingungszahl von 500 in der Sekunde (500 Hertz) als vorteilhaft herausgestellt. Da Wechselströme dieser Frequenzen nicht aus den gewöhnlichen Stromversorgungsnetzen entnommen werden können, so bedarf der Membransender eines besonderen Frequenzumformers u. U. mit Schalteinrichtungen zur Herstellung der Kennung. Der Membransender ist meist zur Beschallung in einer bevorzugten Richtung ausgebildet worden, er findet mit seiner ganzen Apparatur auf hohen Gerüsten Platz und kann von fern geschaltet werden.

Daß in den Häfen ebenso wie auf den Wasserstraßen Wrackteile, welche die Schiffahrt gefährden können, durch optische Signale gekennzeichnet werden müssen, ist selbstverständlich. In einigen Seehäfen wird auch den Schiffen bei ihrer Ausfahrt die Gefahr eines aufkommenden Sturmes durch Sichtzeichen bei Tag und Nacht (Bälle, Zylinder, Kegel, rote Lampen) bekanntgegeben. Auch die dauernde Bekanntgabe von Windrichtung und Stärke wird von den in See gehenden Schiffen als angenehm empfunden. Ein einfaches mechanisches von Hand bedientes Gerät, das die in der Nordsee herrschenden Windverhältnisse den die Elbe verlassenden Schiffen angibt, zeigt Abb. 149, die am Gerüst beweglichen 2×6 Arme bedeuten in waagerechter Stellung je zwei Windstärken, und zwar wie sie von Helgoland (H) und Borkum (B) gemeldet sind; ihre Richtung zeigen die darunter befindlichen Windrosen durch Zeiger an. Windstärken werden bekanntlich durch die Geschwindigkeit der sich im Winde drehenden Flügel (Schalenkreuz) der sog. Anemometer gemessen; der Bereich zwischen Windstille (sekundliche Luftgeschwindigkeit 0 m) und Orkan (45 m/sec) wird nach Beaufort in 12 Windstärken eingeteilt. Übrigens ist geplant, den Cuxhavener Windstärkenanzeiger, der als ältere Anlage nur während des Tages ablesbar ist, durch eine moderne elektrische Lichtanlage auch des Nachts nutzbar zu machen.

---

[1] Klebert: Selbsttätige Leuchtfeuer. Jb. hafenbautechn. Ges. 1923, Bd. IV. Grübeler: Die Betonnung und Befeuerung der Elbe durch Hamburg. Jb. hafenbautechn. Ges. 1927 Bd. X. Westermann: Die Befeuerung der Seeschiffahrtsstraße Stettin—Swinemünde, Jb. hafenbautechn. Ges. 1928/29, Bd. XI.

Genaue Zeitangaben werden deswegen in einem Hafen benötigt, um den Seeschiffahrt Treibenden eine zusätzliche Möglichkeit vor der Abfahrt zu geben, den Gang ihrer Chronometer nachzuprüfen. Die früher üblichen Zeitangaben, die optisch oder akustisch, etwa durch einen Zeitball, der zu einem bestimmten Zeitpunkt von allen Seiten sichtbar an einer Stange herabfiel, oder einen Mittagsschuß erfolgten, genügen längst den Genauigkeitsanforderungen nicht mehr, da sie von Wind und Wetter beeinflußt wurden. Zeitgemäße Zeitsichtzeichen beruhen auf dem Aufleuchten und Erlöschen von elektrischen Glühlampen, deren Schaltung von einer in astronomischer Gangkontrolle gehaltenen Normaluhr besorgt wird. Selbstverständlich kann die Uhr die Lichtstromschalter nicht selbst betätigen, sondern nur unter Vermittelung feinfühliger Relaiskontakte. Die Anordnung der Glühlampen muß die Wirkung eines Tageslichtsignales erzielen. Der Hamburger Hafen besitzt zwei solcher Lichtzeitsignale, deren Lampen jeweils 5 Minuten vor 6—12 und 18—24 Uhr aufleuchten und am Schluß der letzten Sekunde dieser Zeiten verlöschen. Es ist nicht zu bezweifeln, daß neuerdings durch die vom Rundfunk und Fernsprechdienst übermittelten Zeitzeichen, die auch den im Hafen liegenden Schiffen zur Verfügung stehen, öfter und genauer eine Zeitkontrolle ermöglichen als jene älteren Signalanlagen. Dasselbe gilt, wenn auch in erheblich kleinerem Ausmaße für die Wind- und Wasserstandsangaben, welche der Wetterdienst im Rundfunk verbreitet. Zeitsignale, die in einigen wenigen Häfen dazu dienen, gleichmäßigen Beginn und Schluß der Arbeitszeiten zusammengehöriger Hafenbetriebe zu gewährleisten, unterscheiden sich in nichts von denen der Landbetriebe. Versuche, die dieserhalb zur Beschallung ganzer Hafengebiete mit den schon erwähnten Membransendern und Sirenen gemacht wurden, haben noch nicht zur praktischen Anwendung geführt.

Abb. 149. Windrichtung und -stärkenanzeiger in Cuxhaven.

Ebenso bedeutsam, wie die besonders für Seehäfen wichtige Ausrüstung mit optischen und akustischen Fahrwasserzeichen, Warnungssignalen, Wasserstandsmeldern und Zeitsignalen, aber weniger für die Außenwelt bemerkbar ist das Fernmeldewesen, das durch Fernsprecher, Telegraph und Ferndrucker zwischen einzelnen Betrieben oder gemeinsam für die gesamte Hafenverwaltung besteht. Neben betrieblichen und technischen Gesprächen der Dienststellen spielen im Hafen die Unfall- und Feuermeldungen sowie die Anweisungen der am Umschlag oder Personenverkehr beteiligten Kaufleute, Verfrachter, Reedereien usw. eine große Rolle, darunter besonders die Meldungen zu erwartender Schiffe (Schiffsmeldungen). Die Fernmeldeanlagen werden durch die öffentliche Postverwaltungen oder Fernsprechgesellschaften oder privat durch die Hafenverwaltungen betrieben, in welchem Falle sie durch Vermittlungsstellen mit dem öffentlichen Fernsprechnetz verbunden sind. Eisenbahnen und Feuerwehr haben meist auch im Hafen ein in sich abgeschlossenes Fernmeldenetz. Solche Anlagen sind im Hafen nichts anderes als sonst in der Fernmeldetechnik, eigenartig sind aber die Einrichtungen, die den im Hafen liegenden Schiffen — durchweg handelt es sich nur um größere Seeschiffe — es ermöglichen, Anschluß an das landfeste Fernsprechnetz zu erhalten. Sofern die Schiffe am Kai liegen, ist die Drahtver-

bindung mittels lösbarer Anschlüsse noch verhältnismäßig einfach und in einigen
Häfen auch schon vor dem Kriege angewendet worden. Sobald aber die Schiffe
auf der Reede, im Strom und in großen Hafenbecken an Pfählen oder an Fest-
macherbojen liegen, ist die betriebssichere Verbindung mit dem Landnetz schon
ein höherer Anspruch an die Fernmeldetechnik. Nicht nur können diese Punkte
nur mit Wasserkabeln erreicht werden, sondern es müssen auch die Anschluß-
organe (Steckdosen u. ä.) besonders für die ungeschützte Lage, die der Unterhaltung und Aufsicht nicht leicht zugängig ist, ausgebildet sein. Bei Bojen ist
noch die dauernde Bewegung der Leitungen eine zusätzliche Erschwernis. Für
Häfen mit entwickeltem Umschlage im Strom hat sich solche Fernsprechverbin-
dung als notwendig und auch nach anfänglichen Schwierigkeiten als befriedigend
herausgestellt. Die Schiffsanschlüsse münden entweder unmittelbar ins öffentliche Fernsprechnetz oder aber werden durch die Vermittlungsstellen im Hafen
weitergeleitet.

III. Wirtschaftliche Betrachtungen.

A. Wirtschaftlichkeit, Gebühren, Selbstkosten.

Wenn unter Wirtschaftlichkeit im engeren Sinne das Verhältnis der Unkosten (Ausgaben) einer Anlage zum Nutzen (Überschuß der Einnahmen über die Ausgaben) verstanden wird, so ist diese Feststellung für einen Hafenbetrieb im ganzen durchaus möglich, notwendig und nützlich. Die Summe aller Ausgaben kann der aller Einnahmen gegenübergestellt werden, je nach Verbesserung und Verschlechterung der einzelnen Posten kann man dann den Gründen dafür nachgehen und Abänderungen vornehmen. Es ist dabei durchaus nicht gesagt, daß Häfen mit Ausgabebeträgen, die durch Einnahmen nicht gedeckt werden — und ihrer sind viele — zu den unwirtschaftlichen gehören, denn die Vorteile, die im weiteren Sinne ein Land, eine Stadt, eine Eisenbahngesellschaft, ein Industrieunternehmen usw. durch vermehrten Handel und Verkehr, durch Erleichterung ihrer Erzeugung oder ihres Absatzes u. a. mit ihren Häfen erzielen, sind meist das Mehrfache der Fehlbeträge des Hafenbetriebes. Das soll natürlich nicht heißen, als ob die Kosten der Anlage und des Betriebes nicht belangreich wären; sie sind immer unter dem Gesichtspunkt zu betrachten, daß höchste Leistungen mit möglichst geringen Unkosten erzielt werden müssen. Die Gegenüberstellung der Ausgabeposten zu den Einnahmen, welche durchweg in einem Hafen nach festen Sätzen (Tarifen) erhoben werden, ermöglicht nicht immer die Feststellung, ob eine bestimmte Anlage oder Betriebsart im Hafen wirtschaftlich ist, da die Festsetzung der Hafengebühren sich nicht streng nach den einzelnen Kostenstellen des Hafenbetriebes richten kann, sondern mit Rücksicht auf die einfache und leichtverständliche Verrechnung und auf den Wettbewerb mit anderen Häfen durchgeführt ist. Ganz besonders ist es nicht immer möglich, bei den mechanischen Hafenausrüstungen für die Betriebskosten Gebühren zu finden, die ihnen unmittelbar entsprächen. Eine kurze grundsätzliche Betrachtung über Hafengebühren wird das Verständnis erleichtern. Im großen und ganzen kann man die vielen und verschiedenartigen Hafengebühren in zwei Gruppen unterteilen: die eine bezieht sich auf das Schiff und wird nach seinen Größenmaßen Registertonne, Länge, Tiefgang u. ä. berechnet, die andere bezieht sich auf die umzuschlagende Ladung und wird auf das Gewicht in kg oder t festgesetzt. Die auf die Schiffsgrößen bezüglichen Gebühren sollen die Unkosten decken für die Erhaltung, Sicherung, Kenntlichmachung und den allgemeinen Betrieb der Wasserstraßen zum und im Hafen, der Hafenanlagen, wie Docks, Schleusen, Kaimauern, Brücken u. ä.; sie werden in Form des Tonnengeldes, Lotsengeldes, der Hafenmeistergebühr, der Raumgebühr, des Ufergeldes, des Liegegeldes, des Schleusengeldes, der Schleppgebühren, oder wie sonst in den Tarifen der verschiedenen Häfen sie genannt werden, erhoben. Die nach dem Umschlagsgut berechneten Einnahmen sind dazu bestimmt, die Unkosten für das Löschen und Laden, Stauen, Lagern, Sortieren usw. zu decken, also insbesondere für die Anlagen der Schuppen, Speicher und Lagerplätze mit ihren mechanischen Geräten, der Hafenbahnen, der schwimmenden Umschlagsgeräte u. ä. Die dafür in Frage kommenden Gebühren heißen etwa Ladungsgebühr, Krangeld, Wiegegeld,

Stauereigebühren, Gebühren für An- und Ablieferung, für Zustellung und Überführung seitens der Hafenbahnen, Lagergeld, Verzugsgeld u. a. m. Bei beiden Gruppen kommen für Sonderleistungen noch entsprechende Gebühren zur Verrechnung, etwa für Quarantäne, Strompolizei, Güterbewachung, Zollkontrolle, Reinigen, Umpacken, Probeentnahmen, Trocknen usw. Dieser Vielheit von Gebühren und Tarifpositionen stehen nicht nur die fließenden Grenzen des von ihnen gemeinten Unkostenumfanges gegenüber, sondern auch die Verschiedenheit der Auffassung darüber in den einzelnen Häfen, woran auch die gelegentlichen Tarifgemeinschaften nichts ändern können. Man wird ebensowenig von den mechanischen Hafenanlagen erwarten können, daß sie ihre Wirtschaftlichkeit durch eine Gegenüberstellung ihrer ermittelten Unkosten und der mehr oder weniger dafür zutreffenden Gebühren nachweisen können. Es dürfte kaum einen Sinn haben, bei der Benutzung von Schleusen, Brücken, Fähren u. ä. die dafür eingenommenen Gebühren den Unkosten ihrer mechanischen Einrichtung losgelöst von der Gesamtanlage gegenüberzustellen, in nicht ganz so krassem Ausmaß ist das auch bei den Umschlagsgeräten der Fall. Allgemein beschränkt sich die Tarifpolitik eines Hafens darauf, unter Berücksichtigung des Wettbewerbes anderer Häfen und der Belastbarkeit von Schiffahrt und Umschlagsgut zum mindesten die unmittelbaren Betriebs- und Unterhaltungskosten ersetzt zu bekommen, was nicht ausschließt, daß Häfen mit Monopolstellung, starker Benutzung oder hoher Umschlagsleistung wertvoller Güter sich ganz allein erhalten können, wenn auch Überschüsse zu den Seltenheiten gehören. Selbstverständlich müssen reine Privatbetriebe in einem Hafen, die im Umschlags- oder Lagereibetrieb ihren Erwerb suchen, Überschüsse erzielen können. Da sie meist frei in der Auswahl der von ihnen behandelten Güter sind, weil sie ferner beweglicher in der Anpassung der Gebühren und mit geringeren Allgemein- und Verwaltungsunkosten belastet sind als die großen Hafenverwaltungen, so ist für sie eine gewisse Verdienstspanne vorhanden.

Unerläßlich für alle Wirtschaftlichkeitsbetrachtungen, so auch bei den mechanischen Hafenausrüstungen, ist die genaue Kenntnis der Unkosten und Leistungen, die oft mit viel Lehrgeld schmerzlich erkauft werden mußte. Es sollen hier zunächst die mechanischen Umschlagsanlagen behandelt werden, weil der Umschlag in seiner Gesamtleistung ausschlaggebend für die Wirtschaftlichkeit des Hafens ist. Über die Leistungen, auf die wir die Unkosten beziehen, ist bereits bei der Beschreibung der einzelnen Geräte in Kap. II B das Nötige gesagt worden unter Betonung des betrieblichen Standpunktes, daß Höchstleistungen und Durchschnittsleistungen wohl auseinander zu halten sind und an ihrer Stelle mit dem gehörigen Wert einzusetzen sind. Es kann die Glanzleistung schnellster Schiffsabfertigungen für einen Hafen von werbendem Wert sein, ohne daß im Einzelfalle dabei die Unkosten gedeckt werden, während die Dauerbeschäftigung mit Durchschnittsleistungen viel einträglicher für den Hafen selbst ist.

Die Selbstkosten eines Betriebes setzen sich zusammen aus den durch die Anlagekosten sich ergebenden Belastungen (Kapitaldienst) und den Unkosten für den Betrieb, diese zerfallen in die Löhne, die Stoffkosten und die Verwaltungsunkosten. Auf die mechanischen Hafenausrüstungen und Umschlagsgeräte bezogen kommen folgende Posten in Ansatz:

Kapitaldienst als Zinsen, Abschreibung, Tilgung oder, wenn der Betreiber nicht der Eigentümer ist, entsprechend Pacht oder mieteähnliche Abgaben. Auch die Unterhaltungskosten werden meist der Einfachheit halber hier mit verrechnet.

Löhne für die Bedienung der betreffenden Anlage.

Stoffkosten für den Betrieb, wie Strom, Kohlen, flüssige Brennstoffe, Wasser, Schmiermittel, Ersatzteile.

Verwaltungsunkosten wie persönliche und sachliche Bürokosten, Leitung,

Aufsicht, soziale Abgaben (auch Ruhegehälter und Urlaube) und Einrichtungen, Steuern, Versicherungen.

Einige dieser Unkostenanteile laufen als „feste Kosten" dauernd weiter, einerlei ob der Umschlagsbetrieb voll im Gange ist oder aussetzen muß, so die Verzinsung, Abschreibung, Pacht u. dgl. Andere Ausgabeposten sind nur von der Stärke des Betriebes abhängig wie Löhne und Betriebsstoffkosten u. ä. Eine kleine Gruppe, wie Unterhaltungs- und Verwaltungskosten, ist zwar immer vorhanden, aber mehr oder minder in ihrer Höhe von der Benutzung der Anlage beeinflußt. Die sog. festen Kosten fallen mit schlechter werdender Ausnutzung immer stärker ins Gewicht. Die sich ergebende Selbstkostensumme wird auf die Leistungseinheit bezogen, etwa in RM/t, weil somit am besten Vergleiche mit anderen Umschlagsarten und -orten angestellt werden können. Wenn im folgenden bei einzelnen Umschlagsanlagen und -verfahren Selbstkosten aufgestellt werden, so sind diese nur als Richtzahlen anzusehen unter Annahme mittlerer Verhältnisse in Anschaffung und Betrieb. Genaue Angaben würden nur für bestimmte Häfen, Bauarten und Leistungen zu machen sein, wobei auch zeitlich diese Angaben nicht einmal gleich bleiben. Übrigens legt kein Hafen auf die Veröffentlichung seiner Selbstkosten Wert.

B. Selbstkostenberechnung, Beispiele, Folgerungen.

Die Berechnung der Selbstkosten für einen Umschlagsbetrieb kann im Voraus auf Grund von Schätzungen und Annahmen geschehen, oder man kann nach Ablauf einer bestimmten Zeit, etwa nach einem Betriebsjahr, die tatsächlich festgestellten Ausgaben und Leistungen zugrunde legen. Dies Verfahren ist natürlich das Sichere, kann aber nicht immer angewendet werden, so bei Voranschlägen für die Übernahme großer Umschlagsleistungen, bei Wirtschaftlichkeitsvergleichen geplanter Anlagen, auch bei Betriebseröffnungen, wenn man noch nicht im Besitz eigener Zahlenergebnisse ist und doch schon Preise für den Umschlag angeben muß. Hier kommt nur die Vorausberechnung auf Grund möglichst genauer Annahmen in Frage, wie es auch bei den folgenden Beispielen geschehen ist.

1. Schüttgutumschlagsgeräte.

Beispiel: Erzumschlag mit zwei Verladebrücken von 7 t Tragfähigkeit an einem 120 m langen seeschifftiefen Kai. Es kann auf Platz oder Bahnwagen aus dem Seeschiff umgeschlagen werden. Die Kosten für den Umschlag auf die Eisenbahn sollen ermittelt werden. Die Erzgreifer haben einen Inhalt von 3,2 t und können bei 45 Spielen in der Stunde 144 t/h bei günstigsten Verhältnissen leisten, man wird im Jahresdurchschnitt aber nur 80 t/h annehmen können (vgl. S. 161). Gearbeitet werden soll in zwei Schichten an 300 Arbeitstagen, wegen des Bedienungswechsels, Wartens und Vorbereitens können nur höchstens sieben Stunden als reine Arbeitszeit je Schicht angenommen werden. An Mannschaften werden je Schicht benötigt zwei Brückenführer, zwei Mann an den Eisenbahnwagen und zwei Mann im Schiffsraum, also mindestens sechs Mann je Schicht. Das Erz wird beim Umschlag automatisch durch eine Waage in der Laufkatze verwogen. Nach obigen durchaus als günstig anzusprechenden Voraussetzungen können mit beiden Brücken je 80 t × 7 Std. also zusammen 2 × 560 t = 1120 t täglich je Schicht geleistet werden, d. h. in 300 Arbeitstagen bei zwei Schichten 672 000 t. Der Stromverbrauch für die Anlage wird erfahrungsgemäß auf 0,5 kWh/t geschätzt. Die Verwaltung und Aufsicht bestehe aus einer vierköpfigen Gefolgschaft, sie kosten im Jahre einschl. aller Unkosten, Steuern und Abgaben rd. 37 000 RM. Im Kapitaldienst sind neben 3 ½% Zinsen noch 4% für Abschreibung und rd. 1 ½% Unterhaltungskosten zu berücksichtigen; der Anschaffungswert je einer Verladebrücke wird zu 300 000 RM veranschlagt. Die Stromkosten können nach üblichen Tarifen bei der angenommenen Benutzungsdauer zu 7 Rpf. je kWh angesetzt werden. Damit ergeben sich die jährlichen Selbstkosten, wobei einstweilen noch der Kostenanteil der Kaianlage und des Schiffsliegeplatzes außer acht gelassen ist, wie folgt:

Kapitaldienst. $3\frac{1}{2} + 4 + 1\frac{1}{2}\% = 9\%$ von $2 \times 300\,000$ RM . . . . . . 54 000 RM
Löhne für 6 Mann in je 2 Schichten an 300 Arbeitstagen (2100 RM Jahreslohn) 25 200 „
Stoffkosten. Strom (672 000 t · 0,5 kWh · 0,07 RM = 23 520 RM) usw. . . 25 800 „
Verwaltungskosten . . . . 37 000 „

Insgesamt 142 000 RM

Diese Ausgabe belastet die Tonne auf Bahnwagen umgeschlagenen Erzes mit 142 000 RM/672 000 t = 0,21 RM/t. Es sind die reinen Umschlagskosten für die Beförderung des Erzes aus dem Schiff auf den Bahnwagen. Muß zum Ausgleich zwischen An- und Abfuhrmengen ein Teil des Erzes auf Lager geschüttet werden, so erhöht sich für diesen Teil die Ausgabe um einen entsprechenden Betrag. Außerdem muß selbstverständlich der Platz, auf dem dies Umschlagsgeschäft betrieben wird, mit seinen Kosten in Ansatz gebracht werden. Die Anschaffungskosten (ohne Grunderwerb) für Schiffsliegeplatz, Kaimauer, Lagerplatz, Gleisanlagen und sonstige Baulichkeiten werden beispielsweise mit 550 000 RM, die Betriebskosten daraus (Kapitaldienst bzw. Pacht, Unterhaltung u. ä.) mit

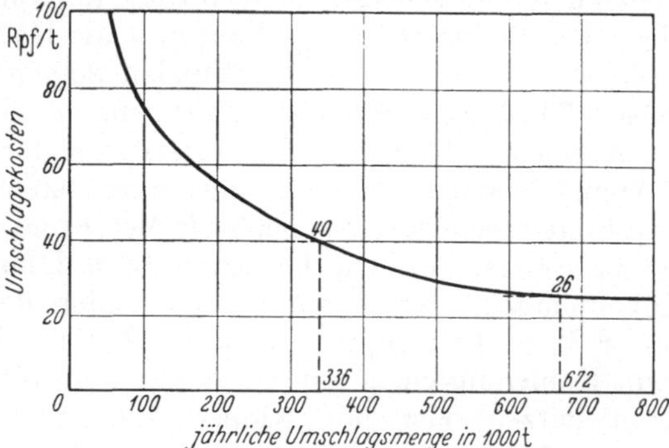

Abb. 150. Kosten eines Erzumschlages abhängig von der Jahresleistung.

33 000 RM in Ansatz zu bringen sein. Damit steigt die Selbstkostensumme für den reinen Umschlag auf rd. 26 Rpf. und bei Zwischenlagerung noch erheblich weiter. Der Einfluß der festen Kosten läßt bei der Hälfte des angenommenen Umschlages die Einheitskosten auf rd. 40 Rpf. heraufschnellen; das Schaubild in Abb. 150 verdeutlicht den Einfluß der Ausnutzung (Benutzungsdauer, vgl. Kap. II B 1). Die Jahresleistung eines Umschlagsgerätes kann niemals das Ergebnis der höchsten Stundenleistung während aller möglichen Benutzungsstunden (je Schicht jährlich 2400 Std.) sein. Die unvermeidlichen Wartezeiten, die jeder Umschlagsvorgang mit sich bringt, und die nicht immer mögliche volle Ausnutzung der Tragfähigkeit der Umschlagsgeräte zwingen oft dazu, im Jahresdurchschnitt ganz erhebliche Abstriche (oft bis auf $\frac{1}{4}$ oder $\frac{1}{2}$ herab) von der theoretischen oder Bestleistung des Hebezeuges zu machen.

Weil die Benutzungsdauer, die Spielzahl und die Tragkraft in der Ausnutzung eines Hebezeuges so wenig eine festliegende Größe ist, bleibt es so oft müßig, eine Wirtschaftlichkeit des Umschlaggerätes auf Pfennig und Heller genau im Voraus bestimmen zu wollen. Es ist wichtig genug, die Entwicklung der Selbstkosten und Leistungen schon deswegen zu verfolgen, um Verbesserungen zu erstreben. Im allgemeinen werden die in diesem Beispiel errechneten Selbstkosten mit guter Verdienstspanne durch die Einnahmen für den Erzumschlag gedeckt, nur in Kampfzeiten nähert man sich den Selbstkosten stark. Das Beispiel eines Kohlenumschlages mit drei Klappkübelhebezeugen von 12,5 t Tragkraft an einem 270 m langen Binnenschiffshafenufer (Hafen der Zeche Hugo am Rhein-Herne-Kanal) gibt die tatsächlichen Selbstkosten wie folgt an [1]. Die

---

[1] Ostendorf: Neue Zechenhäfen am Rhein-Herne-Kanal. Jb. hafenbautechn. Ges. 1932/33, Bd. XIII, S. 249.

Anlagekosten des Umschlagsplatzes mit Hafenbecken, Kaimauer, Umschlagseinrichtungen, Bahn- und Nebenanlagen betragen 1 620 000 RM.

    1. Für Verzinsung und Abschreibung je t . . . . 0,15 RM

    2. Für den Umschlag der Kohle vom Bahnwagen ins Schiff, für Vorhalten und Unterhalten des Hafenbeckens, der Kaimauer und der Umschlagseinrichtungen, für Betriebspersonal und Betriebsstoffe und für anteilige Verwaltungsarbeit im Mittel je t . . . . 0,15 RM

Nach weiteren Angaben dieser Quelle wurden hier allerdings die Selbstkosten nur eben gedeckt. Die am Rhein-Herne-Kanal liegenden Zechen erhielten vom Kohlensyndikat für die auf dem Wasserwege verfrachtete Kohle im Durchschnitt eine Vergütung von 0,87 RM/t. Da nun, wie oben gezeigt, der Selbstpreis von 0,30 RM/t lediglich für den Hafenumschlag galt und für das Verladen der Kohle in Klappkübelsonderwagen und für das Verfrachten der Kohle in eigenen Zügen auf eigenen Bahnanlagen mit allen Unkosten noch 0,55 RM/t hinzukommen, so stehen den Selbstkosten von 0,85 RM/t nur Einnahmen von rd. 0,87 RM/t gegenüber. Die Einheitspreise sind auf normale Umschlagsmengen bezogen; in diesem Falle werden je Kran in 12 Stunden 2000 t umgeschlagen, an anderer Stelle werden 750 000 t je Kran und Jahr genannt. Die Umschlagsleistung der Zechenhäfen an jenem Kanal auf den laufenden Meter Kaimauer bezogen, liegt zwischen 5500 und 6500 t im Jahr. Im oben durchgerechneten Beispiel des Erzumschlages ist die entsprechende Zahl 5600 t je Meter und Jahr. Ob im Klappkübelumschlag die Leistungen noch verbessert werden können, etwa durch Steigerung des Kübelinhaltes, der Kranreichweite oder der Arbeitsgeschwindigkeiten muß von Fall zu Fall geprüft werden. Weitere Selbstkostenberechnungen können beim Kohlenumschlag mit Greiferkränen, Wagenkippern, Verladebrücken, mit Kipperkatzen oder mit Kipperkränen und Förderbändern aufgemacht und miteinander verglichen werden [1]. Die Selbstkosten zeitgemäßer Großanlagen für den Kohlenumschlag bewegen sich zwischen 6 und 14 Rpfg./t ohne die anteiligen Kai- und Hafenkosten. Leider fehlt uns hier der Platz dazu, sie im einzelnen zu entwickeln. Immer wird man bedenken müssen, daß größere Leistungen höhere Anlage- und Betriebskosten erfordern und sich mit billigeren Einheitskosten im Umschlag nur dann bewähren, wenn tatsächlich auch so viel Umschlagsarbeit für sie vorhanden ist. Die größere Schonung der Kohle kann andererseits einen höheren Umschlagspreis verschmerzen lassen. Bei einem Umschlag einer Kipperanlage von beispielsweise 500 000 t Kohle im Jahr kann die durch teuere Anlagen erzielte bessere Schonung sich bald bezahlt machen. Bei nur um 3% besserer Werterhaltung jener Umschlagsmenge und bei einem Durchschnittspreis von 15 RM/t Kohle erzielt man schon eine volkswirtschaftlich bedeutsame Ersparnis von 225 000 RM. Andere Wirtschaftlichkeitsbetrachtungen bei den aussetzend arbeitenden Schüttgutumschlagsgeräten beziehen sich auf die Frage nach dem Wert der Erhöhung von Arbeitsgeschwindigkeiten. Im großen ganzen scheint kein Bestreben vorhanden zu sein, die Geschwindigkeiten bei zeitgemäßen Anlagen noch zu erhöhen; die damit verbundene Erhöhung der Anlagekosten für Antriebsmotoren, ihre Steuerung und Bremsung, der erhöhte Verschleiß und nicht zuletzt die ungünstige Beeinflussung der Stromtarife durch größere Stromstöße ergeben kaum im Endergebnis Vorteile. Etwas anderes ist es mit der Erhöhung der Tragkraft der Greifer- bzw. Kübelumschlagsgeräte. Sicher ist, daß ein Kran oder eine Verladebrücke mit doppelter Tragkraft (Nutzlast) billiger ist, als zwei Hebezeuge mit der einfachen Nutzlast, sowohl in Anlage- wie auch Betriebskosten (Platzbedarf). Sofern das Ladungsangebot und die Schiffsräume den größeren Abmessungen entsprechen, ist diese Frage wohl zu prüfen. In manchen Schüttgutumschlagsanlagen besorgen Großgeräte die Hauptarbeit,

---

[1] Weicker: Kohlenumschlag vom Eisenbahnwagen ins Binnenschiff. Z. Binnenschiff. 1928, Heft 4.

während die Restarbeit kleineren Hebezeugen überlassen wird. Wirtschaftlich ist auch das Bestreben, die im Schüttgutumschlag viel und schnell bewegten Teile wie Kräne, Laufkatzen, Greifer, Kübel durch Sonderbauarten leichter zu gestalten (hochfeste Stähle, Schweißverfahren); hier lohnt sich entweder die daraus folgende Kraftersparnis oder aber man kann bei gleichem Kraftverbrauch mehr leisten. Ein Beispiel dafür: Ein schwerer Greifer von 7 t Eigengewicht werde in geschweißter Ausführung um 10% leichter. Da der Greifer an seiner Umschlagsstelle 0,8 kWh je t geförderten Gutes verbraucht, benötigt er, wenn er ebenso schwer wie seine Nutzlast ist, 0,4 kWh für jede Tonne seines Eigengewichtes. Bei 700 kg Gewichtsersparnis werden bei jedem Hub 0,28 kWh weniger verbraucht, bei 30 Hüben in der Stunde und 2000 Stunden jährlicher Benutzungsdauer also 60 000 × 0,28 = 16 800 kWh eingespart. Bei einem Strompreis von 7 Rpf/kWh erspart man somit 1176 RM an Strom, womit etwaige Mehrkosten in der Beschaffung schon in einem Jahre mehr als ausgeglichen werden. Der Umbau von schweren Greiferlaufkatzen in Leichtbauweise (Emden) hat alten Verladebrücken zu höheren Leistungen verholfen. Ein kennzeichnendes Beispiel dafür, daß die Höhe der Betriebskosten eines Umschlagsgerätes nicht immer maßgebend für die Gesamtwirtschaftlichkeit eines Umschlagsgeschäftes ist, bietet der Vergleich der Selbstkosten im Getreideumschlag zwischen Becherwerks- und Saugluftförderung. Wie schon oben erwähnt ist der Kraftverbrauch eines pneumatischen Hebers auf die gleiche Fördermenge bezogen mindestens fünfmal größer als der des Becherwerkes; fügen wir noch hinzu, daß die Anlage des letzteren sehr viel weniger als eine Saugluftanlage kostet, so ist ersichtlich, auch ohne daß hier die Selbstkostenrechnung ins einzelne durchgeführt wird, daß die reinen Umschlagskosten beim Saugluftheber viel höher sein müssen, als beim Becherwerk. Trotzdem hat sich jener für die Seeschiffsentladung in europäischen Einfuhrhäfen vor diesem durchgesetzt, weil eben aus den schon früher (S. 103) angegebenen Gründen das Becherwerk hier nicht wirksam angesetzt werden kann. Seine Leistung würde sinken und die Umständlichkeit mit ihm so viel teure Handarbeit zum Trimmen (Zuschaufeln) und zusätzliche Nebenkosten im Umschlag bedingen, daß die billigeren Selbstkosten des Gerätes ohne Nutzen blieben.

Nach dem bisher über die Selbstkosten des Schüttgutumschlages Gesagten müssen wir, selbst wenn wir sie lediglich auf das mechanische Gerät mit seiner Bedienung beziehen, eine große Verschiedenheit abhängig von Art und Leistung der Geräte, Benutzungsdauer, Art des Schüttgutes usw. feststellen; der Unterschied wird noch größer, wenn die anteiligen Hafenkosten mitgerechnet werden. Immerhin scheint bei den Einnahmen, die beim Schüttgut im groben Durchschnitt bei mittleren Umschlagsmengen etwa zwischen 0,70 und 1,50 RM/t liegen, ein befriedigender Verdienst möglich zu sein.

Die Verwiegung von Schüttgut beim Umschlag stellt fast immer die Frage nach ihrer wirtschaftlichen Begründung, sei sie nun billig oder teuer in der Anschaffung (fest eingebaute handbetätigte Waagen oder vollautomatische Seilzugwaagen). Schüttgutmengen in unverpackter Ladung werden vom Schiff aus meist nach Raummaß, Konossement, Minenzertifikat und ähnlichen Angaben gemeldet, eine genaue Feststellung beim Empfang ist sowohl im Interesse des Verkäufers und Verfrachters wie auch des Käufers durchaus nützliche. Ein Hebezeug, das wie in unserem Beispiel auf S. 161 über 300 000 t in zwei Schichten jährlich umschlägt, kann, wenn es durch genaue Verwiegung nur 1% der unbeabsichtigten, fahrlässigen oder gar böswillig herbeigeführten Verluste aufdeckt und abstellen kann, seine Waage in einem Jahre bezahlt machen. Vollautomatische Waagen, die heute für alle Bedürfnisse des Umschlages durchaus zuverlässig hergestellt werden, ersparen zudem die Kosten eines Wiegers.

2. Stückgutumschlagsgeräte.

Die Beispiele für die Selbstkostenberechnung im Umschlagsbetrieb
mögen nur noch durch eines aus dem Stückgutumschlag vermehrt werden.
Hier liegen die Verhältnisse durchweg anders: Die Umschlagsgeräte sind zwar
in Anlage und Betrieb billiger, die Leistungen aber auch geringer und da in den
verwickelteren Umschlagsvorgang noch viele Handarbeit hineinspielt, ist der End-
preis für das Einheitsgewicht umgeschlagener Ware höher als beim Schüttgut.
Das ist volkswirtschaftlich erträglich, da das Stückgut je Tonne einen um das
Vielfache höheren Wert hat als das Schüttgut und daher mehr Unkosten als
dieses verträgt. Um das Beispiel der Selbstkostenberechnung für einen Stückgutumschlag durchzuführen, müssen verschiedene Annahmen gemacht werden,
die allerdings auf Grund von Erfahrungen soweit zulässig vereinfacht sind. An
einem Kaischuppen (150 × 50 m) werde an der zugehörigen Kaistrecke (180 m)
ein Seeschiff von 4000 NRT gelöscht (Abb. 151). Es sind dabei 6400 t Gut (meist
Sackgut) mittels der am Schuppen vorhandenen sechs elektrischen 3-t-Wipp-
kräne an Land zu setzen, im Schuppen zu ordnen und zu stapeln, und davon wieder

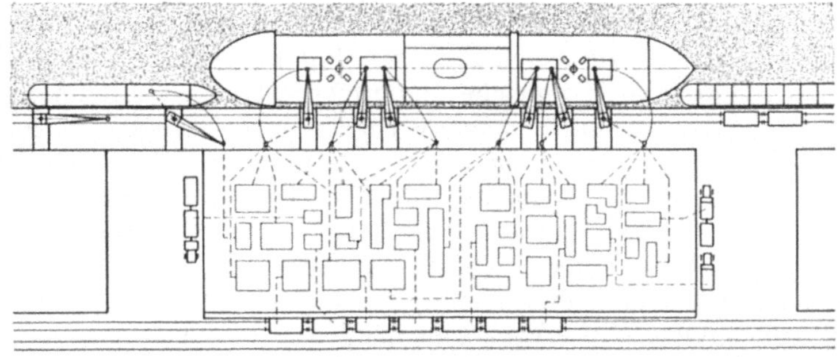

Abb. 151. Stückgutumschlag zwischen Seeschiff (Einfuhr) und Kaischuppen.

2600 t wasserseitig an Binnenschiffe auszuliefern. Die Umschlagsselbstkosten
werden für das Löschen der 6400 t und das Weiterverladen von 2600 t auf Kähne
ermittelt. Die Baukosten der Umschlagsanlage (Kaischuppen mit anteiliger Kaimauer, Straße und Bahnanlage, mechanischer Umschlagseinrichtung) betragen
zusammen 1 630 000 RM, wobei Grunderwerb und anteilige Hafenkosten nicht
mitberücksichtigt sind. Der Kapitaldienst einschließlich der Unterhaltung wird
auf 114 500 RM beziffert. Zur Ermittlung der nötigen Arbeitskräfte werden
folgende Annahmen gemacht. Jeder der sechs Kräne, die aus der Luke (nicht
von Deck) löschen, erhält einen Arbeitsgang von 37 Mann zugewiesen, von denen
25 Mann am Kran und im Schuppen arbeiten und 12 Mann im Schiffsladeraum.
Die Durchschnittsstundenleistung der Kräne beträgt 25 t, so daß auf die Arbeiter
im Schuppen (Schauerleute) rd. 1 t je Stunde und Mann entfällt und auf die im
Schiffsladeraum (Stauer) rd. 2,4 t. Die Verschiedenheit in der Leistung erklärt
sich aus der Art der Arbeit, die im Schuppen verwickelter (Verkarren, Sortieren,
Stapeln) ist als im Schiff. Es sei die vereinfachende Annahme gemacht, daß die
Leute im Schiff und im Schuppen im selben Betriebe und im gleichen Lohn stehen,
was nicht immer zutrifft. Da das Schiff in vier Tagen gelöscht werden soll, müssen
von den benötigten 256 Kranstunden einige Überstunden gegenüber den 192 Schich-
stunden aufgewendet werden. Der Teil der Ladung (2600 t Sackgut), der während
der Seeschiffsentladung nicht bereits auf dem Landwege weiterverfrachtet werden
konnte, wird mit den sechs Kränen in 29 Tagesschichtstunden auf Kähne aus dem
Schuppen umgeschlagen. Die Kranstundenleistung mit 15 t ist hier erheblich
kleiner, da die Kahnschiffer nur mit ihrer geringen Schiffsbesatzung das Verstauen

übernehmen. Im Schuppen können entsprechend weniger Leute, nämlich 12 je Gang, eingesetzt werden, ihre Stundenleistung (1,25 t je Stunde und Mann) ist gestiegen, da das Entstapeln ohne Sortieren einfacher vor sich geht. Ist es möglich, beim Löschen des Seeschiffes oder beim Abladen auf die Kähne Elektrokarren für die Flurförderung einzusetzen, so kann man die Schuppenmannschaft jeweils auf die Hälfte verringern. Sonderleistungen, wie etwa Verwiegen des Gutes, werden in der folgenden Berechnung nicht berücksichtigt, auch das Verzugsgeld für Ware, die innerhalb der in einzelnen Häfen befristeten Zeit nicht aus dem Schuppen weitergebracht wurde, lassen wir hier außer Betracht.

Bei einer Annahme, daß jährlich rd. 180 000 t Stückgut über die Kaimauer gehen, fügen wir zu den erwähnten festen Kosten von 114 500 RM noch rd. 53 000 RM an Verwaltungsunkosten hinzu; sie sind beim Stückgut, das mit seinen vielen Formen, Partien und Empfängern schwieriger zu bearbeiten ist als Schüttgut, entsprechend höher. Damit belasten Kapitaldienst, Unterhaltung und Verwaltung als feste Kosten jede wasserseitig umgeschlagene Tonne an diesem Kaischuppen zunächst mit rd. 93 Rpf., dazu kommen in jedem Fall die beim Umschlag aufgewendeten Löhne und Betriebsstoffe. Der Stromverbrauch spielt beim Stückguthebezeug eine ganz geringe Rolle. Selbst bei einem Strompreis von 15 Rpf/kWh, der bei der ungünstigen Benutzungsdauer dieser Hebezeuge sich ergibt, macht der durchschnittliche Energieverbrauch mit rd. 0,2 kWh/t nur 3 Rpf. an Stromkosten aus; der Verbrauch an Lichtstrom ist dabei eingeschlossen. Schmiermittel und Seilverschleiß, die je Tonne ebenfalls ganz geringfügig sind, berücksichtigt bereits die Unterhaltung. Der Arbeitslohn betrage im Durchschnitt 85 Rpf/h, Überstunden bedingen 25 Rpf. Aufschlag. Die Lohnsumme für den Umschlag aus dem Seeschiff ergibt sich daher zu 8548 RM und belastet die Tonne mit 1,33 RM, während das Absetzen in den Kahn mit 1,14 RM/t anzurechnen ist. Die Selbstkosten für das Löschen von 6400 t aus dem Seeschiff betragen also 93 + 3 + 133 Rpf. = 2,29 RM/t, für das Weiterverladen von 2600 t auf Kähne sind zusätzlich noch 3 + 114 Rpf. = 1,17 RM/t aufzuwenden. Diese Selbstkosten beziehen sich auf den Umschlag von allgemeinem Stückgut an einem bestimmten Kaischuppen, weitere Hafenunkosten sind dabei noch nicht erfaßt. Die im Beispiel errechneten Selbstkosten, die in den einzelnen Häfen und bei anderen Güterarten natürlich nach oben oder unten abweichen können, müßten durch entsprechende Gebühren (Raumgebühren, Ufergeld für das Liegen des Seeschiffes am Kai; Ladungsgebühr, Krangeld für das Löschen der Ladung; Ablieferungsgebühr für das Abladen auf Kahn u. ä.) mindestens ersetzt werden.

Obiges Beispiel ist lehrreich in bezug auf die wirtschaftliche und umschlagstechnische Stellung des Stückgutkranes im Kaiumschlag. Zunächst wiederholt es uns die bekannte Tatsache, daß seine Leistung gegenüber der theoretisch höchstmöglichen nur gering ist (etwa nur 20%). Der Grund dafür ist die Zwischenschaltung der vielen Handarbeit; hier könnte man Leistung und Unkosten nur verbessern durch den Einsatz etwa von Elektrokarren (vgl. S. 79), Förderbändern, Stapelmaschinen oder durch Einführung besserer Arbeitsverfahren. Der Gedanke, den Stückgutkaikran wegen seiner geringen Umschlagsleistung zu vernachlässigen und ihn nach nordamerikanischem Muster fortzulassen, muß für europäische Häfen nach dem Urteil der umschlagstechnischen und nautischen Fachleute (von seiten der Reedereien ist durchweg ein Nautiker für das Ladungsgeschäft bestellt) abgelehnt werden. An erster Stelle steht in der Begründung dafür die Bedienung des Binnenschiffes, die in europäischen Häfen nicht vernachlässigt werden darf. Liegt das Seeschiff am Kai, so muß es für die wasserseitig abzufertigenden Binnenschiffe sein Bordgeschirr gebrauchen, kann es also für den Kaiumschlag nicht hergeben; liegt aber das Binnenschiff am Kai, so ist es mangels eigenen Umschlagsgerätes erst recht auf Kaikräne angewiesen. Eine Erschwerung und damit Verzögerung des Binnenschiffsumschlages würde aber die Ausnutzung der teueren Kaianlagen noch weiter verschlechtern. Es kommt hinzu, daß das Seeschiff, das ja zum größten Teil der Welttonnage in Europa seinen Heimatshafen hat, ungern durch unausgesetzte Benutzung seines Bordgeschirres während der Hafenzeit die Möglichkeit zur Überholung verloren sieht.

An zweiter Stelle zeigt uns das durchgerechnete Beispiel, daß die Selbstkosten des Stückgutkaikranes an sich im Verhältnis zu den gesamten Kaiumschlagskosten gering sind. Dem errechneten Betrage von 2,29 RM/t stehen etwa Kranselbstkosten von 22—26 Rpf. gegenüber, wie es die Schaulinien K_1 und K_2 in Abb. 152 erkennen lassen; diese Kosten ergeben sich bei einer mittleren Jahresleistung von rd. 30 000 t je Kran und könnten bei besserer Ausnutzung noch gesenkt werden. Übrigens beweist die Geringfügigkeit der eigentlichen Krankosten im Stückgutkaiumschlag die Unwirtschaftlichkeit des Gedankens, durch ihren gänzlichen Fortfall Schwierigkeiten an anderer Stelle im Kaiumschlag einzutauschen. Auf keinen Fall darf die Kaiumschlagsleistung verringert werden, da sie bestimmend ist für die Ausnutzung von Kaianlage und Schiff. In unserem Beispiel des Stückgutumschlages wurden 6400 t an 150 m Kai in vier Tagen abge-

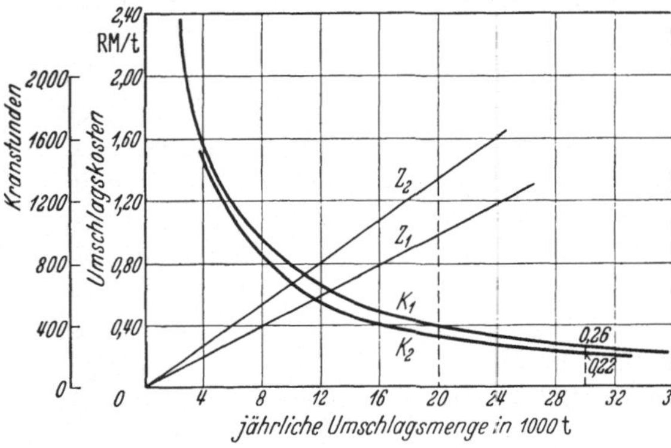

Abb. 152. Umschlagskosten und -zeiten von Stückgutkränen abhängig von der Jahresleistung.
$K_1 Z_1$ neuerer Wippkran, $K_2 Z_2$ älterer Kaikran.

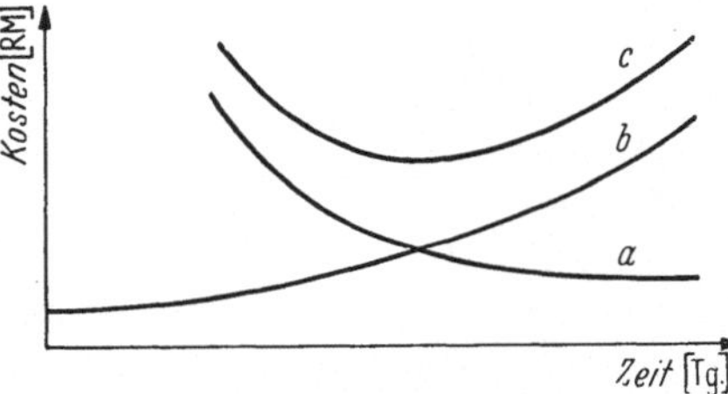

Abb. 153. Gesamtkosten des Hafenumschlages abhängig von der Zeit.
a Kosten der Umschlagsanlage, b Schiffskosten einschließlich Liegegelder, c Gesamtkosten.

fertigt, aber erst nach acht Tagen, nachdem auch wasserseitig der letzte Rest der Ladung ausgeliefert war, war der Kai für ein neues Seeschiff frei. Die lästige Inanspruchnahme eines seeschifftiefen Kais durch Binnenschiffe hat bereits in einigen Häfen zur baulichen Abhilfe (Abb. 71) gedrängt, anderswo hilft man sich durch entsprechende Gebührenhöhe. Daß die durch geringe Umschlagsleistung hervorgerufene längere Liegezeit auf jedes Schiff verteuernd wirkt, ist klar; ein großer Teil der mittelbaren und unmittelbaren Unkosten des Schiffsbetriebes läuft im Hafen weiter, jeder Hafentag schmälert die Ausnutzung des Schiffes als Fracht- oder Fahrgeldverdiener. Theoretisch wäre das Gesamtergebnis dann das wirtschaftlichste, wenn jedes Schiff in einer Zeit abgefertigt werden könnte, wo die Summe der auf das Schiff und auf den Hafen (Umschlag) entfallenden Kosten einen Mindestbetrag ergäbe, wie es dem Sinne nach etwa die Schaulinien in Abb. 153 aufweisen. Bei billigeren Schiffen (tiefer liegende Linie b) rückt das Minimum der Linie c (Gesamtkosten) nach rechts, d. h. gesamtwirtschaftlich gesehen können solche Schiffe längere Abfertigungszeiten vertragen. Bei höheren Umschlagskosten rückt durch die höhere Lage der Linie a das Minimum von c ebenfalls nach rechts; es ist der Ausdruck dafür, daß Umschlagsanlagen durch längere, gleichmäßige Belastung wirtschaftlicher betrieben werden als durch kurze, stoßweise Inanspruchnahme. Ähnliche Überlegungen gelten auch für den Eisenbahnumschlag im Hafen: Hochleistungsgeräte für die Wagenent- und -beladung (Waggonkipper, Kipperverladebrücken, Klappkübelkräne) befördern zwar den so notwendigen Wagenumlauf, vermögen aber nicht sich zu rentieren, wenn sie nicht dauernd und möglichst gleichmäßig ausgenutzt werden, wie es ja bei allen leistungsfähigen und teuren Umschlagsanlagen der erstrebenswerte Zustand ist. Da aber in den Häfen das Angebot der Umschlagsmengen weder gleichmäßig noch beliebig groß ist, andrerseits die Umschlagsgeräte nicht beliebig dicht angesetzt werden können, wird man im Hafen also immer mit Zeiten abwechselnd rechnen müssen, in denen die Schiffe auf Abfertigung oder die Umschlagsgeräte auf Beschäftigung warten. Das letztere sollte eher der Fall sein als das erstere, denn es dient der Wettbewerbsfähigkeit eines Hafens ungemein, wenn er jedes Schiff zu jeder Zeit ohne Zeitverlust abfertigen kann. Die Einzelwirtschaftlichkeit eines Hebezeuges darf in der Gesamtwirtschaft des Hafens dabei nicht ausschlaggebend sein. Ganz besonders wird das aber klar bei den schwimmenden oder landfesten Schwerlasthebezeugen im Stückgutumschlag. Diese teueren Geräte werden im allgemeinen nur wenig benutzt, auf keinen Fall können sie sich durch ihre Krangebühren bezahlt machen, wenn diese eine erträgliche Höhe behalten sollen. Man kann diese Sondergeräte nicht einfach nach den Gesichtspunkten der Eigenwirtschaftlichkeit betrachten, sie sind eben für das Ansehen eines leistungsfähigen Hafens notwendig, wenn er nicht Gefahr laufen will, daß ihm Ladung entgeht, weil er sie nicht abfertigen kann. Nichtsdestoweniger wird man auch im Stückgutumschlag sich bemühen müssen, die Eigenwirtschaftlichkeit eines Umschlaggerätes wohl im Auge zu behalten. Schlecht ausgenutzte Kräne machen sich wie gesagt nicht bezahlt; stellt man etwa bei der Planung von Stückguthebezeugen die jährliche Benutzungsdauer, die sich in den Häfen auf durchschnittlich 1000 bis 1500 Std. beläuft, unter 100—200 Stunden fest, so ist es billiger, sich mit reinem Handbetrieb und einfachsten Mitteln zu helfen, als eine mechanische Ausrüstung anzuschaffen. Ist andrerseits genügend Umschlagsgut und damit Beschäftigung für Umschlagsgeräte vorhanden, so wird man u. U. das teurere aber leistungsfähigere Gerät vorziehen müssen. Die Schaulinien K_1 und K_2 in Abb. 152 zeigen zwar, daß der leistungsfähigere Wippkran (K_1) an sich die Tonne Umschlagsgut etwa bei 20 000 t Jahresleistung um ein paar Pfennige höher belastet als ein älterer und billigerer Kran mit festem Ausleger (K_2), betrachtet man dagegen aber die Linien des Zeitverbrauchs beim Umschlag Z_1 bzw. Z_2, so findet man, daß bei jenen 20 000 t der Wippkran Z_1 rd. 330 Kranstunden weniger benötigt, womit die Gesamtumschlagskosten an seinem Arbeitsplatz unstrittig geringer sind als bei dem in Anschaffung und Betrieb zwar etwas billigeren aber weniger leistungsfähigeren Kran K_2.

Sehr hoch ist bei jedem Stückgutumschlag die Anzahl der menschlichen Hilfskräfte beim Anfassen, Sortieren, Verkarren und Stapeln der Güter. Abgesehen von der Einführung mechanischer Hilfsmittel für die Flurförderung (Kraftkarren, Förderbänder), von Stapelmaschinen, automatischen Waagen u. ä., kann man hier eine echte Rationalisierung[1] betreiben, indem man den Arbeitern im Schiff und Schuppen die Handgriffe durch kleine Hilfsmittel beim Anfassen des Stückgutes erleichtert (durch Haken, Klammern, Zangen, Pritschen, Böcke, Rollen, Hebel u. ä.). Zwar sind solche Hilfsmittel schon immer angewendet worden, doch selten in solcher Vollkommenheit, daß nicht ein aufmerksamer Betriebsleiter noch Verbesserungen finden könnte, die ohne große Mechanik die Arbeit erleichtern und die Leistung steigern. Auch der richtige Einsatz von Menschen und eine geschickte Arbeitsteilung gehören durchaus in das Gebiet des wirtschaftlichen Umschlages, wenngleich in diesem Buche eigentlich nur die Wirtschaftlichkeit des mechanischen Gerätes betrachtet werden soll. Sehr wirksam bei der Einsparung von Menschenkräften, die allerdings nur dann angestrebt werden soll, wenn sich die eingesparten Hilfskräfte anderwärts günstiger verwenden lassen, hat sich im Stückgutumschlag die Kraftkarre (Elektrokarre) im

---

[1] Buschmeyer: Die Rationalisierung im Seehafenbetriebe. Jb. hafenbautechn. Ges. 1928/29, Bd. XI.

Kaischuppen erwiesen. Natürlich muß für so ein leistungsfähiges mechanisches Gerät auch genügend Arbeit und damit eine lohnende Ausnutzung gewährleistet sein, seine Fahrstrecken dürfen nicht zu kurz und die Sortierarbeit an den von ihm beförderten Gütern darf nicht zu zeitraubend sein. Sind diese Bedingungen erfüllt, so ist der Einsatz von Elektrokarren sehr wirtschaftlich, wie folgende Rechnung ergibt. Erfahrungsgemäß kann man unter Verwendung von Kraftkarren die Anzahl der Schuppenmannschaften etwa auf die Hälfte verringern. Das Stückgutumschlagsbeispiel auf S. 164 beschäftigte auf dem Schuppen 25 Mann, darunter einen Kranführer, drei Mann zum Abnehmen der Last vom Kranhaken, 13 Stechkarrenschieber und acht Mann an den Stapeln im Schuppen. Die Durchschnittsleistung der Schuppenmannschaft war mit 1 t je Stunde und Mann angenommen (die Grenzzahlen liegen hier etwa zwischen 0,6 und 1,5 t/h) worden. Beim Einsazt von zwei Elektrokarren spart man 13 Karrenschieber und benötigt zwei Mann für die Elektrokarren, die Leistung von 25 t/h verteilt sich nun auf 14 Mann mit rd. 1,8 t je Stunde und Mann (praktisch erreichte Zahlen liegen beim Elektrokarrenbetrieb zwischen 1,2 und 4,3 t/h). Trotz der Anschaffungs- und Betriebskosten der Kraftkarren ist die Gesamtersparnis sehr beachtlich. Der Lohnbetrag für 25 Mann einschl. der Verwaltungs- und Geräteunkosten betrage 1,35 RM je Stunde und Mann, zusammen also 337,50 RM je Arbeitsschicht. Beim Elektrokarrenbetrieb verringert er sich für 14 Mann auf 189,00 RM, dafür kommen die Unkosten für das mechanische Gerät hinzu. Zwei Elektrokarren mit sechs Anhängern (von diesen nur die Mehrkosten gegenüber den wegfallenden Handkarren gerechnet) und Ersatzbatterie kosten rd. 9000 RM. Die Beträge für Tilgung und Unterhaltung (besonders der Batterien) müssen bei einem solchen elektromobilen Betrieb erfahrungsgemäß einschl. der Zinsen mit etwa 40% eingesetzt werden, sie ergeben 3600 RM im Jahre. Da für die Elektrokarren nicht dauernd Arbeit vorhanden ist, nehmen wir eine Ausnutzung von 50% gleich 150 Tage im Jahre an, so daß die auf den Tag entfallenden Unkosten sich auf 24 RM belaufen. An Strom verbrauchen die beiden Karren unter Berücksichtigung der gesamten Umformungs- und Aufladungskosten zusammen für 8 RM je Tag. Die Betriebsunkosten unter Verwendung von zwei Elektrokarren je Gang sind damit $189 + 24 + 8 = 221$ RM und also um 116,50 RM geringer als im reinen Handkarrenbetrieb.

Zum Schluß unserer Wirtschaftbetrachtungen über die mechanischen Umschlagsgeräte sei zusammenfassend noch der Energiefrage gedacht, die bereits in den vorhergehenden Kapiteln in Einzelfällen erwähnt wurde. Daß die Kosten der Energie für den Umschlag eine weniger bedeutende Rolle spielen, dürfte jetzt wohl allgemein anerkannt sein. Sie liegen für das einzelne Umschlagsgerät auf seine Gesamtunkosten bezogen durchweg unter 10—20% derselben, und sind beim Stückgut geringer als beim Schüttgutumschlag. Innerhalb der Gesamtumschlagskosten sinkt ihr Einfluß noch weiter zurück, beim Stückgut etwa auf 1%. Die mittleren Stromverbräuche je Tonne umgeschlagenen Gutes liegen bei Stückgutkränen zwischen 0,15 und 0,25 kWh, bei Schüttgutkränen zwischen 0,25 und 0,4 kWh, bei Verladebrücken zwischen 0,4 und 0,8 kWh, bei Becherwerken zwischen 0,15 und 0,2 kWh, bei pneumat. Hebern bei 1,0 kWh. Die im Hafenbetrieb verlangten Strompreise schwanken etwa von 5 bis 20 Rpf./kWh. Auch bei den übrigen mechanischen Hafenausrüstungen, soweit sie aussetzend betrieben werden, hat der Energieverbrauch eine geringe Bedeutung. Man hat daher wohl zu prüfen, wenn um ein paar Prozente geringere Energieverbräuche angeboten oder gefordert werden — um große Unterschiede kann es bei dem hochentwickelten Stand der Antriebe sich überhaupt nicht handeln — ob dieser Pfennigsgewinn nicht mit Nachteilen auf anderer Seits eingehandelt wird. Bei freier Wahl der Antriebsenergie und bei gleichen Bedingungen muß natürlich das Wirtschaftlichste erzielt werden, wobei neben den reinen Kraftkosten die Betriebssicherheit, die bequeme Handhabung (Steuerung), die gute Zuführungs- und Anbringungsmöglichkeit der Energie entsprechend zu bewerten ist. Eine wirtschaftliche Rangfolge vom einfachsten Handbetrieb bis zur elegantesten elektrischen Steuerung kann daher hier nicht gegeben werden, in Kap. II B 1 ist darüber das Nötige gesagt worden.

3. Sonstige mechanische Anlagen.

Für die übrigen mechanischen Hafenausrüstungen wie Brücken- und Schleusentorantriebe, Verkehrseinrichtungen für Menschen und Güter kann man natürlich auch die Selbstkosten errechnen und sie auf eine Einheit beziehen, die theoretisch einem Tarif zugrunde gelegt werden könnte. Aber es ist hier noch schwieriger und wenig begründet, die Kosten der Maschinenausrüstung von denen des gesamten Bauwerkes, dem sie dient, zu trennen. Werden Gebühren für die Benutzung von Schleusen, Brücken, Tunneln, Fähren erhoben — es ist nicht überall der Fall und oft wird es wegen der damit verbundenen Umstände nicht ausgeführt — so nur dort, wo die Verkehrsgröße es möglich macht, mit erträglichen Gebühren die unmittelbaren Betriebskosten und einen mehr oder minder großen Teil der festen Kosten hereinzuholen, mindestens für den Anteil des mechanischen Zubehörs. Bei Schleusen und Brücken im Hafen verzichtet man an einigen Stellen ganz auf Gebührenberechnung, die Betriebsunkosten dieser Anlagen werden mit in die allgemeinen Hafenunkosten verrechnet und durch die Hafeneinnahmen gedeckt. Aber selbst für den Fall, daß keine Einnahmen bei den eben erwähnten Anlagen erzielt werden, ist es immer geraten, sowohl die Verbräuche an Betriebsstoffen, Löhnen, Arbeitszeiten u. ä. anzuschreiben, wie auch eine Statistik über die geleistete Verkehrsgröße zu führen. Ein pflichtbewußter Betriebsleiter einer jeden mechanischen Hafenausrüstung wird sich immer klar machen müssen, wie sich Unkosten und Leistungen seiner Anlage verhalten. Auch ohne mit Einnahmen aufwarten zu können, dient er der Wirtschaft, wenn er Verlustquellen aufdeckt und den Betrieb sparsam einrichtet. Oft wird bei der geringen Benutzung von mechanisch bewegten Brücken und Schleusentoren, Fähren u. dgl. sich eine Rentabilität nicht einmal der Maschineneinrichtung herausrechnen lassen, ein Handbetrieb täte es billiger. Aber gerade bei Verkehrseinrichtungen wird man die Forderung nach Beschleunigung nicht mit dem Bedenken der Mehrkosten abtun können, um so weniger in einem Hafen, der durch schnelle Abfertigung werben will. Vielfach steht die Wahl zwischen einer billigen und einer teueren mechanischen Ausrüstung von Hafenverkehrsanlagen auch gar nicht frei, weil Verkehr und Technik ein gewisses Maß an Anlagekosten von sich aus bestimmen. Bei den meist teueren Bauwerken (Schleusen, beweglichen Brücken, Docks, Tunnel) spielen die zusätzlichen Kosten für die maschinellen und elektrischen Anlagen übrigens auch gar keine ausschlaggebende Rolle. Stellt ein Hafen den Energiebedarf seiner mechanischen Anlagen selbst her, sei es in betriebseigenen elektrischen oder Druckwasserkraftwerken, so ist hier allerdings eine genaue Verrechnung nach kaufmännischen Gesichtspunkten am Platze, denn einmal ist die Selbstkostenermittlung in der Energiewirtschaft aufs genaueste entwickelt, sodann hat es wenig Sinn, den Kraftbedarf, der den Hafenbetrieb ohnehin nicht drückend belastet, mit Verlusten oder gar umsonst als Allgemeinunkosten bereit zu stellen, zumal in den Häfen, die sich ihre Energie selbst erzeugen, auch ein richtiger Preis für den Verkauf an Private angegeben werden muß. Inwieweit es überhaupt wirtschaftlich vertretbar ist, daß sich ein Hafenbetrieb seinen Strom selbst herstellt, darüber ist auf S. 40 das Nötige bereits gesagt worden. Es wird nur in seltenen Fällen zu befürworten sein, da selbst Energieträger, die lediglich auf den Verbrauch im Hafen beschränkt bleiben, wie Druckwasser, meist nicht mehr in betriebseigenen Kohlenkraftwerken, sondern mit Elektromotorenantrieb im Anschluß an eine allgemeine Großkraftversorgung hergestellt werden. Strompreise, die, wie bereits erwähnt, im Hafenbetrieb mit 5—20 Rpf./kWh entrichtet werden (Lichtstrompreise liegen manchmal darüber), dürften bei der einen Hafen kennzeichnenden geringen Benutzungsdauer der Höchststromentnahme in eigenen Kraftwerken kaum zu erzielen sein. Für die Gestehungskosten von Trinkwasser, das gelegentlich Häfen mangels Anschlusses an allgemeine Wasserversorgungsanlagen im Eigenbetrieb gewinnen müssen, gelten ebenfalls die Grundsätze privatwirtschaftlicher Erzeugung, da es meist an Dritte (Schiffe im Hafen) verkauft wird. Auch hier werden die Selbstkosten stets höher liegen als bei großen Wasserwerken.

Bei den Kraftkosten beim Antrieb von Fähren und Schleppern im Hafenbetriebe war schon in Abschn. II C 4 eingehend über die Wirtschaftlichkeit gesprochen worden. Man kann der Wahl zwischen Dieselmotor und Dampfmaschine eben nicht lediglich aus wirtschaftlichen Gründen der Kraftkosten gerecht werden, weil letzten Endes erfahrungsgemäß Betriebsvorteile auf der einen oder anderen Seite berücksichtigt werden müssen, die sich schwer in Mark und Pfennig berechnen lassen. Gerade bei diesen beiden sich das Feld streitig machenden Antriebsarten kann man in der Umschlagstechnik mit Recht andrer Meinung sein als im übrigen Hafenverkehrsbetrieb und bei derselben Geräte- und Betriebsart in einem Lande etwas vorziehen, was ein anderes ablehnt.

Die Selbstkosten für die Unterhaltungsbaggerei, die in großen Häfen hohe Werte annehmen, zu ermitteln, ist wichtig. Soweit glatte Arbeit und ungestörter Betrieb vorliegt, ist diese Ermittlung auf Grund der bekannten Kostenstellen: Kapitaldienst, Unterhaltung, Personal, Betriebsstoffe, verhältnismäßig einfach, etwa wie das folgende Beispiel eines 500-l-Eimerbaggers, das auf Erfahrung beruht, es ausweist. Anschaffungskosten 350000 RM, Kapitaldienst 8%; 10 Mann Besatzung, Unterhaltungskosten im Durchschnitt jährlich 20000 RM, Kohlenverbrauch 1,2 kg/m³, Leistung in 8 monatiger Baggerzeit 400000 m³. Die Gesamtsumme von Kapitaldienst 28000 RM, Löhnen 36000 RM, Unterhaltung 20000 RM, Kohlen, Schmiermittel u. dgl. 12000 RM in Höhe von 96000 RM belastet den gebaggerten Kubikmeter mit 24 Rpf. Bei schlechtem Baggerboden, sperrigem Unrat, Betriebsunterbrechungen, schlecht geeigneten Geräten steigen diese Kosten noch stark an. Dazu kommen noch die nicht geringen Kosten für den Abtransport und die Löschung des Baggergutes. Auch bei den Unterhaltungsbaggerungen ist es das Wirtschaftlichste, wenn unter Berücksichtigung der durch sie verursachten Verkehrsstörungen die Gesamtsumme der Hafenbetriebsunkosten ein Minimum wird; so können z. B. Baggerungen an Kaimauern mit teurem, aber schnellem Gerät insgesamt billiger sein als billige aber langsame Arbeiten, die einen größeren Ausfall an Schiffsliegegeldern mit sich bringen.

C. Wirtschaft und Technik in der Betriebsform.

Überschauen wir rückblickend noch einmal die Betrachtungen über die Wirtschaftlichkeit von einzelnen Gruppen der mechanischen Hafenausrüstungen, so erkennen wir, daß die Selbstkosten auf das von den mechanischen Geräten Geleistete bezogen wohl mehr oder minder genau zu errechnen sind, daß man sie aber nur als einen Teil der im Hafenbetrieb entstehenden Gesamtkosten werten darf, der vielfach nicht einmal ausschlaggebend ist und meist für sich allein nie in die Erscheinung tritt. Die mechanische Ausrüstung ist eben im Hafen nicht selbstbestimmend, sondern Dienerin am Gesamtwerk, allerdings eine höchst wichtige, ohne die ein zeitgemäßer Hafen nicht bestehen kann, die beste Ausrüstung ist für ihn gerade gut genug. An erster Stelle steht daher die Technik, die das, was der Verkehr erfordert, mit größter Leistungsfähigkeit und Betriebssicherheit zu schaffen hat, wirtschaftliche Erwägungen haben dann zu prüfen, wie dies mit geringsten Unkosten geschehen kann. Technisch unzureichende Anlagen sind verderblich, auch wenn sie billiger in Betrieb und Anschaffung sein sollten, als vollkommenere Ausrüstungen, wobei es ein schlechter Trost ist, daß unzulängliche mechanische Ausrüstungen leichter durch bessere zu ersetzen sind als ausgeführte bauliche Hafenanlagen, die von vornherein unzureichend geplant oder durch einen nicht vorhergesehenen Verkehrsanstieg überholt wurden. Es kann sogar ein wirtschaftliches Gebot sein, zu bemängelnde mechanische Anlagen, welcher Art und Erhaltung sie auch sein mögen, vor der Erreichung ihrer Lebensdauer gegen leistungsfähigere auszuwechseln, als sich noch länger an ihrer sog. Billigkeit zu erfreueu. Zahlreiche Häfen haben in den letzten beiden Jahrzehnten die Vorteile einer Modernisierung ihrer mechanischen Ausrüstung rechtzeitig erkannt und danach gehandelt. Man kann wohl mit sorgfältiger Unterhaltung die Lebensdauer jeden mechanischen Gerätes bedeutend verlängern, allein man darf dabei nicht aus dem Auge verlieren, daß die Summe aller Erhaltungsaufwendungen schließlich den Neuwert eines leistungsfähigeren Gerätes beträchtlich übersteigt, abgesehen davon, daß man selbst mit rüstigen Veteranen der Technik auch in einem Hafen nicht werben kann. Hier ist die Gefahr der Überalterung bei einer staatlichen und gemeindlichen Betriebsführung mit erhaltender Anschauung und sparsamen Sinn größer als bei einem Privatbetrieb mit Werbekunst und Wagemut. In unsere Betrachtungen hinein spielt daher die Überlegung, ob der staatliche bzw. gemeindliche oder der private Betrieb für die mechanische Hafenausrüstung der vorteilhaftere ist. Es gibt Betriebsformen, bei denen entweder die Hoheitsrechte und die Finanzkraft des Staates oder bei denen die Beweglichkeit und der Unternehmungsgeist des Privaten maßgebend ist, dazwischen gemischtwirtschaftliche Formen, die die Vorteile der vorgenannten ohne ihre Nachteile zu vereinen suchen. Die Frage nach der geeigneten Hafenbetriebsform kann natürlich nicht an einem Teilgebiet wie das der mechanischen Ausrüstungen schlüssig erörtert werden, die Gesamtbehandlung geht aber über den Rahmen dieses Buches hinaus. Der gewählten Hafenbetriebsform haben sich im allgemeinen auch die mechanischen Anlagen anzupassen, es gibt indessen eine Reihe von Fällen wo diese, etwa Fähren, Schlepper, Umschlagsgeräte, ja ganze Umschlagsanlagen (besonders für Schüttgut), davon abweichen, indem sie losgelöst vom allgemeinen Hafenbetrieb für sich, d. h. meist privat betrieben werden und zwar auf Grund von wirtschaftlichen Erwägungen. Vielfach sind zwar diese Anlagen vom Eigentümer und Erbauer des Hafens (Staat, Gemeinde, Eisenbahngesellschaft) mitbeschafft worden, aber zur besseren Ausnutzung an private Gesellschaften verpachtet oder überlassen worden. Meist werden die weniger einträglichen aber unvermeidlichen Allgemeinaufgaben des Hafenbetriebes der Landeshoheit vorbehalten bleiben, so auf unser Thema bezogen, die Geräte zur Erhaltung, Sicherung und Kennzeichnung des Hafens, die Brücken und Schleusen, mancherorts auch der Stückgutbetrieb, während die den Unternehmungsgeist anregenden oder auf einen bestimmten Hafenbenutzer (Reederei) zugeschnittenen mechanischen Anlagen privat verpachtet werden, soweit der Pächter sie sich nicht selbst beschafft. Dabei werden die Erbauer immer mehr den Standpunkt der Technik, die Betreiber den der Wirtschaft vertreten. Vielfach wird auch die Unterhaltung der mechanischen Anlagen (vgl. Kap. II B 1) vom eng wirtschaftlichen Gesichtspunkt betrieben, besonders wenn der Unterhaltungspflichtige nicht der Eigentümer dieser Anlagen ist, zweifellos wird sie besser wenn auch teurer gewahrt, wenn sie der Eigentümer im Eigenbetrieb vornimmt. Es ist, aufs Ganze gesehen, auch wirtschaftlicher, durch technisch beste Erhaltung den Hafen und besonders seine mechanische Ausrüstung schlagfertig zu erhalten, als bei billiger Unterhaltung häufige Betriebsstörungen erleiden zu müssen. Natürlich sollen keine Mittel vergeudet werden, auch der Unterhaltungsbetrieb der mechanischen Anlagen muß

durch kaufmännische Betriebsbuchführung seine Lohn- und Stoffwirtschaft ver-
antworten können.

Technik und Wirtschaft müssen bei Planung, Bau, Betrieb und Unterhaltung
von mechanischen Hafenausrüstungen Hand in Hand gehen, doch die Technik
muß die Führung behalten.

Schrifttum.

Schulze: Seehafenbau Bd. II: Ausbau der Häfen. Berlin: Wilhelm Ernst & Sohn.
Wendemuth-Böttcher: Der Hafen von Hamburg. Hamburg: Verlag Meißner & Chri-
    stiansen.
Foerster: Nordamerikanische Seehafentechnik. Berlin: Julius Springer 1926.
Aumund: Hebe- und Förderanlagen. 2. Auflage. Berlin: Julius Springer 1926.
v. Hanffstengel: Die Förderung von Massengütern. 3. Auflage. Berlin: Julius Springer.
Michenfelder: Kran- und Transportanlagen für Hütten-, Hafen-, Werft- und Werkstatt-
    Betriebe. 2. Auflage. Berlin: Julius Springer 1926.
Krell: Entwerfen im Kranbau. München: Oldenbourg.
Hänchen: Winden und Krane. Berlin: Julius Springer 1932.
Dub: Der Kranbau. Wittenberg: A. Ziemsen-Verlag.
Bethmann: Hebezeuge, Berechnen, Konstruktion, Einzelteile.
Schulze-Manitius: Nahtransport. Wittenberg: A. Ziemsen-Verlag.
Meves: Deutsches Kranbuch. Berlin: Deutscher Kranverband.
Karg: Pneumatische Materialtransporte.
Paetzold: Grundlagen des Aufzugsbaues. Berlin: Julius Springer 1927.
Meebold: Die Drahtseile der Praxis. Berlin: Julius Springer 1938.
Dubbel: Dampfkraftmaschinen. (Kolbenmaschinen und Turbinen.) Berlin: Julius Springer
    1928.
Dubbel: Die Steuerungen der Dampfmaschinen. 3. Auflage. Berlin: Julius Springer 1923.
Pohlhausen: Die Kolbendampfmaschinen. 5. Auflage Berlin: Julius Springer 1925.
Morgner: Die Maschinistenschule. 2. Auflage. Berlin: Julius Springer 1924.
Pye-Wettstädt: Die Brennkraftmaschinen. Berlin: Julius Springer 1933.
Seufert: Bau und Berechnung der Verbrennungskraftmaschinen. 6. Auflage. Berlin: Ju-
    lius Springer 1930.
Schwarzböck: Rationeller Dieselmaschinen-Betrieb. Berlin: Julius Springer 1927.
Wolfram: Die Wirkungsweise der Verbrennungsmotoren. Berlin: Julius Springer 1926.
Bauer: Diesellokomotiven und ihr Antrieb. Berlin: Julius Springer 1925.
Paulmann-Blaum: Die Bagger und die Baggereihilfsgeräte. I. Band: Die Naßbagger und
    die dazu gehörenden Hilfsgeräte. 2. Auflage. Berlin: Julius Springer 1923.
Schiebeler: Elektromotoren für aussetzenden Betrieb und Planung von Hebezeugen. Leip-
    zig: Verlag S. Hirzel.
Esper: Schaltungen für Hebezeuge. Leipzig: Hachmeister & Thal.
S. S. W.: Fahr- und Hebewerksschaltungen für Hebezeuge. Selbstverlag 1938.
AEG.: Elektrizität im Nahtransport. Selbstverlag 1923.
v. Hanffstengel: Billig Verladen und Fördern. 3. Auflage. Berlin: Julius Springer 1926.
Schoenecker: Lastenbewegung. Wien: Julius Springer 1926.
Jahrbücher der Hafenbautechnischen Gesellschaft. Hamburg-Berlin.
Zeitschrift: Werft, Reederei, Hafen. Hamburg-Berlin.
Zeitschrift: The Dock and Harbour Authority. London.

Jahrbuch der Hafenbautechnischen Gesellschaft.

Vierzehnter Band: 1934/35. Mit 350 Abbildungen im Text und auf 7 zum Teil farbigen Tafeln. IV, 288 Seiten. 1936. Geb. RM. 45.—

Fünfzehnter Band: 1936. Mit 207 Abbildungen im Text und 2 Tafeln, einer Tabellentafel und einem Porträt. VII, 180 Seiten. 1937. Geb. RM. 25.—

Sechzehnter Band: 1937. Mit 373 Abbildungen im Text und auf 5 Tafeln. VII, 273 Seiten. 1938. Geb. RM. 26.—

Siebzehnter Band: 1938. Mit 375 Abbildungen im Text und auf 5 Tafeln. VIII, 296 Seiten. 1939. Geb. RM. 30.—

Der Kampf des Ingenieurs gegen Erde und Wasser im Grundbau.
Von Hafenbaudirektor a. D. Prof. Dr.-Ing. **A. Agatz,** Berlin, unter Mitarbeit von Reg.-Baum. a. D. Dr.-Ing. **E. Schultze,** Berlin. Mit 155 Textabbildungen. VIII, 276 Seiten. 1936. Geb. RM. 26.40

Der Hafenbahnvertrag
in Theorie und Praxis. Zur Frage der Organisation des Hafenbahnbetriebs. Von Regierungsdirektor Dr. **Kurt Giese,** Hamburg. (Sonderdruck aus dem „Archiv für Eisenbahnwesen", 1932, Heft 2, 3 und 4.) Mit einer Abbildung. 152 Seiten. 1932. RM. 9.60

Nordamerikanische Seehafentechnik.
Von Dr.-Ing. **E. Foerster,** Hamburg. (Sonderabdruck aus Werft-Reederei-Hafen, 1925/1926.) Mit 195 Textfiguren. 74 Seiten. 1926. RM. 6.75

Die Schiffsexpedition.
Von Dipl.-Kaufmann Dr. **Werner Eggers,** Kiel. VII, 99 Seiten. 1937. RM. 3.60

Der Bauingenieur.
Zeitschrift für das gesamte Bauwesen. Mit Mitteilungen des Deutschen Normenausschusses. **Organ der Hafenbautechnischen Gesellschaft E. V., Hamburg.** Herausgegeben von Professor Dr.-Ing. **F. Schleicher,** Berlin. Mitherausgeber: Ministerialrat Dr.-Ing. **A. Mehmel,** Berlin, Erster Baudirektor a. D. **E. Bunnies,** Hamburg. Erscheint monatlich zweimal in Doppelheften.

Vierteljährlich RM. 7.50; Doppelheft RM. 1.60

Werft-Reederei-Hafen.
Organ der Gesellschaft der Freunde und Förderer der Hamburgischen Schiffbau-Versuchsanstalt E. V., **Fachblatt der Hafenbautechnischen Gesellschaft E. V., Hamburg,** beide im Arbeitskreise „Schiffahrtstechnik" des NS.-Bundes Deutscher Technik und in den Zentralvereinen für Deutsche See- und Deutsche Binnenschiffahrt, Organ des Deutschen Handelsschiff-Normenausschusses-H.N.A. Herausgeber für Schiffahrtstechnik und Chefredakteur: Dr.-Ing. **E. Foerster,** Hamburg. Herausgeber für Hafenausrüstung und Umschlagstechnik: Oberbaurat Dr.-Ing. **A. Bolle,** Hamburg. Erscheint monatlich zweimal. Vierteljährlich RM. 8.—; Einzelheft RM. 1.80

Winden und Krane. Aufbau, Berechnung und Konstruktion. Für Studierende und Ingenieure bearbeitet von Dipl.-Ing. **R. Hänchen,** Berlin. Mit 1018 Textabbildungen. X, 495 Seiten. 1932. Geb. RM. 48.— (Auch in Einzelheften lieferbar.)

Kran- und Transportanlagen für Hütten-, Hafen-, Werft- und Werkstatt-Betriebe. Von Dipl.-Ing. **C. Michenfelder,** Wismar. Zweite, umgearbeitete und vermehrte Auflage. Mit 1097 Textabbildungen. VIII, 684 Seiten. 1926.
Geb. RM. 60.75

Grundlagen des Aufzugsbaues. Mit Berücksichtigung der Aufzugsverordnung vom Jahre 1926. Von Oberregierungsrat Dr. **M. Paetzold.** Mit 165 Abbildungen im Text. V, 172 Seiten. 1927. Geb. RM. 18.—
Nachtrag und Anhang: Änderungen der „Technischen Grundsätze für den Bau von Aufzügen" seit 1926. Von Regierungsrat Dipl.-Ing. **Fritz Köhler.** Mit 50 Abbildungen im Text. IV, 37 Seiten. 1936. RM. 6.60

Der neuzeitliche Aufzug mit Treibscheibenantrieb. Charakterisierung, Theorie, Normung. Von Dipl.-Ing. **F. Hymans,** New York, und Dipl.-Ing. **A. V. Hellborn,** Stockholm. Mit 107 Abbildungen im Text. VI, 156 Seiten. 1927. Geb. RM. 14.31

Die Drahtseile in der Praxis. Von Obering. Dipl.-Ing. **Richard Meebold,** Saarbrücken. Mit 75 Abbildungen im Text. IV, 68 Seiten. 1938. RM. 6.60

Die maschinellen Hilfsmittel für das Lösen, Laden und Einbringen der Massen bei Trocken-, Erd- und Felsbewegungen. (Bagger und Kippen-Geräte.) Von Prof. Dr. **Georg Garbotz** VDI, Berlin, unter Mitarbeit von Direktor Dr.-Ing. **Theodor Krauth,** Karlsruhe, und Dr.-Ing. **W. Franke** VDI, Dresden. (Handbuch des Maschinenwesens beim Baubetrieb, Band III, erster Teil.) Mit 900 Textabbildungen, Tabellen, Mustern und 11 Tafeln. X, 652 Seiten. 1937. Geb. RM. 96.—

Hebe- und Förderanlagen. Ein Lehrbuch für Studierende und Ingenieure. Von Prof. Dr.-Ing. e. h. **H. Aumund,** Berlin. Zweite, vermehrte Auflage.
Erster Band: Allgemeine Anordnung und Verwendung. Mit 414 Abbildungen im Text. XX, 444 Seiten. 1926. Geb. RM. 29.70
Zweiter Band: Anordnung und Verwendung für Sonderzwecke. Mit 306 Abbildungen im Text. XVIII, 480 Seiten. 1926. Geb. RM. 37.80

Billig Verladen und Fördern. Die maßgebenden Gesichtspunkte für die Schaffung von Neuanlagen nebst Beschreibung und Beurteilung der bestehenden Verlade- und Fördermittel unter besonderer Berücksichtigung ihrer Wirtschaftlichkeit. Von Prof. Dipl.-Ing. **Georg v. Hanffstengel,** Berlin. Dritte, neubearbeitete Auflage. Mit 190 Textabbildungen. VIII, 178 Seiten. 1926. RM. 5.40

Die Förderung von Massengütern. Von Prof. Dipl.-Ing. **Georg v. Hanffstengel,** Berlin. Dritte Auflage.
Erster Band: Bau und Berechnung der stetig arbeitenden Förderer. Mit 531 Textfiguren. VIII, 306 Seiten. 1921. Unveränderter Neudruck 1922. Geb. RM 16.20
Zweiter Band:
I. Teil: Bahnen (Wagen für Massengüter, Wagenkipper, Zweischienige Bahnen, Hängebahnen). Mit 555 Textabbildungen. VIII, 347 Seiten. 1926. Geb. RM 21.60
II. Teil: Krane und zusammengesetzte Förderanlagen. Mit 431 Textabbildungen. VII, 332 Seiten. 1929. Geb. RM 21.60